Linux Foundation开源软件学园
官方作序推荐

CKA/CKAD
应试教程

从Docker到Kubernetes
完全攻略

段超飞◎编著

北京大学出版社
PEKING UNIVERSITY PRESS

内 容 提 要

本书系统地介绍了Docker和Kubernetes的相关知识，可以帮助读者快速了解并熟练配置Kubernetes。

本书共分为16章。首先介绍了Docker基础和Docker进阶；然后介绍了Kubernetes的基础操作，包括部署Kubernetes集群、升级Kubernetes、创建及管理Pod等；之后重点介绍了存储管理、密码管理、Deployment、DaemonSet及其他控制器、探针、Job、服务管理、网络管理、包管理Helm3及安全管理等；最后通过一个综合实验DevOps，全面复习本书所有内容。

本书适合想系统学习Docker和Kubernetes，以及希望通过CKA和CKAD考试的读者学习使用。此外，本书中的许多案例还可以直接应用于生产环境。

图书在版编目(CIP)数据

CKA/CKAD应试教程：从Docker到Kubernetes完全攻略 / 段超飞编著. — 北京：北京大学出版社，2024.8
ISBN 978-7-301-34839-0

Ⅰ.①C… Ⅱ.①段… Ⅲ.①Linux操作系统 – 程序设计 – 教材 Ⅳ.①TP316.85

中国国家版本馆CIP数据核字（2024）第038660号

书　　　名	CKA/CKAD应试教程：从Docker到Kubernetes完全攻略
	CKA/CKAD YINGSHI JIAOCHENG: CONG DOCKER DAO KUBERNETES WANQUAN GONGLÜE
著作责任者	段超飞　编著
责任编辑	王继伟
标准书号	ISBN 978-7-301-34839-0
出版发行	北京大学出版社
地　　　址	北京市海淀区成府路205号　100871
网　　　址	http://www.pup.cn　　　新浪微博:@北京大学出版社
电子邮箱	编辑部 pup7@pup.cn　总编室 zpup@pup.cn
电　　　话	邮购部 010-62752015　发行部 010-62750672　编辑部 010-62570390
印　刷　者	山东百润本色印刷有限公司
经　销　者	新华书店
	787毫米×1092毫米　16开本　23.5印张　566千字
	2024年8月第1版　2024年8月第1次印刷
印　　　数	1-3000册
定　　　价	99.00元

序

PREFACE

段超飞老师是国内较早一批通过CKA认证、CKAD认证、CKS认证、COA认证的专业人士，我们作为Linux Foundation开源软件学园的官方人员，与段老师在工作中有诸多交集，也熟知段老师的专业能力和水平。

此前，随着云原生技术的发展与应用，Kubernetes已经成为行业的事实标准，在国内的知名度大幅提升，专业认证成为从业人员的必备资质之一。市场上虽然有一些介绍Kubernetes操作的书籍，但旨在帮助从业人员取得CKA、CKAD等认证考试相关的参考书籍仍然屈指可数。

所以，当段老师完成这本《CKA/CKAD应试教程：从Docker到Kubernetes完全攻略》时，我们一方面惊喜于段老师的造诣，同时更为能够帮助更多正在使用Kubernetes技术的开发者取得CKA/CKAD专业认证感到欣慰。因此，我们为本书作序，希望本书能够为广大正在努力实现人生目标的程序员朋友提供更多的帮助与信心。

Kubernetes的名称来自希腊语，意思是"舵手"或"领航员"，但在业内，我们常简称为K8s，也就是将Kubernetes中间的8个字母"ubernete"替换为"8"。

熟悉K8s或相关技术领域的从业人员都知道，K8s的出现是容器技术发展的一次重大突破与创新，使得应用的部署和运维更加方便。现如今，K8s已经主导了绝大多数云业务流程，越来越多的IT公司开始深入布局K8s。

就业前景广阔，人才稀缺，导致市场上对K8s相关技术领域从业人才的需求量越来越大，K8s技术领域相关岗位的薪资也水涨船高。对企业而言，认证证书是应聘者能力的证明，而团队拥有的认证人员数量越多，越可以帮助企业在市场上获得更大的竞争力。对于开发者个人来说，获得一项或几项K8s认证，不仅能够证明自己在K8s技术领域的能力，更是职业生涯的一个里程碑，是建立自己在开源社区地位的一块重要基石。

作为云原生计算基金会（Cloud Native Computing Foundation，CNCF）设立的唯一官方权威认证，K8s的专业技术认证主要有以下3种。

（1）CKA（Certified Kubernetes Administrator，Kubernetes管理员认证）。

（2）CKAD（Certified Kubernetes Application Developer，Kubernetes应用程序开发者认证）。

（3）CKS（Certified Kubernetes Security Specialist，Kubernetes安全专家认证）。

这3种认证各有侧重点，目前多数人考取的是CKA，其次是CKAD，而CKS则是在K8s广泛应用于生产环境后，为保障系统安全而基于K8s安全要点推出的进阶认证，只有持有有效的CKA证书，才能获得参与该项考试的资格。

目前企业需求最盛的正是CKA人才，是否掌握CKA也直接成为企业判断云技术人才能力的重要标准之一，其含金量可见一斑。CKA认证的考试内容并不复杂，但是考生必须拥有足够的K8s实践经验，因为考试形式是直接上机在集群上操作，在2小时内完成所有考试内容，才有机会拿到证书。

以下是目前CKA认证考试内容的构成及所占比例。需要注意的是，这个考试内容的构成及所占比例仅仅作为参考，具体考试内容要以参加考试当期的考题为准。

（1）集群架构，安装和配置：25%。

（2）工作负载和调度：15%。

（3）服务和网络：20%。

（4）存储：10%。

（5）故障排除：30%。

虽然K8s工程师人才缺口巨大，但企业还是有很大的选择空间，好的机会永远是留给有准备的人。K8s考试难度因人而异，我们建议考生不要急于求成，应该避免通过参加培训机构的短期应考班来提升考试通过的概率，全面掌握过硬的K8s技术才是在职场中立于不败之地的不二法门。

如果你已经是一位有经验的K8s工程师，我们相信段老师的《CKA/CKAD应试教程：从Docker到Kubernetes完全攻略》一定可以助你顺利达成愿望，早日成为一名CKA/CKAD认证专家。如果你是一名初入行的开发者，本书可以帮助你打下一个坚实的理论基础，构建一个完整的K8s知识体系，加以实操练习和工作实践，必然能够在不久的将来成为一名合格的CKA/CKAD认证专家。

段老师作为Linux Foundation授权导师（LFAI）、云计算资深培训讲师，拥有10年以上的教学培训经历，为近30家大型企业提供过培训服务，而且段老师的CKA培训班一年培训500多个学员，考试通过率达98%，所以本书对于正在预备考试的同学来说，有相当大的参考价值。

最后，我们预祝每一位读者都能顺利通过考试，早日实现自己的人生目标！但也要温馨提醒各位读者，持证并不等于上岗，尤其是到心仪的公司上岗。考证可以帮你获得初级职位，但是想要走得更远，就需要与时俱进，主动学习和积极参与国际开源社区建设，都是让你快速成长的有效途径。

Linux Foundation 开源软件学园

这几年Kubernetes技术迅速发展，成为现在最火热的IT技术之一，阿里云、腾讯云、Azure等公有云厂商提供的都是基于Kubernetes的容器服务。CNCF（Cloud Native Computing Foundation，云原生计算基金会）作为孵化出Kubernetes的官方机构，顺势推出了自己的基于Kubernetes的认证：CKA和CKAD。

CKA全称为Certified Kubernetes Administrator（Kubernetes管理员认证），是CNCF推出的第一个官方认证，其内容主要为Kubernetes最常用的知识点，包括安装及更新Kubernetes集群、Pod的创建及管理、各种控制器的使用、密码管理、存储管理等。

CKAD全称为Certified Kubernetes Application Developer（Kubernetes应用程序开发者认证），侧重于在Kubernetes环境里部署与设计应用程序。

不管是CKA还是CKAD，都侧重于实战，考试题都是上机实操题，没有任何选择题，所以要想通过CKA/CKAD考试，除了要对Kubernetes的各个知识点有深入的了解，还要经过大量的练习。

如果想系统学习Kubernetes，参加CKA培训并通过CKA考试是最佳途径，而通过CKA考试，不管是对企业还是对个人都大有好处。

对企业：Kubernetes认证服务供应商需要有3名通过CKA考试的人员。

对个人：学习之后最好能有一个检测自己学习成果的指标，所以通过认证考试才是最好的方法。一来可以系统地学习，二来可以通过证书向企业证明自己的实力。

◆ 为什么写这本书

现在CKA/CKAD认证越发火热，参加考试的人员日益增多，但市面上专门针对CKA/CKAD考试的辅导教材较少，写本书的主要目的就是来填补市场空缺，帮助参加CKA/CKAD考试的人员顺利通过认证。

写本书的另一个原因是，笔者做了很多年的培训业务，发现不管是在线培训还是线下的企业内训，存在的一个问题就是学员在课堂上听懂了，但是在课后自己练习的时候，总是出现这样或那样的问题，并且学员记的笔记可能还会出现一些疏漏，这样不仅耽误了大量的时间，学习效率还不高。

基于此，笔者总结、整理了在课堂上讲授的知识点，并详细列出了操作步骤，学员只要严格按照书中的步骤操作，就可以达到很好的学习效果。

◆ 这本书的特点是什么

本书基于Kubernetes v1.21.1版本，不仅包括CKA/CKAD考试的所有考点，也包括了Kubernetes其他最常见的知识。章节的顺序已经过精心排列，内容由浅入深，每章的实验只会用到已经讲过的知识点，不会用到后面讲的知识，所以只要按照章节顺序依次往后做即可。本书的具体特点如下。

（1）步骤详细，跟着步骤逐步操作便能快速掌握全部知识点，简单、易学。

（2）内容全面，详细介绍了Kubernetes相关的基础和核心知识，是一本不可多得的系统学习Kubernetes的实战型教材。

（3）配有模拟考题，帮助读者检验学习效果，遇到问题，可随时查看配套资源的详细答案解析。

◆ 本书的读者对象

本书专门为打算通过CKA/CKAD考试的人士编写，是成功通过CKA/CKAD考试的绝佳参考书，还适用于以下读者。

（1）想系统学习Kubernetes的人员。

（2）从事Kubernetes工作的相关人员。

◆ 赠送资源

为了使读者能够顺利通过CKA/CKAD考试，本书赠送安装Kubernetes高可用集群、使用Descheduler平衡Pod在Worker上的分布、使用Kuboard创建Deployment、Kubernetes集群证书过期后如何续期，以及Etcd的备份和恢复等笔者根据多年经验总结出的相关文档。另外，还赠送本书的模拟考题答案。

以上资源已上传到百度网盘，供读者下载。请读者关注封底"博雅读书社"微信公众号，输入图书77页的资源下载码，获取下载地址及密码。

◆ 创作者说

本书由段超飞编著。在本书的编写过程中，笔者竭尽所能呈现最好、最全的Kubernetes实用知识，但仍难免有疏漏和不妥之处，敬请广大读者指正。

目　　录

1

第1章
Docker 基础

■ **考试大纲**

了解什么是容器，如何管理镜像和容器，了解Docker网络。

■ **本章要点**

考点1：安装Docker及下载镜像。

考点2：镜像的管理。

考点3：创建容器。

考点4：管理容器。

考点5：Docker网络设置。

考点6：容器互联。

1.1 容器介绍及环境准备

【必知必会】什么是容器？

初学者不太容易理解什么是容器，这里举个例子。想象一下，我们把系统安装在一个U盘里，此系统里安装好了MySQL。然后把这个U盘插入一台正在运行的物理机上，这个物理机上并没有安装MySQL，如图1-1所示。

然后把U盘里的mysqld进程"拽"到物理机上运行。但是，这个mysqld进程只能适应U盘里的系统，不一定能适应物理机的系统。所

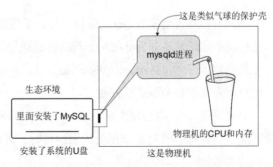

图 1-1 了解容器和镜像（1）

以，找一个类似气球的东西把mysqld进程在物理机里包裹保护起来，这个mysqld进程依然享受U

盘里的生态环境（系统），却可以从物理机上吸收CPU和内存作为维持mysqld进程运行的"养分"。

那么，这个类似气球的东西就是容器，U盘就是镜像。

在Linux环境下安装软件包时经常会遇到各种包依赖，或者有人不会在Linux系统（比如Ubuntu、CentOS）里安装软件包。这样以后就不需要安装和配置MySQL了，直接把这个"U盘"插到计算机上，然后生成一个容器出来，这样就有MySQL这个服务了，是不是很方便？

所谓镜像，就是安装了系统的硬盘文件，这个系统里安装了想要运行的程序，比如MySQL、Nginx，并规定好使用这个镜像所生成的容器里面运行什么进程。这里假设有一个安装了MySQL的镜像，如图1-2所示。

在服务器上有一个MySQL的镜像（已经安装好了MySQL），然后使用这个镜像生成一个容器。这个容器里只运行一个mysqld进程。容器里的mysqld进程直接从物理机上吸收CPU和内存以维持它的正常运行。

以后需要什么应用就直接拉取什么镜像下来，然后使用这个镜像生成容器。比如需要对外提供MySQL服务，那么就拉取一个MySQL镜像，然后生成一个MySQL容器。如果需要对外提供Web服务，那么就拉取一个Nginx镜像，然后生成一个Nginx容器。

一个镜像是可以生成很多个容器的，如图1-3所示。

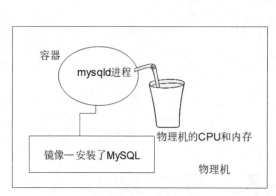

图1-2　了解容器和镜像（2）

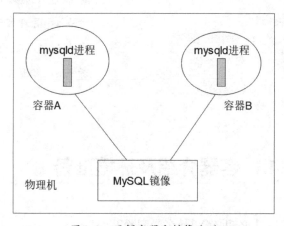

图1-3　了解容器和镜像（3）

如同我们聊天要安装QQ或微信一样，要管理镜像和容器，需要先安装runtime，翻译成中文叫作运行时。运行时又分为低级别运行时和高级别运行时。

低级别运行时包括runc、gVisor、kata等，只能单一地管理容器，比如创建、删除、关闭容器等，对用户而言操作起来不是很方便。

高级别运行时包括Docker、Containerd、Podman等，不仅可以管理容器，也可以管理镜像。高级别运行时管理容器时要调用低级别运行时，高级别运行时默认调用的是runc这个低级别运行时。它们的关系如图1-4所示。

所有的运行时都遵照OCI（Open Container Initiative）标准，如同所有的USB设备都遵照USB

标准一样，所以Docker里的镜像在其他运行时里也可以正常使用。虽然从Kubernetes v1.24开始，默认不再使用Docker作为runtime了，但是Docker依然是功能很强大的工具，包括构建镜像、搭建私有仓库（后面章节会讲）等，本章将会讲解Docker和Containerd两种runtime。

本书的整个容器部分共需要2台机器，配置如图1-5所示。

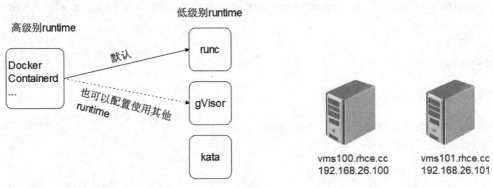

图1-4 高级别 runtime   图1-5 拓扑图

所需机器的配置如表1-1所示。

表1-1 所需机器的配置

主机名	IP地址	内存需求	操作系统版本
vms100.rhce.cc	192.168.26.100	4GB	CentOS 7.6
vms101.rhce.cc	192.168.26.101	4GB	CentOS 7.6
vms102.rhce.cc	192.168.26.102	4GB	CentOS 7.6

其中，vms102.rhce.cc用作搭建Harbor，在第2章中使用。

注意

所需要的虚拟机可以在http://www.rhce.cc/2748.html里下载，所有的机器需要关闭SELinux。

```
sed '/^SELINUX=/cSELINUX=disabled' /etc/selinux/config
```

然后重启系统。

通过firewall-cmd --set-default-zone=trusted命令把firewalld默认的zone设置为trusted。

1.2 安装并配置Docker（在vms100上）

【必知必会】安装Docker并配置加速器。

要管理容器和镜像，系统必须安装runtime（运行时）。所谓运行时，就是管理容器的东西，Docker是运行时，Containerd也是运行时。这里我们主要讲Docker的使用，所以首先需要安装docker-ce。

1.2.1 安装 docker-ce

本练习在 vms100 上操作。

第1步 配置 yum 源。

```
[root@vms100 ~]# rm -rf /etc/yum.repos.d/* ; wget -P /etc/yum.repos.d ftp://ftp.
rhce.cc/k8s/*
    ... 输出 ...
[root@vms100 ~]#
```

第2步 安装 Docker。

```
[root@vms100 ~]# yum install docker-ce -y
已加载插件: fastestmirror
    ... 输出 ...
完毕!
[root@vms100 ~]#
```

第3步 启动 Docker 并设置开机启动。

```
[root@vms100 ~]# systemctl enable docker --now
Created symlink from /etc/systemd/system/multi-user.target.wants/docker.service to
/usr/lib/systemd/system/docker.service.
[root@vms100 ~]#
```

1.2.2 解决镜像下载慢的问题

因为在使用 docker pull 拉取镜像时，默认是从 docker hub 里拉取镜像，但是在国内访问这个网站的速度可能会很慢，下面通过配置加速器来解决这个问题。

阿里云提供了下载镜像的加速器地址。在浏览器里输入阿里云的网址 https://www.aliyun.com/，登录阿里云，单击右上角的"控制台"选项，然后单击左上角的菜单栏，找到"容器镜像服务"，单击"镜像工具"下的"镜像加速器"选项，即可看到阿里云提供的镜像加速器地址，如图1-6所示。

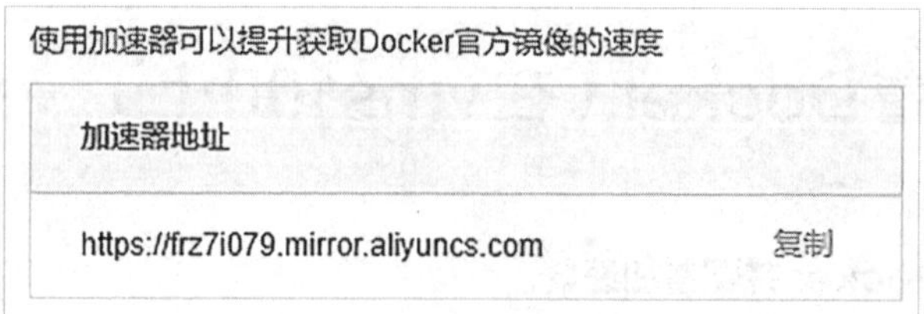

使用加速器可以提升获取Docker官方镜像的速度	
加速器地址	
https://frz7i079.mirror.aliyuncs.com	复制

图1-6 阿里云加速器地址

第1步 ▶ 编辑 /etc/docker/daemon.json（这个文件默认没有，需要新创建），内容如下。

```
[root@vms100 ~]# cat /etc/docker/daemon.json
{
   "registry-mirrors": ["https://frz7i079.mirror.aliyuncs.com"]
}
[root@vms100 ~]#
```

除了上面的阿里云加速器，国内其他常用镜像加速器地址如下。

```
中国科学技术大学加速器: https://docker.mirrors.ustc.edu.cn/
网易加速器: https://hub-mirror.c.163.com/
七牛云加速器: https://reg-mirror.qiniu.com
```

要使用哪个加速器，只要在 /etc/docker/daemon.json 里把 registry-mirrors 后面的值写成对应的地址即可。

第2步 ▶ 重启 Docker。

```
[root@vms100 ~]# systemctl restart docker
[root@vms100 ~]#
```

第3步 ▶ 测试拉取 Nginx 镜像。

```
[root@vms100 ~]# docker pull nginx
Using default tag: latest
    ...输出...
Status: Downloaded newer image for docker.io/nginx:latest
[root@vms100 ~]#
```

可以看到，配置了加速器之后，可以很快地从 Docker 官方仓库下载镜像了。

1.2.3　了解 Docker 的架构

我们要先把 Docker 服务启动起来，才能继续使用 Docker 命令。如果没有启动 Docker 服务，那么执行 Docker 命令比如 docker pull nginx 时就会有如下错误。

```
[root@vms100 ~]# docker pull nginx
Cannot connect to the Docker daemon at unix:///var/run/docker.sock. Is the docker
daemon running?
[root@vms100 ~]#
```

当我们启动 Docker 服务时，系统里会运行一个服务器进程 dockerd，它提供了一个接口 /var/run/docker.sock 供客户端连接。而我们所输入的 Docker 命令其实是一个客户端，这个 Docker 客户端默认连接到本机的 dockerd 服务器端，如图 1-7 所示。

后面我们通过 docker run 命令来创建容器，其实就是把请求发送给 dockerd 服务器端，然后 dockerd 再连接到 Containerd，之后 Containerd 会调用 runc 进程创建一个容器；如果创建了 3 个容器，则在物理机里就能查看到 3 个 runc 进程，如图 1-8 所示。

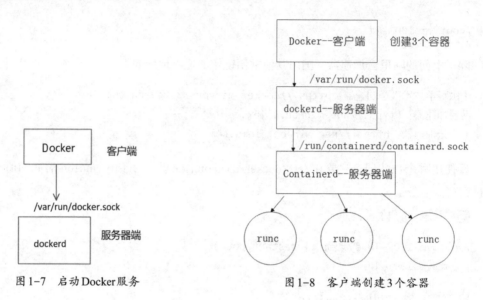

图 1-7　启动 Docker 服务　　　　　图 1-8　客户端创建 3 个容器

1.3 安装并配置 Containerd（在 vms101 上）

【必知必会】安装 Containerd 并配置加速器。

Docker 是运行时，Containerd 也是运行时。这里我们主要讲 Containerd 的使用，前面看了 Docker 的结构，那么再来看一下 Containerd 的结构，如图 1-9 所示。

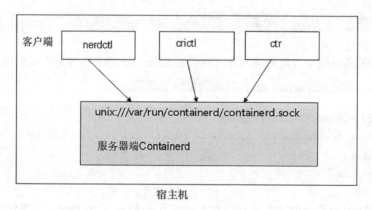

图 1-9　Containerd 的结构

当我们安装好 Containerd 并启动 Containerd 服务后，就是把服务器端 Containerd 运行起来了，这个服务器端提供了一个 gRPC 协议的接口 /var/run/containerd/containerd.sock 供客户端连接。

如果要管理镜像、管理容器，则需要一个客户端工具，常见的客户端工具包括 nerdctl、crictl、ctr 等，这些工具通过 /var/run/containerd/containerd.sock 接口连接到 Containerd 服务器端。

1.3.1 安装 Containerd

本小节的操作都是在 vms101 上进行的。

第1步 配置 yum 源。

```
[root@vms101 ~]# rm -rf /etc/yum.repos.d/* ; wget -P /etc/yum.repos.d ftp://ftp.
rhce.cc/k8s/*
    ... 输出 ...
[root@vms101 ~]#
```

第2步 安装 Containerd。

```
[root@vms101 ~]# yum install containerd.io cri-tools -y
已加载插件: fastestmirror
    ...
完毕!
[root@vms101 ~]#
```

第3步 生成 Containerd 的配置文件。

```
[root@vms101 ~]# containerd config default > /etc/containerd/config.toml
```

第4步 配置加速器。

修改 /etc/containerd/config.toml，按如下内容进行修改。

第一：搜索 mirrors，把

```
    [plugins."io.containerd.grpc.v1.cri".registry.mirrors]
```

改为

```
    [plugins."io.containerd.grpc.v1.cri".registry.mirrors]
      [plugins."io.containerd.grpc.v1.cri".registry.mirrors."docker.io"]
        endpoint = ["https://frz7i079.mirror.aliyuncs.com"]
```

第二：搜索 sandbox，把

```
sandbox_image = "k8s.gcr.io/pause:3.6"
```

改为

```
sandbox_image = "registry.aliyuncs.com/google_containers/pause:3.7"
```

此文件也可以通过如下命令来下载。

```
rm -rf /etc/containerd/config.toml ; wget ftp://ftp.rhce.cc/cka/cka-1.25.2/config.
toml -P /etc/containerd/
```

第5步 ▶ 启动 Containerd 并设置开机启动。

```
[root@vms100 ~]# systemctl enable containerd --now
Created symlink from /etc/systemd/system/multi-user.target.wants/containerd.service
to /usr/lib/systemd/system/containerd.service.
[root@vms100 ~]#
```

第6步 ▶ 设置 crictl 客户端连接到 Containerd。

因为 crictl 是一个客户端，它默认是不知道要连接到哪个服务器端的，所以执行 crictl 命令比如 crictl ps 命令时会报错。

```
[root@vms101 ~]# crictl ps
WARN[0000] runtime connect using default endpoints: [unix:///var/run/dockershim.
sock unix:///run/containerd/containerd.sock ]
... 输出 ...
[root@vms101 ~]#
```

这是因为 crictl 不知道从哪里连接到服务器端，所以我们需要明确地告诉 crictl 要连接到哪个服务器端，故需要执行如下命令。

```
[root@vms101 ~]# crictl config runtime-endpoint unix:///var/run/containerd/
containerd.sock
```

这时再次执行 crictl 命令就不会报错了。

1.3.2 安装 Containerd 客户端 nerdctl

因为 Containerd 是服务器端，为了能够更好地使用 Containerd，我们可以安装第三方客户端 nerdctl。

1. 下载 nerdctl 和 CNI 网络插件

到 https://github.com/containerd/nerdctl/releases 下载最新版的 nerdctl，如图 1–10 所示。

到 https://github.com/containernetworking/plugins/releases 下载 CNI 网络插件，如图 1–11 所示。

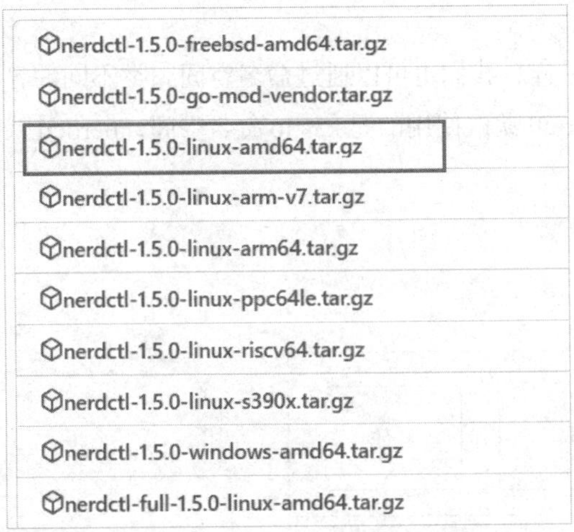

nerdctl-1.5.0-freebsd-amd64.tar.gz		cni-plugins-linux-amd64-v1.3.0.tgz
nerdctl-1.5.0-go-mod-vendor.tar.gz		cni-plugins-linux-amd64-v1.3.0.tgz.sha1
nerdctl-1.5.0-linux-amd64.tar.gz		cni-plugins-linux-amd64-v1.3.0.tgz.sha256
nerdctl-1.5.0-linux-arm-v7.tar.gz		cni-plugins-linux-amd64-v1.3.0.tgz.sha512
nerdctl-1.5.0-linux-arm64.tar.gz		cni-plugins-linux-arm-v1.3.0.tgz
nerdctl-1.5.0-linux-ppc64le.tar.gz		cni-plugins-linux-arm-v1.3.0.tgz.sha1
nerdctl-1.5.0-linux-riscv64.tar.gz		cni-plugins-linux-arm-v1.3.0.tgz.sha256
nerdctl-1.5.0-linux-s390x.tar.gz		cni-plugins-linux-arm-v1.3.0.tgz.sha512
nerdctl-1.5.0-windows-amd64.tar.gz		cni-plugins-linux-arm64-v1.3.0.tgz
nerdctl-full-1.5.0-linux-amd64.tar.gz		cni-plugins-linux-arm64-v1.3.0.tgz.sha1

图 1-10 下载 nerdctl 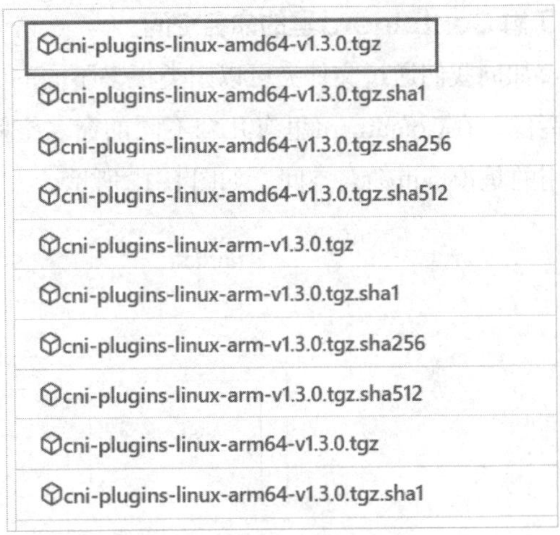 　　　　　　图 1-11 下载 CNI 网络插件

第1步 安装 nerdctl。

```
[root@vms101 ~]# tar zxf nerdctl-1.5.0-linux-amd64.tar.gz -C /usr/bin/ nerdctl
[root@vms101 ~]# chmod +x /usr/bin/nerdctl
[root@vms101 ~]#
```

第2步 安装 CNI 网络插件。

```
[root@vms101 ~]# mkdir -p /opt/cni/bin/
[root@vms101 ~]# tar zxf cni-plugins-linux-amd64-v1.3.0.tgz -C /opt/cni/bin/
[root@vms101 ~]#
```

第3步 创建 nerdctl 所需要的配置文件。

```
[root@vms101 ~]# mkdir /etc/nerdctl/
[root@vms101 ~]# cat > /etc/nerdctl/nerdctl.toml <<EOF
debug          = false
debug_full     = false
address        = "unix:///var/run/containerd/containerd.sock"
namespace      = "default"
# snapshotter  = "stargz"
cgroup_manager = "systemd"
# hosts_dir    = ["/etc/containerd/certs.d", "/etc/nerdctl/certs.d"]
insecure_registry = false
EOF
[root@vms101 ~]#
```

配置文件里的 address 指定了 nerdctl 这个客户端到哪里连接服务器端，namespace 指定了 nerdctl 使用的命名空间是 default，下面我们来了解一下命名空间的概念。

2. 了解Containerd里的命名空间

如同我们通过文件夹可以归类很多不同的文件一样，我们也可以通过命名空间归类不同的容器和镜像。在Containerd里有几个不同的命名空间，crictl默认使用的是k8s.io命名空间，nerdctl默认使用的是default命名空间，如图1-12所示。

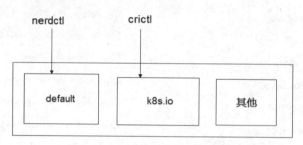

图1-12　Containerd里的命名空间

crictl拉取的镜像都放在k8s.io命名空间里，nerdctl查看镜像时查看的是default命名空间里的镜像，所以nerdctl看不到crictl拉取的镜像。如果要让nerdctl也使用k8s.io命名空间，我们可以修改nerdctl的配置文件/etc/nerdctl/nerdctl.toml，把里面的namespace的值设置为k8s.io，或者通过修改变量export CONTAINERD_NAMESPACE=k8s.io来实现。

后面的练习里，nerdctl都是在default命名空间里做的，更建议拉取和查看镜像使用crictl命令来做，对容器的管理用nerdctl来做。

第4步 ● 设置nerdctl可以使用Tab键。

编辑/etc/profile，在第二行里添加source <(nerdctl completion bash)，如图1-13所示。

```
# /etc/profile
source <(nerdctl completion bash)
```

图1-13　设置nerdctl可以使用Tab键

之后执行source /etc/profile命令让修改生效。

在vms101上拉取BusyBox镜像。

```
[root@vms101 ~]# crictl pull busybox
Image is up to date for sha256:beae173ccac6ad749f76713cf4440fe3d21d1043fe616dfbe307
75815d1d0f6a
[root@vms101 ~]#
```

1.4 镜像的管理

【必知必会】了解镜像的命名及导入、导出镜像。

前面讲了要想创建容器，必须有镜像，本节主要讲解镜像的管理。

1.4.1　镜像的命名

一般情况下，镜像是按如下格式命名的。

服务器 IP/ 分类 / 镜像名 :tag

如果没有指定tag，则tag默认为latest，比如192.168.26.101/cka/centos:v2，再比如hub.c.163.com/library/mysql:latest。分类也可以不写，比如docker.io/nginx:latest。

在把镜像上传（push）到仓库时，镜像必须按这种格式命名，因为仓库地址就是由镜像前面的IP决定的。如果只是在本机上使用镜像，可以随意命名。

在vms100上查看当前系统有多少个镜像。

```
[root@vms100 ~]# docker images
REPOSITORY                          TAG        IMAGE ID       CREATED        SIZE
docker.io/nginx                     latest     5a3221f0137b   2 weeks ago    126 MB
hub.c.163.com/library/wordpress     latest     dccaeccfba36   2 years ago    406 MB
hub.c.163.com/library/centos        latest     328edcd84f1b   2 years ago    193 MB
hub.c.163.com/library/mysql         latest     9e64176cd8a2   2 years ago    407 MB
[root@vms100 ~]#
```

在vms101上查看有多少个镜像，可以通过crictl images和nerdctl images命令来查看（现在crictl和nerdctl是在同一个命名空间里的）。

```
[root@vms101 ~]# crictl images
IMAGE                 TAG                 IMAGE ID            SIZE
[root@vms101 ~]#
[root@vms101 ~]# nerdctl images
REPOSITORY    TAG    IMAGE ID    CREATED    PLATFORM    SIZE    BLOB SIZE
[root@vms101 ~]#
```

1.4.2　对镜像重新做标签

如果想给本地已经存在的镜像起一个新的名称，可以用tag来做，语法如下。

docker tag 旧的镜像名 新的镜像名

tag之后，新的镜像名和旧的镜像名是同时存在的。

nerdctl打标签的语法如下。

nerdctl tag 旧的镜像名 新的镜像名

第1步 ▶ 给镜像做新标签。

```
[root@vms100 ~]# docker tag nginx 192.168.26.102/cka/nginx:v1
```

这里是为Nginx重新做个tag，名称为192.168.26.102/cka/nginx:v1。

第2步 ▶ 再次查看镜像。

```
[root@vms100 ~]# docker images
REPOSITORY                          TAG       IMAGE ID        CREATED        SIZE
busybox                             latest    b539af69bc01    5 days ago     4.86MB
192.168.26.102/cka/nginx            v1        f9c14fe76d50    3 weeks ago    143MB
nginx                               latest    f9c14fe76d50    3 weeks ago    143MB
hub.c.163.com/library/centos        latest    328edcd84f1b    5 years ago    193MB
[root@vms100 ~]#
```

可以看到，对某镜像做了标签之后，看似是两个镜像，其实对应的是同一个（这类似于Linux里硬链接的概念，一个文件两个名称而已），镜像ID都是一样的。删除其中一个镜像是不会删除存储在硬盘上的文件的，只有把IMAGE ID所对应的所有名称全部删除，文件才会从硬盘上删除。

1.4.3 删除镜像

如果要删除镜像，需要按如下语法来删除。

```
docker rmi 镜像名 :tag
```

nerdctl删除镜像的语法如下。

```
nerdctl rmi 镜像名 :tag
```

比如下面要把192.168.26.102/cka/nginx:v1删除。

第1步 ▶ 删除镜像。

```
[root@vms100 ~]# docker rmi 192.168.26.102/cka/nginx:v1
Untagged: 192.168.26.102/cka/nginx:v1
[root@vms100 ~]#
```

可以看到，这只是简单的一个Untagged操作，并没有任何的Deleted操作。

第2步 ▶ 查看镜像。

```
[root@vms100 ~]# docker images
REPOSITORY                          TAG       IMAGE ID        CREATED        SIZE
busybox                             latest    b539af69bc01    5 days ago     4.86MB
nginx                               latest    f9c14fe76d50    3 weeks ago    143MB
hub.c.163.com/library/centos        latest    328edcd84f1b    5 years ago    193MB
[root@vms100 ~]#
```

可以看到，f9c14fe76d50对应的本地文件依然是存在的，因为它（ID为f9c14fe76d50）有两个名称，现在只是删除了一个名称而已，所以在硬盘上仍然是存在的。

只有删除最后一个名称，本地文件才会被删除。

第3步 ● 删除镜像。

```
[root@vms100 ~]# docker rmi nginx:latest
Untagged: nginx:latest
Deleted: sha256:f9c14fe76d502861ba0939bc3189e642c02e257f06f4c0214b1f8ca329326cda
Deleted: sha256:419f8948c50c723f2a5ac74428af3d804b5d0079d6df8f7f827663cf10cbc366
Deleted: sha256:1030aac4f1a8096ed58d3d4a2df55dd1b1b27d919ad156d97ad1f68081d0051a
Deleted: sha256:7d90b49d96c3036539ef144ecc27c01de03902d8ea166a0f7b77d11d3779c4bd
Deleted: sha256:551acb210764654af31b6cd51adaa74edc9a202587c3395fe0e9f95a2e097f8b
Deleted: sha256:3c530958db4c75c6fb409f339367aaf9a1e163c84718c035d4b09bebc83f43e7
Deleted: sha256:8cbe4b54fa88d8fc0198ea0cc3a5432aea41573e6a0ee26eca8c79f9fbfa40e3
[root@vms100 ~]#
```

1.4.4 查看镜像的层结构

我们所用的镜像都是从网上下载下来的，它们在制作过程中都是一点点修改、一步步做出来的。如果要看某镜像的这些步骤，可以使用docker history命令，语法如下。

```
docker history 镜像名
```

在nerdctl里查看镜像的结构，语法如下。

```
nerdctl history 镜像名
```

查看hub.c.163.com/library/centos这个镜像的结构。

```
[root@vms100 ~]# docker history hub.c.163.com/library/centos
IMAGE          CREATED        CREATED BY            SIZE              COMMENT
328edcd84f1b   2 years ago    /bin/sh -c #(nop)  CMD ["/bin/bash"]      0 B
<missing>      2 years ago    /bin/sh -c #(nop)  LABEL name=CentOS Base ..  0 B
<missing>      2 years ago    /bin/sh -c #(nop)  ADD file:63492ba809361c5.. 193 MB
[root@vms100 ~]#
```

其中，CMD定义的是，使用此镜像生成的容器默认运行的进程为/bin/bash。

上述命令在vms101上用nerdctl执行，只要把关键字docker换成nerdctl即可。

1.4.5 导出镜像

有一些服务器无法连接到互联网，所以无法从互联网上下载镜像。在没有配置私有仓库的情况下，如何把现有镜像传输到其他机器上呢？这时就需要把本地已经pull下来的镜像导出为一个本地文件，这样就可以很容易地传输到其他机器上。导出镜像的语法如下。

```
docker save 镜像名 > file.tar
```

在nerdctl里导出镜像的语法如下。

```
nerdctl save 镜像名 > file.tar
```

先查看当前目录里的内容。

```
[root@vms100 ~]# ls
anaconda-ks.cfg set.sh
[root@vms100 ~]#
```

第1步 ▶ 把docker.io/nginx:latest导出为nginx.tar。

```
[root@vms100 ~]# docker save docker.io/nginx > nginx.tar
[root@vms100 ~]# ls
anaconda-ks.cfg nginx.tar set.sh
[root@vms100 ~]#
```

使用nerdctl导出docker.io/nginx:latest。

```
[root@vms101 ~]# nerdctl save nginx > nginx.tar
```

如果要导出多个镜像，语法如下。

```
docker save 镜像名1 镜像名2 镜像名3 ... > file.tar
```

不可以使用如下方式。

```
docker save 镜像名1 > file.tar
docker save 镜像名2 >> file.tar
...
```

第2步 ▶ 导出所有的镜像。

```
[root@vms100 ~]# docker save busybox nginx > all-img.tar
[root@vms100 ~]#
```

在nerdctl里导出所有的镜像。

```
[root@vms101 ~]# nerdctl save busybox nginx > all-img.tar
```

第3步 ▶ 删除所有的镜像。

```
[root@vms100 ~]# docker rmi $(docker images -q)
    ... 输出 ...
[root@vms100 ~]#
```

在nerdctl里删除所有的镜像。

```
[root@vms101 ~]# nerdctl rmi $(nerdctl images -q)
    ... 输出 ...
[root@vms101 ~]#
```

第4步 ● 查看现有镜像。

```
[root@vms100 ~]# docker images
REPOSITORY    TAG        IMAGE ID    CREATED    SIZE
[root@vms100 ~]#
```

在nerdctl里查看现有镜像。

```
[root@vms101 ~]# nerdctl images
REPOSITORY     TAG      IMAGE ID     CREATED     PLATFORM     SIZE     BLOB SIZE
[root@vms101 ~]#
```

1.4.6 导入镜像

既然上面已经把镜像导出为一个文件了，那么我们就需要把这个文件导入，语法如下。

```
docker load -i file.tar
```

在nerdctl里导入镜像的语法如下。

```
nerdctl load -i file.tar
```

第1步 ● 在vms100上导入镜像。

```
[root@vms100 ~]# docker load -i all-img.tar
[root@vms100 ~]#
```

第2步 ● 在vms101上用nerdctl导入镜像。

```
[root@vms101 ~]# nerdctl load -i all-img.tar
[root@vms101 ~]#
```

1.5 容器的管理

【必知必会】创建及删除容器，了解容器的生命周期。

容器就是镜像在物理机上运行的一个实例，可以把容器理解为一个气球，气球里运行了一个进程，这个进程透过气球吸收物理机的内存和 CPU 资源。

查看当前有多少个正在运行的容器。

```
[root@vms100 ~]# docker ps
CONTAINER ID   IMAGE   COMMAND   CREATED   STATUS   PORTS   NAMES
[root@vms100 ~]#
```

这个命令显示的仅仅是正在运行的容器，如果要查看所有的（正在运行的和没有运行的）容器，则使用 docker ps -a 命令，这里需要加上 -a 选项表示所有的。

在 nerdctl 里查看容器，如果要查看所有的容器，则使用 nerdctl ps -a 命令。

```
[root@vms101 ~]# nerdctl ps
CONTAINER ID    IMAGE     COMMAND     CREATED      STATUS      PORTS      NAMES
[root@vms101 ~]#
```

1.5.1 创建容器

运行一个最简单的容器。

```
[root@vms100 ~]# docker run hub.c.163.com/library/centos
[root@vms100 ~]#
[root@vms100 ~]# docker ps
CONTAINER ID   IMAGE              COMMAND     CREATED     STATUS     PORTS     NAMES
[root@vms100 ~]# docker ps -a
CONTAINER ID   IMAGE              COMMAND     CREATED     STATUS     PORTS     NAMES
bfa8fa89f288   hub.c.163.com/library/centos   "/bin/bash"   7 seconds ago
Exited (0) 6 seconds ago            confident_curie
[root@vms100 ~]#
```

以上命令在 vms101 上同样可以执行，只需把 Docker 命令换成 nerdctl 即可。

可以看到，已经创建出了一个容器，容器的 ID 为 bfa8fa89f288，容器名是随机产生的名称，为 confident_curie，所使用的镜像是 hub.c.163.com/library/centos，容器里运行的进程为 /bin/bash（也就是镜像里 CMD 指定的）。

docker ps 看不到，docker ps -a 能看到，且状态为 Exited，说明容器是关闭状态。容器运行的一瞬间就关闭了，为什么？下面来了解一下容器的生命周期问题。

1.5.2 容器的生命周期

我们把容器理解为人的肉体，里面运行的进程理解为人的灵魂。如果人的灵魂宕机了，则肉体也就宕掉了，只有灵魂正常运行，肉体才能正常运行，如图1-14所示。

同理，只有容器里的进程正常运行，容器才能正常运行，容器里的进程挂掉了，则容器也就挂掉了。因为没有终端的存在，/bin/bash就像执行ls命令一样一下就执行完了，所以容器的生命周期也就结束了。

如果把这个bash附着到一个终端上，这个终端一直存在，则bash就一直存在，那么是不是容器就能一直存活了呢？

删除容器的语法如下。

图1-14 容器和进程之间的关系

```
docker rm 容器ID/ 容器名
```

如果删除正在运行的容器，可以使用−f选项。

```
docker rm -f 容器ID/ 容器名
```

删除刚才的容器。

```
[root@vms100 ~]# docker rm bfa8fa89f288
bfa8fa89f288
[root@vms100 ~]#
```

重新创建容器，加上−i −t选项，可以写作−it或−i −t。

（1）−t：模拟一个终端。

（2）−i：可以让用户进行交互，否则用户看到一个提示符之后就卡住不动了。

第1步 ● 创建一个容器。

```
[root@vms100 ~]# docker run -it hub.c.163.com/library/centos
[root@c81c978cdf1f /]#
[root@c81c978cdf1f /]# exit
[root@vms100 ~]#
```

创建出容器之后会自动进入容器里，可以通过exit退出容器。

```
[root@vms100 ~]# docker ps -q  # -q选项可以只显示容器ID，不会显示太多信息
[root@vms100 ~]# docker ps -a -q
c81c978cdf1f
[root@vms100 ~]#
```

但是，一旦通过exit退出容器，容器就不再运行了。

第2步 ▶ 删除此容器。

```
[root@vms100 ~]# docker rm c81c978cdf1f
c81c978cdf1f
[root@vms100 ~]# docker ps -a -q
[root@vms100 ~]#
```

上述命令在 vms101 上用 nerdctl 执行，只要把关键字 docker 换成 nerdctl 即可。

如果希望创建好容器之后不自动进入容器里，可以加上 -d 选项。

第3步 ▶ 再次创建一个容器。

```
[root@vms100 ~]# docker run -dit hub.c.163.com/library/centos
4aa86357a3df164f985a82e358a1961fe50f7be401bb984d006c09e2957f3175
[root@vms100 ~]#
[root@vms100 ~]# docker ps -q
4aa86357a3df
[root@vms100 ~]#
```

因为加了 -d 选项，所以创建好容器之后并没有自动进入容器里。

注意

在 nerdctl 里 -d 和 -i 不能同时使用，否则会报错，写成如下形式即可。

上面的命令里，容器的 ID 是 4aa86357a3df，进入容器里。

```
[root@vms100 ~]# docker attach 4aa86357a3df
[root@4aa86357a3df /]#
[root@4aa86357a3df /]# exit  # 再执行 exit 退出
exit
[root@vms100 ~]# docker ps -q
[root@vms100 ~]# docker ps -a -q
4aa86357a3df
[root@vms100 ~]#
```

可以看到，只要退出来，容器就会自动关闭。

第4步 ▶ 删除此容器。

```
[root@vms100 ~]# docker rm 4aa86357a3df
4aa86357a3df
[root@vms100 ~]#
```

在运行容器时加上 --restart=always 选项，可以解决退出容器自动关闭的问题。

第5步 ▶ 创建容器，增加 --restart=always 选项。

```
[root@vms100 ~]# docker run -dit --restart=always hub.c.163.com/library/centos
75506e8581955448dfa61f16678d1b364e997fa265947a2ede532c323e501f0e
[root@vms100 ~]# docker ps -q
75506e858195
[root@vms100 ~]#
```

进入容器里并退出。

```
[root@vms100 ~]# docker attach 75506e858195
[root@75506e858195 /]# exit
exit
[root@vms100 ~]# docker ps -q
75506e858195
[root@vms100 ~]#
```

可以看到，容器依然是存活的。

第6步 ● 删除此容器。

```
[root@vms100 ~]# docker rm 75506e858195
Error response from daemon: You cannot remove a running container
75506e8581955448dfa61f16678d1b364e997fa265947a2ede532c323e501f0e. Stop the
container before attempting removal or use -f
```

因为容器是活跃的，所以无法直接删除，需要加上–f选项。

```
[root@vms100 ~]#
[root@vms100 ~]# docker rm -f 75506e858195
75506e858195
[root@vms100 ~]#
```

每次删除容器时都使用容器ID的方式比较麻烦，在创建容器时可以使用--name指定容器名。

第7步 ● 创建容器，使用--name指定容器的名称。

```
[root@vms100 ~]# docker run -dit --restart=always --name=c1 hub.c.163.com/library/
centos
798a43c4f26cda49653c292a4566097a9344c8c20fd00938ce9f5a8d01abdd61
[root@vms100 ~]#
[root@vms100 ~]# docker ps
CONTAINER ID  IMAGE      COMMAND    CREATED        STATUS PORTS     NAMES
798a43c4f26c  hub.c.163.com/library/centos  "/bin/bash"  2 seconds ago Up 1
second          c1
[root@vms100 ~]#
```

这样容器的名称为c1，以后管理起来比较方便，比如切换到容器，然后退出。

```
[root@vms100 ~]# docker attach c1
[root@798a43c4f26c /]# exit
exit
[root@vms100 ~]#
```

第8步 ● 删除此容器。

```
[root@vms100 ~]# docker rm -f c1
c1
[root@vms100 ~]#
[root@vms100 ~]# docker ps -q -a
[root@vms100 ~]#
```

1.5.3 创建临时容器

如果要临时创建一个测试容器，又怕用完忘记删除它，可以加上--rm选项。

创建临时容器。

```
[root@vms100 ~]# docker run -it --name=c1 --rm hub.c.163.com/library/centos
[root@4067418eebf0 /]#
[root@4067418eebf0 /]# exit
exit
[root@vms100 ~]#
```

在创建容器时加了--rm选项，退出容器之后，容器会被自动删除。

```
[root@vms100 ~]# docker ps -a -q
[root@vms100 ~]#
```

可以看到，此容器被自动删除了，注意--rm和--restart=always不可以同时使用。

上述命令在vms101上用nerdctl执行，只要把关键字docker换成nerdctl即可。

1.5.4 指定容器里运行的命令

前面在创建容器时，容器里运行的进程是由镜像里的CMD定义好的，关于如何构建镜像，后面有专门章节详细讲解。如果想自定义容器里运行的进程，可以在创建容器的命令最后面指定，比如：

```
[root@vms100 ~]# docker run -it --name=c1 --rm hub.c.163.com/library/centos sh
sh-4.2#
sh-4.2#
```

```
sh-4.2# exit
exit
[root@vms100 ~]#
```

这里就是以sh方式运行，而不是以bash方式运行的。

在容器里运行sleep 10。

```
[root@vms100 ~]# docker run -it --name=c1 --rm hub.c.163.com/library/centos sleep 10
```

容器里运行的命令是sleep 10，10秒之后命令结束，则容器也会关闭，此时容器的生命周期也就是10秒。

注意

此时容器里运行的是sleep 10，不是bash或sh，所以如果执行docker attach c1命令会卡住，因为想要看到提示符，必须保证bash或sh运行才行，而此时在容器里根本没有bash或sh运行。

上述命令在vms101上用nerdctl执行，只要把关键字docker换成nerdctl即可。

1.5.5 创建容器时使用变量

在使用一些镜像创建容器时需要传递变量，比如在使用MySQL镜像、WordPress镜像创建容器时，都需要通过变量来指定一些必备的信息。使用-e选项来指定变量，可以多次使用-e选项来指定多个变量。

创建一个容器c1，里面传递两个变量。

```
[root@vms100 ~]# docker run -it --name=c1 --rm -e aa=123 -e bb=456 hub.c.163.com/
library/centos
[root@13a417ebc9c3 /]#
[root@13a417ebc9c3 /]# echo $aa
123
[root@13a417ebc9c3 /]# echo $bb
456
[root@13a417ebc9c3 /]# exit
exit
[root@vms100 ~]#
```

在创建容器时，通过-e选项指定了两个变量aa和bb，进入容器里可以看到有这两个变量。

上述命令在vms101上用nerdctl执行，只要把关键字docker换成nerdctl即可。

1.5.6　把容器的端口映射到物理机上

　　外部主机（本机之外的其他主机）是不能和容器进行通信的，如果希望外部主机能访问到容器的内容，就需要使用-p选项把容器的端口映射到物理机上，以后访问物理机对应的端口就可以访问到容器了，如图1-15所示。

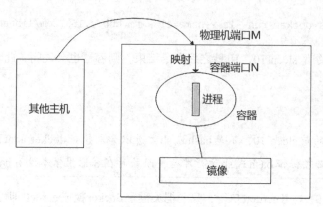

图 1-15　把容器的端口映射到物理机上

语法如下。

（1）-p N：物理机随机生成一个端口映射到容器的端口N上。

（2）-p M:N：把容器的端口N映射到物理机指定的端口M上。

第1步　创建一个容器，把容器的端口80映射到物理机的一个随机端口上。

```
[root@vms100 ~]# docker run -dt --name=web --restart=always -p 80 docker.io/nginx
d207651019fdf1475d444cd43b01826958b4a5fb691024567bb7991d4a606339
[root@vms100 ~]#
```

这里把容器web的端口80映射到物理机的随机端口上，这个端口号可以通过如下命令来查询。

第2步　查询容器映射到物理机的端口。

```
[root@vms100 ~]# docker ps
CONTAINER ID    IMAGE  COMMAND    CREATED       STATUS      PORTS      NAMES
d207651019fd    docker.io/nginx    "nginx -g 'daemon ..."    42 seconds ago
    Up 42 seconds          0.0.0.0:32770->80/tcp    web
[root@vms100 ~]#
```

或者通过如下命令来查看。

```
[root@vms100 ~]# docker port web
80/tcp -> 0.0.0.0:32770
[root@vms100 ~]#
```

可以看到，映射到物理机的端口32770上了，访问物理机的端口32770，即可访问到web容器，如图1-16所示。

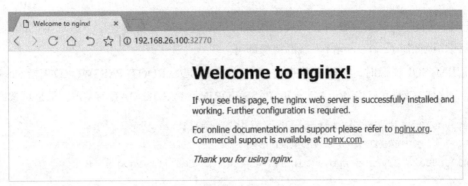

图1-16 访问物理机的端口32770

第3步 ▶ 删除此容器。

```
[root@vms100 ~]# docker rm -f web
```

如果想映射到物理机指定的端口上，请使用如下命令。

第4步 ▶ 把容器的端口映射到物理机指定的端口上。

```
[root@vms100 ~]# docker run -dt --name=web --restart=always -p 88:80 docker.io/
nginx
305500d7b5008f7a41de5c6415991b2788a932e744c74d3ba5cb0f71b1a5fb31
[root@vms100 ~]
```

此处把容器的端口80映射到物理机的端口88上（可以自行指定端口，比如80），那么访问物理机的端口88即可访问到web容器的端口80，如图1-17所示。

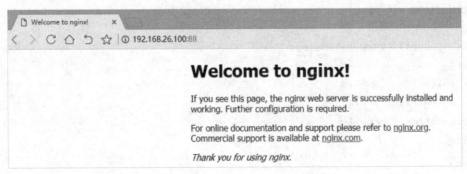

图1-17 访问物理机的端口88

第5步 ▶ 删除此容器。

```
[root@vms100 ~]# docker rm -f web
```

上述命令在vms101上用nerdctl执行，只要把关键字docker换成nerdctl即可。

1.6 实战练习——创建MySQL容器

请记住，创建MySQL容器时，不要使用从阿里云或Docker官方仓库下载的MySQL镜像，直接使用从网易镜像源（c.163.com）下载的镜像即可。

在使用MySQL镜像时，至少需要指定一个变量MYSQL_ROOT_PASSWORD来指定root密码，其他变量，比如MYSQL_USER、MYSQL_PASSWORD、MYSQL_DATABASE，都是可选的。

```
[root@vms100 ~]# docker history hub.c.163.com/library/mysql
IMAGE          CREATED       CREATED BY            SIZE          COMMENT
9e64176cd8a2   2 years ago   /bin/sh -c #(nop)  CMD ["mysqld"]   0 B
...
[root@vms100 ~]#
```

可以看到，使用MySQL镜像创建出来的容器里运行的是mysqld。

第1步 ▶ 创建容器。

```
[root@vms100 ~]# docker run -dt --name=db --restart=always -e MYSQL_ROOT_
PASSWORD=haha001 -e MYSQL_DATABASE=blog hub.c.163.com/library/mysql
debbb87bab89cc723807a3624189a357a6e38c492653482cc82f46032b9d6b18
[root@vms100 ~]#
```

这里使用MYSQL_ROOT_PASSWORD指定了MySQL root密码为haha001，在容器里创建一个数据库，名称为blog（由-e MYSQL_DATABASE=blog选项指定）。

第2步 ▶ 做连接测试。

在物理机上用yum安装MariaDB客户端，命令为yum -y install mariadb，然后连接容器。

```
[root@vms100 ~]# mysql -uroot -phaha001 -h172.17.0.2
...
MySQL [(none)]> show databases;
+--------------------+
| Database           |
+--------------------+
| information_schema |
| blog               |
| mysql              |
| performance_schema |
| sys                |
+--------------------+
5 rows in set (0.00 sec)

MySQL [(none)]> exit
```

```
Bye
[root@vms100 ~]#
```

容器的IP可以通过如下命令来查看。

```
[root@vms100 ~]# docker exec db ip a | grep 'inet '   # 注意,inet 后面有个空格
    inet 127.0.0.1/8 scope host lo
    inet 172.17.0.2/16 scope global eth0
[root@vms100 ~]#
```

上述命令在vms101上用nerdctl执行,只要把关键字docker换成nerdctl即可。

1.7 管理容器的命令

容器如同一台没有显示器的计算机,如何查看容器里的东西,又如何在容器里执行命令呢(图1-18)?可以利用docker exec命令来实现。

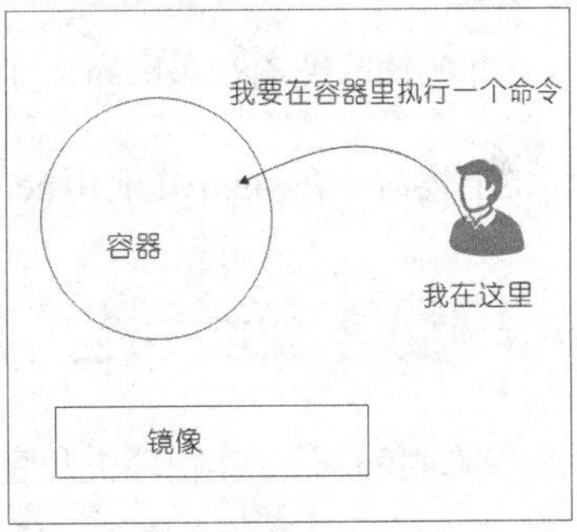

通过docker exec命令就可以执行容器里的命令了。

1.7.1 在容器里执行指定的命令

语法:

图1-18 在容器里执行命令

```
docker exec 容器名 命令
```

在nerdctl里管理容器的语法如下。

```
nerdctl exec 容器名 命令
```

第1步 在容器db里执行ip a | grep 'inet '命令。

```
[root@vms100 ~]# docker exec db ip a | grep 'inet '
    inet 127.0.0.1/8 scope host lo
    inet 172.17.0.2/16 scope global eth0
[root@vms100 ~]#
```

如果容器里没有要执行的命令,就会出现报错。

```
[root@vms100 ~]# docker exec db ifconfig
rpc error: code = 2 desc = oci runtime error: exec failed: container_linux.go:235:
starting container process caused "exec: \"ifconfig\": executable file not found
```

```
in $PATH"

[root@vms100 ~]#
```

如果想获取 shell 控制台，需要加上 –it 选项。

第2步 获取容器里的 bash 控制台。

```
[root@vms100 ~]# docker exec -it db bash
root@a2eb5b77e538:/#
root@a2eb5b77e538:/#
root@a2eb5b77e538:/# exit
exit
[root@vms100 ~]#
```

注意

有的镜像里不存在 bash，可以使用 sh 替代。

上述命令在 vms101 上用 nerdctl 执行，只要把关键字 docker 换成 nerdctl 即可。

1.7.2 物理机和容器互相拷贝文件

有时我们需要让物理机和容器之间互相拷贝一些文件，它们之间拷贝文件的语法如下。

```
docker cp /path/file 容器:/path2      把物理机里的 /path/file 拷贝到容器的 /path2 里
docker cp 容器:/path2/file /path/     把容器里的 /path2/file 拷贝到物理机的 /path 里
```

第1步 把物理机里的 /etc/hosts 拷贝到容器的 /opt 里。

```
[root@vms100 ~]# docker exec db ls /opt
[root@vms100 ~]#
[root@vms100 ~]# docker cp /etc/hosts db:/opt
[root@vms100 ~]# docker exec db ls /opt
hosts
[root@vms100 ~]#
```

可以看到，容器的 /opt 目录里原来是没有 hosts 文件的，现在已经拷贝进去了。

第2步 把容器里的 /etc/passwd 拷贝到物理机的 /opt 里。

```
[root@vms100 ~]# ls /opt/
rh
[root@vms100 ~]# docker cp db:/etc/passwd /opt/
[root@vms100 ~]# ls /opt/
```

```
passwd  rh
[root@vms100 ~]#
```

可以看到，物理机的 /opt 目录里原来是没有 passwd 文件的，现在已经拷贝进去了。

上述命令在 vms101 上用 nerdctl 执行，只要把关键字 docker 换成 nerdctl 即可。

1.7.3 关闭、启动、重启容器

一般情况下，在操作系统里重启某个服务，可以通过 "systemctl restart 服务名" 命令来实现，容器里一般是无法使用 systemctl 命令的。如果要重启容器里的程序，直接重启容器就可以了。下面演示如何关闭、启动、重启容器。

第1步 关闭、启动、重启容器。

```
[root@vms100 ~]# docker ps -q
a2eb5b77e538
[root@vms100 ~]# docker stop db
db
[root@vms100 ~]# docker ps -q
[root@vms100 ~]# docker start db
db
[root@vms100 ~]# docker ps -q
a2eb5b77e538
[root@vms100 ~]# docker restart db
db
[root@vms100 ~]# docker ps -q
a2eb5b77e538
[root@vms100 ~]#
```

上述命令在 vms101 上用 nerdctl 执行，只要把关键字 docker 换成 nerdctl 即可。

第2步 查看容器里运行的进程。

语法：

```
docker top 容器名
```

这个类似于任务管理器，可以查看到容器里正在运行的进程。

```
[root@vms100 ~]# docker top db
UID      PID     PPID    C    STIME    TTY     TIME       CMD
polkitd  15804   15787   0    16:43    ?       00:00:00   mysqld
[root@vms100 ~]#
```

上述命令在 vms101 上用 nerdctl 执行，只要把关键字 docker 换成 nerdctl 即可。

1.7.4 查看容器里的输出

当容器无法正常运行时，我们需要查看容器里的输出来进行排错。如果要查看容器里的日志信息，可以使用如下命令。

```
docker logs 容器名
```

查看容器日志时，如果要持续显示日志内容，即只要容器内容更新，日志中就能立即显示出来，可以使用 "docker logs –f 容器名" 命令。

第1步 查看容器日志输出。

```
[root@vms100 ~]# docker logs db
Initializing database
documentation for more details
... 大量输出 ...
[root@vms100 ~]#
```

上述命令在 vms101 上用 nerdctl 执行，只要把关键字 docker 换成 nerdctl 即可。

如果要查看容器的属性，可以通过 "docker inspect 容器名" 命令来实现。

第2步 查看容器 db 的属性。

```
[root@vms100 ~]# docker inspect db
[
    {
        "Id":
... 大量输出 ...
"Gateway": "172.17.0.1",
                "IPAddress": "172.17.0.2",
                "IPPrefixLen": 16,
                "IPv6Gateway": "",
                "GlobalIPv6Address": "",
                "GlobalIPv6PrefixLen": 0,
                "MacAddress": "02:42:ac:11:00:02"
            }
        }
    }
]
[root@vms100 ~]#
```

在这个输出里，可以查看到容器的各种信息，比如数据卷、网络信息等。

上述命令在 vms101 上用 nerdctl 执行，只要把关键字 docker 换成 nerdctl 即可。

1.8 数据卷的使用

当容器创建出来之后，会映射到物理机的某个目录（这个目录叫作容器层）里，在容器里写的东西实际上都存储在容器层，所以只要容器不被删除，在容器里写的数据就会一直存在。但是，一旦删除容器，对应的容器层也会被删除。

如果希望数据能永久保存，则需要配置数据卷，把容器里的指定目录挂载到物理机的某个目录里，如图1-19所示。

这里把物理机的目录/xx挂载到容器的/data目录里，当往容器的目录/data里写数据时，实际上是往物理机的目录/xx里写的。这样即使删除了容器，物理机目录/xx里的数据仍然是存在的，就实现了数据的永久保留（除非手动删除）。

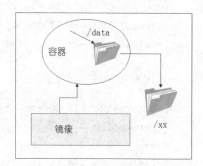

图1-19 数据卷

在创建容器时，用-v指定数据卷，用法如下。

（1）-v /dir1：物理机的目录/var/lib/docker/volumes/ID/_data/会挂载到容器的/dir1目录里，这里的ID是随机生成的。

（2）-v /dir2:/dir1：在物理机里指定目录/dir2映射到容器的/dir1目录里。

记住，冒号左边的/dir2是物理机的目录，冒号右边的/dir1是容器里的目录，这两个目录如果不存在，在创建容器时会自动创建。

第1步 ▶ 创建容器c1，把物理机的一个随机目录挂载到容器的/data目录里。

```
[root@vms100 ~]# docker run -dt --name=c1 --restart=always -v /data hub.c.163.com/
library/centos
5e7b70be7dbbb106f7c4648a5aea8f61fa52e877d6f19669b8fad3ec9e9ed93f
[root@vms100 ~]#
```

在此命令里，-v后面只指定了一个目录/data，指的是在容器里创建/data，挂载物理机的一个随机目录。

上述命令在vms101上用nerdctl执行，只要把关键字docker换成nerdctl即可。

第2步 ▶ 查看容器里的/data目录对应物理机的哪个目录。

```
[root@vms100 ~]# docker inspect c1 | grep -A5 Mounts
        "Mounts": [
            {
                "Type": "volume",
                "Name":
"3b9d162e61790b76d3fb3353672ca760f6ea369881bf952bf48939ed76d0d531",
                "Source": "/var/lib/docker/
volumes/3b9d162e61790b76d3fb3353672ca760f6ea369881bf952bf48939ed76d0d531/_data",
```

```
                    "Destination": "/data",
[root@vms100 ~]#
```

上面有两个参数，其中 Destination 指的是容器里的目录，Source 指的是物理机对应的目录。
往容器里拷贝一个文件。

```
[root@vms100 ~]# docker exec c1 ls /data
[root@vms100 ~]# ls /var/lib/docker/
volumes/3b9d162e61790b76d3fb3353672ca760f6ea369881bf952bf48939ed76d0d531/_data
[root@vms100 ~]#
```

可以看到，目录是空的。

```
[root@vms100 ~]# docker cp /etc/hosts c1:/data
[root@vms100 ~]# docker exec c1 ls /data
hosts
[root@vms100 ~]# ls /var/lib/docker/
volumes/3b9d162e61790b76d3fb3353672ca760f6ea369881bf952bf48939ed76d0d531/_data
hosts
[root@vms100 ~]#
```

第3步 删除此容器。

```
[root@vms100 ~]# docker rm -f c1
c1
[root@vms100 ~]#
```

上述命令在 vms101 上用 nerdctl 执行，只要把关键字 docker 换成 nerdctl 即可。
如果想在物理机里也指定目录而不是随机目录，则用法为 -v /xx:/data，此处冒号左边是物理机的目录，冒号右边是容器里的目录。

第4步 创建容器 c1，把物理机的目录 /xx 映射到容器的 /data 目录里。

```
[root@vms100 ~]# docker run -dt --name=c1 --restart=always -v /xx:/data hub.c.163.com/library/centos
a02739b678d21b0994fb06d9d65c9a1417a145ba992db57606be07d28208334e
[root@vms100 ~]#
```

在 nerdctl 里物理机所需要的目录不能自动创建，所以需要在 vms101 上先创建目录 /xx，然后在 vms101 上可以通过如下命令来实现。

```
mkdir /xx
nerdctl run -dt --name=c1 --restart=always -v /xx:/data hub.c.163.com/library/centos
```

查看此容器的属性。

```
[root@vms100 ~]# docker inspect c1 | grep -A5 Mounts
        "Mounts": [
            {
                "Type": "bind",
                "Source": "/xx",
                "Destination": "/data",
                "Mode": "",
[root@vms100 ~]#
```

第5步 拷贝一些测试文件过去观察一下。

```
[root@vms100 ~]# docker exec c1 ls /data
[root@vms100 ~]# ls /xx   # 两个都是空的
[root@vms100 ~]# docker cp /etc/hosts c1:/data   # 往容器的 /data 里拷贝一个文件
[root@vms100 ~]# docker exec c1 ls /data
hosts
[root@vms100 ~]# ls /xx/   # 物理机的目录 /xx 里也有了这些数据
hosts
[root@vms100 ~]#
```

第6步 删除此容器。

```
[root@vms100 ~]# docker rm -f c1
c1
[root@vms100 ~]#
```

上述命令在 vms101 上用 nerdctl 执行，只要把关键字 docker 换成 nerdctl 即可。

刚才在创建容器指定卷时，是这样写的 -v /xx:/data，其实这里隐藏了一个默认选项 rw，即完整的写法是 -v /xx:/data:rw，也就是容器里的 /data 是以 rw 的方式挂载物理机的 /xx 目录，可以使用 ro（只读）的方式挂载卷。

第7步 在创建容器时设置卷为只读。

```
[root@vms100 ~]# docker run -dt --name=c1 --restart=always -v /xx:/data:ro hub.
c.163.com/library/centos
a593c19d7cc47d6d7f1514c806cc056b1d6d5aa01956c06e4faa4baab0256139
[root@vms100 ~]#
```

上述命令在 vms101 上用 nerdctl 执行，只要把关键字 docker 换成 nerdctl 即可。

此时往容器里拷贝一个数据。

```
[root@vms100 ~]# docker cp /etc/hosts c1:/data
Error response from daemon: mounted volume is marked read-only
[root@vms100 ~]#
```

拷贝不过去，因为现在是以ro的方式挂载物理机的/xx目录。

第8步 ▶ 删除此容器。

```
[root@vms100 ~]# docker rm -f c1
c1
[root@vms100 ~]#
```

上述命令在vms101上用nerdctl执行，只要把关键字docker换成nerdctl即可。

1.9 Docker网络

【必知必会】了解并创建Docker网络。

前面讲创建MySQL容器时，进行测试时连接的IP是172.17.0.2，那么容器的IP是怎么分配的呢？

1.9.1 了解Docker网络

要先了解Docker里的网络到底是怎么回事，如图1-20所示。

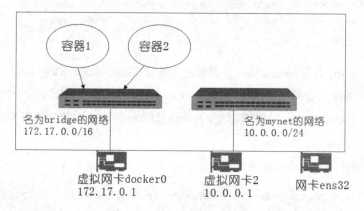

图1-20　Docker网络的结构

在物理机里创建一个Docker网络，本质上就是为Docker容器创建一个交换机，然后给这个交换机指定一个网段。创建好网络之后，会在物理机上产生一个虚拟网卡，这个网卡的IP地址是这个Docker网段的第一个IP地址。

比如安装好Docker之后，会自动创建一个名为bridge的网络，可以把它想象成一个交换机，它的网段是172.17.0.0/16，物理机里会生成一张网卡docker0，IP是172.17.0.1。在创建容器时，容器默认就是连接到此交换机的，所以容器里的IP也是172.17.0.0/16里的一个IP。

如果想再创建一个网络mynet，相当于为容器又创建了一个交换机，这个网段如果指定为

10.0.0.0/24，则此交换机在物理机上所产生的虚拟网卡的IP是此网段的第一个IP，即10.0.0.1。连接到此交换机上的容器的IP也是10.0.0.0/24里的一个IP。

第1步 ▶ 查看当前Docker网络。

```
[root@vms100 ~]# docker network list
NETWORK ID            NAME                 DRIVER               SCOPE
d5ce17cd1128          bridge               bridge               local
03b05ec43e7a          host                 host                 local
a935f5599b67          none                 null                 local
[root@vms100 ~]#
```

第2步 ▶ 查看名为bridge的网络的信息。

```
[root@vms100 ~]# docker network inspect bridge
[
    {
        "Name": "bridge",
... 大量输出 ...
        "Labels": {}
    }
]
[root@vms100 ~]#
```

上述命令在vms101上用nerdctl执行，只要把关键字docker换成nerdctl即可。

1.9.2　创建Docker网络

创建网络的语法如下。

```
docker network create -d 类型 ( 一般写 bridge) --subnet= 网段 网络名
```

记忆方法如下。

（1）执行man -k docker -->找到docker-network-create。

（2）man docker-network-create里面有很多例子。

对于nerdctl来说，创建网络的语法如下。

```
nerdctl network create -d 类型 ( 一般写 bridge) --subnet= 网段 网络名
```

第1步 ▶ 创建名称为mynet的网络，网段为10.0.0.0/24。

```
[root@vms100 ~]# docker network create -d bridge --subnet=10.0.0.0/24 mynet
e252fe757c2c8b40d078a2d4ec5838cb1cb276496d8e4c22f38908336418d677
```

```
[root@vms100 ~]#
```

这里创建了一个名称为 mynet、类型为 bridge 的网络，网段为 10.0.0.0/24，以后使用该网络的容器获取的 IP 就在 10.0.0.0/24 内。

查看该网络的信息。

```
[root@vms100 ~]# docker network inspect mynet
[
    {
        "Name": "mynet",
... 输出 ...
        "Driver": "bridge",
        "EnableIPv6": false,
        "IPAM": {
            "Driver": "default",
            "Options": {},
            "Config": [
                {
                    "Subnet": "10.0.0.0/24"
                }
            ... 输出 ...
        }
    }
]
[root@vms100 ~]#
```

上述命令在 vms101 上用 nerdctl 执行，只要把关键字 docker 换成 nerdctl 即可。

如果创建某容器想使用 mynet，则需要使用 --net=mynet 选项来指定。

第2步 ● 创建名称为 c1 的容器，连接到刚创建的网络 mynet 里。

```
[root@vms100 ~]# docker run --net=mynet -it --name=c1 --rm hub.c.163.com/library/
centos
[root@56589f42218b /]#
```

在 SSH 客户端另外的标签里查询 c1 的 IP 信息。

```
[root@vms100 ~]# docker inspect c1 | grep IPAddress
            "SecondaryIPAddresses": null,
            "IPAddress": "",
                    "IPAddress": "10.0.0.2",
[root@vms100 ~]#
```

可以看到，获取的 IP 是 10.0.0.2，这个 IP 就属于 mynet 网段。

退出c1容器，此容器会自动删除。

上述命令在vms101上用nerdctl执行，只要把关键字docker换成nerdctl即可。

1.10 容器互联

【必知必会】配置多个容器如何互相连接？

有时我们需要多个应用共同工作才能对外提供服务，比如使用WordPress和MySQL两个应用才能搭建博客。WordPress需要连接到MySQL上，这样就需要两个容器，此时就需要将WordPress容器连接到MySQL容器上。

1.10.1 方法1：通过容器IP的方式访问

前面在实战练习里已经创建了一个名称为db的容器，IP为172.17.0.2且里面有一个数据库叫作blog。

```
[root@vms100 ~]# docker exec db ip a | grep 'inet '
    inet 127.0.0.1/8 scope host lo
    inet 172.17.0.2/16 scope global eth0
[root@vms100 ~]#
```

下面使用WordPress镜像创建一个容器，此容器需要连接到MySQL上。

这个容器需要使用的变量如下。

（1）WORDPRESS_DB_HOST：用来指定MySQL服务器的地址。

（2）WORDPRESS_DB_USER：用来指定登录MySQL的用户名。

（3）WORDPRESS_DB_PASSWORD：用来指定登录MySQL的密码。

（4）WORDPRESS_DB_DATABASE：用来指定需要的数据库。

第1步 ● 创建WordPress容器，并把端口发布出去，使得外界的主机能访问。

```
[root@vms100 ~]# docker run -dit --name blog --restart=always -e WORDPRESS_DB_
HOST=172.17.0.2 -e WORDPRESS_DB_USER=root -e WORDPRESS_DB_PASSWORD=haha001 -e
WORDPRESS_DB_NAME=blog -p 80:80 hub.c.163.com/library/wordpress
85647b3af3d21d110971a4b40ccf650a6e396baae6d8e775d32333e16349cc45
[root@vms100 ~]#
```

这里通过变量WORDPRESS_DB_HOST指定了MySQL服务器的地址。

第2步 ● 在浏览器里访问页面。

在地址栏里输入192.168.26.100，如图1-21所示。

选择"Chinese"选项，单击"Continue"按钮，进入图1-22所示的页面。

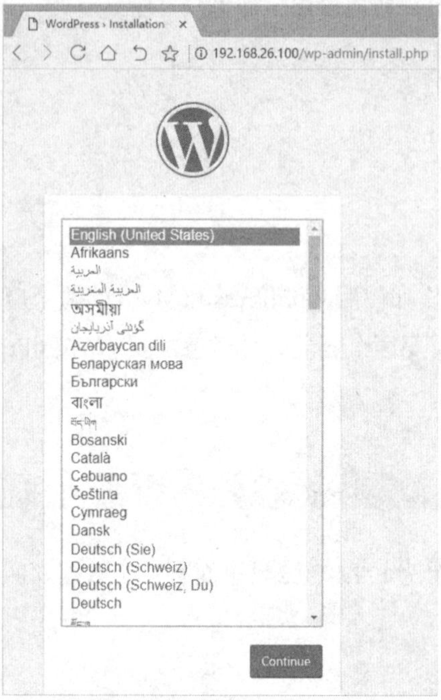

图1-21 访问WordPress容器（1）

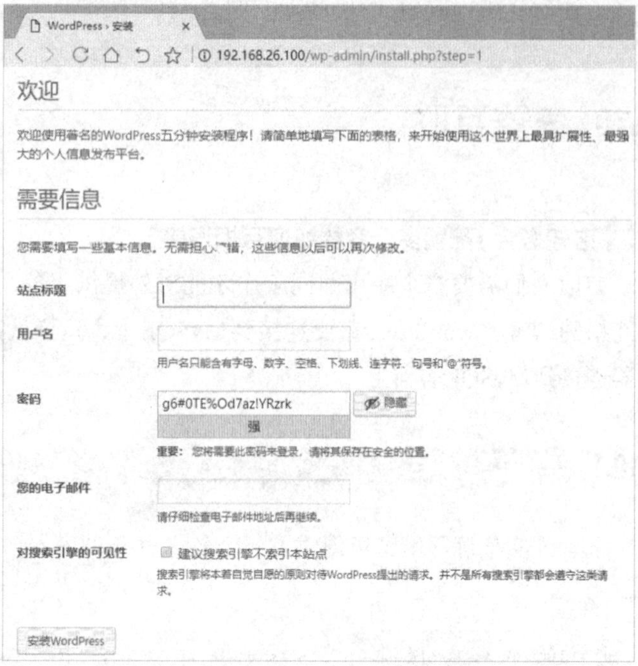

图1-22 访问WordPress容器（2）

并没有要求输入数据库的信息，因为它已经可以自动连接到数据库了。

第3步 ▶ 删除blog这个容器。

```
[root@vms100 ~]# docker rm -f blog
blog
[root@vms100 ~]#
```

这种方法有个问题，就是如果db容器出问题而重新生成时，IP可能会发生改变，那么WordPress就连接不上了。

上述命令在vms101上用nerdctl执行，只要把关键字docker换成nerdctl即可。

1.10.2 方法2：使用link的方式

在创建容器时，--link选项的用法如下。

```
--link 容器名：别名
```

后续需要引用此容器名时，直接写别名即可。

这种--link用法在nerdctl里无法使用，所以下面的练习只在vms100上操作。

第1步 ▶ 再次创建WordPress容器。

```
[root@vms100 ~]# docker run -dit --name blog --restart=always --link db:mysqlxx -e
WORDPRESS_DB_HOST=mysqlxx -e WORDPRESS_DB_USER=root -e WORDPRESS_DB_PASSWORD=haha001
-e WORDPRESS_DB_NAME=blog -p 80:80 hub.c.163.com/library/wordpress
4805ee0d8a5cd079ad7e2d028e30695288172645fa354874c2aadc642f4a7e17
[root@vms100 ~]#
```

这里创建名称为blog的容器，使用--link连接到名称为db的容器，起别名为mysqlxx，在WORDPRESS_DB_HOST这个变量里不再写db的IP了，而是直接写别名mysqlxx，此时blog正常运行，且能访问到数据库，如图1-23所示。

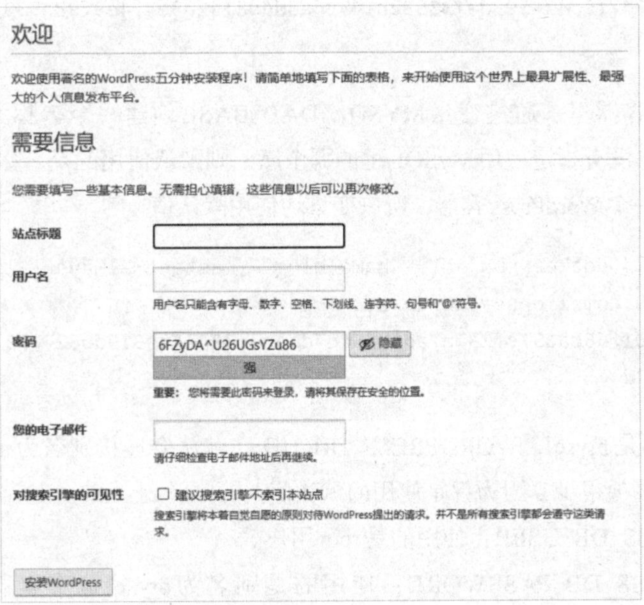

图1-23 访问WordPress容器（3）

注意

--link里容器的别名是可以随意起的。

但是，这个命令还是过于复杂，可以进一步简化。刚才介绍了WordPress镜像所使用的变量，现在来看它们的默认值。

（1）WORDPRESS_DB_HOST：默认连接到别名为mysql的容器。

（2）WORDPRESS_DB_USER：默认为root。

（3）WORDPRESS_DB_PASSWORD：默认为MySQL容器里的root所使用的密码。

（4）WORDPRESS_DB_DATABAASE：默认为名称为wordpress的库。

所以，如果我们创建MySQL容器，指定一个数据库是wordpress而不是blog，则上面的选项都可以不写。

第2步 删除db和blog容器。

```
[root@vms100 ~]# docker rm -f db
db
[root@vms100 ~]# docker rm -f blog
blog
[root@vms100 ~]#
```

第3步 创建一个 MySQL 容器。

```
[root@vms100 ~]# docker run -d --name=db --restart=always -e MYSQL_ROOT_
PASSWORD=haha001 -e MYSQL_DATABASE=wordpress hub.c.163.com/library/mysql
7a422e94a4bd3d747f6d434593da730532b14334a3ddd814103e3f4e9f98a939
[root@vms100 ~]#
```

在这个 MySQL 容器里，通过变量 MYSQL_DATABASE 创建一个名称为 wordpress 的库。在 WordPress 容器里如果没有指定使用 MySQL 里的哪个库，则默认使用的是名称为 wordpress 的库。

第4步 创建一个 WordPress 容器，所有变量均使用默认值。

```
[root@vms100 ~]# docker run -dt --name blog --restart=always --link db:mysql -p
80:80 hub.c.163.com/library/wordpress
33d96d183cceaa01f65caa97ef137a7ad5025fc7dbac9c30324ce319d0827773
[root@vms100 ~]#
```

这里别名使用的是 mysql，WORDPRESS_DB_HOST 默认会连接别名为 mysql 的容器，这里创建 WordPress 容器的选项很少，因为都是使用的默认值。

（1）WORDPRESS_DB_USER：使用的是 root 用户。

（2）WORDPRESS_DB_PASSWORD：使用的是别名为 mysql 这个容器里 MYSQL_ROOT_ PASSWORD 的值。

（3）WORDPRESS_DB_NAME：默认使用 wordpress 库。

在浏览器里测试，如图 1-23 所示。

虽然在创建 WordPress 容器时没有指定太多 MySQL 的信息，但依然能跳过数据库的设置，说明 WordPress 容器是正确连接到数据库了。

自行删除这两个容器。

➤ 模拟考题

（1）在 vms100 上查看当前系统里有多少个镜像。

（2）在 vms100 上对 nginx:latest 做标签，名称为 192.168.26.100/nginx:v1，并导出此镜像为一个文件 nginx.tar。

（3）在 vms100 上使用镜像 192.168.26.100/nginx:v1 创建容器，满足如下要求。

①容器名为 web。

②容器重启策略设置为always。

③把容器的端口80映射到物理机（vms100）的端口8080上。

④把物理机（vms100）的目录/web挂载到容器的/usr/share/nginx/html目录里。

（4）在容器web的/usr/share/nginx/html目录里创建文件index.html，内容为"hello docker"。

（5）打开浏览器，在地址栏里输入192.168.26.100:8080，查看是否能看到hello docker。

（6）删除容器web和镜像192.168.26.100/nginx:v1。

2 第2章 Docker 进阶

考试大纲

了解如何构建镜像及搭建私有仓库。

本章要点

考点1：通过Dockerfile构建镜像。

考点2：使用Harbor搭建私有仓库。

2.1 自定义镜像

【必知必会】通过Dockerfile构建自己的镜像。

构建镜像建议在Docker里操作，所以本章的练习都是在vms100这台机器上操作的。

前面所使用的镜像都是我们从网上下载下来的，有的镜像并不能满足我们的需求，比如CentOS镜像里就没有ifconfig命令，所以很多时候要根据自己的需求来自定义镜像。

自定义镜像的过程并非从零到有，而是在已经存在的镜像的基础上进行修改，这个已经存在的镜像称为"基镜像"。

要自定义镜像，就需要写Dockerfile文件了，如果文件名不是Dockerfile，那么编译镜像时需要使用-f选项来指定文件名，如图2-1所示。

构建镜像的本质就是，

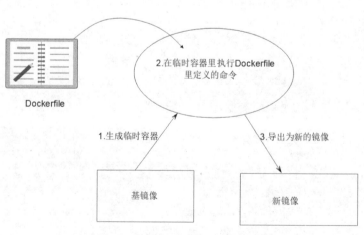

图2-1　用Dockerfile构建镜像的流程

先利用基镜像生成一个临时容器，然后在这个临时容器里执行Dockerfile里定义的命令，等做完所有的操作之后，会把这个临时容器导出为一个新的镜像，最后把这个临时容器删除。

关键就是如何写Dockerfile，Dockerfile的格式及常用命令如下。

（1）FROM：指定基镜像。

（2）MAINTAINER：维护者的信息。

（3）RUN：想在临时容器里执行的操作系统命令。

（4）ADD file /path/：把物理机里的file拷贝到镜像的指定目录/path里，可以自动解压压缩文件。

（5）COPY file /path/：把物理机里的file拷贝到镜像的指定目录/path里，不会自动解压压缩文件。

（6）ENV：指定变量。

（7）USER：指定容器内部以哪个用户运行进程。

（8）VOLUME：指定数据卷。

（9）EXPOSE：指定镜像容器所使用的端口，这只是一个标记。

（10）CMD：指定镜像创建出来的容器运行什么进程。

练习1：创建可以执行ifconfig命令的CentOS镜像。

Dockerfile的内容如下。

```
[root@vms100 ~]# cat Dockerfile
FROM hub.c.163.com/library/centos
MAINTAINER duan
RUN yum install net-tools -y

CMD ["/bin/bash"]
[root@vms100 ~]#
```

这个文件里指明了基于hub.c.163.com/library/centos这个镜像自定义新的镜像，在新的镜像里安装net-tools工具包。

在临时容器里执行系统命令时都要以RUN开头，构建语法如下。

```
docker build -t 新镜像名 :tag 目录 -f Dockerfile 文件名
```

这里的"目录"的意思是，后面讲往新镜像里拷贝文件时可以用ADD或COPY，这个"目录"是要拷贝的文件所在目录，如果写"."，表示从当前目录里拷贝文件到镜像里。

如果构建镜像的文件名不是Dockerfile，需要使用-f选项来指定文件名，具体如下。

```
docker build -t 新镜像名 :tag . -f file
```

开始构建。

```
[root@vms100 ~]# docker build -t centos:v1 .
```

```
Sending build context to Docker daemon 230.1 MB
... 输出 ...
Step 4/4 : CMD /bin/bash
---> Running in 8e0fb6170a3b
---> b3c554b578c4
Removing intermediate container 8e0fb6170a3b
Successfully built b3c554b578c4
[root@vms100 ~]#
```

构建完成后，查看现有镜像。

```
[root@vms100 ~]# docker images
REPOSITORY          TAG          IMAGE ID          CREATED          SIZE
centos              v1           b3c554b578c4      22 seconds ago   301 MB
...
[root@vms100 ~]#
```

使用该镜像创建出一个容器，并验证是否可以执行 ifconfig 命令。

```
[root@vms100 ~]# docker run --rm -it centos:v1
[root@cea78ca52d6f /]# ifconfig eth0
eth0: flags=4163<UP,BROADCAST,RUNNING,MULTICAST>  mtu 1500
        inet 172.17.0.4  netmask 255.255.0.0  broadcast 0.0.0.0
        inet6 fe80::42:acff:fe11:4  prefixlen 64  scopeid 0x20<link>
        ether 02:42:ac:11:00:04  txqueuelen 0  (Ethernet)
        RX packets 5  bytes 418 (418.0 B)
        RX errors 0  dropped 0  overruns 0  frame 0
        TX packets 6  bytes 508 (508.0 B)
        TX errors 0  dropped 0 overruns 0  carrier 0  collisions 0

[root@cea78ca52d6f /]# exit
exit
[root@vms100 ~]#
```

可以看到，一切是正常的。

练习2：自定义 Nginx 镜像。

先做准备工作，把所需要的 repo 文件拷贝出来。

```
[root@vms100 ~]# cd /etc/yum.repos.d/
[root@vms100 yum.repos.d]# tar zcf /root/repo.tar.gz *
[root@vms100 yum.repos.d]# cd
[root@vms100 ~]#
```

这里把物理机 /etc/yum.repos.d 里的 repo 文件放在压缩文件 repo.tar.gz 里了。

物理机目录 /etc/yum.repos.d/ 里的这些 repo 文件是在一开始安装 Docker 时就下载下来的。

创建 index.html，内容如下。

```
[root@vms100 ~]# cat index.html
test11
[root@vms100 ~]#
```

创建 dockerfile1，内容如下。

```
[root@vms100 ~]# cat dockerfile1
FROM hub.c.163.com/library/centos
MAINTAINER duan
# 清除自带的 yum 源文件
RUN rm -rf /etc/yum.repos.d/*
# 把打包好的 repo 文件拷贝到 /etc/yum.repos.d 里，作为新的 yum
ADD repo.tar.gz /etc/yum.repos.d/
RUN yum install nginx -y
# 把 Nginx 默认主页文件拷贝进去
ADD index.html /usr/share/nginx/html

EXPOSE 80

CMD ["nginx", "-g", "daemon off;"]
[root@vms100 ~]#
```

注意

（1）CentOS 自带的 yum 源里并没有 Nginx 软件包，所以在执行 yum install nginx –y 命令之前需要配置 yum 源，这里把打包好的 repo 文件拷贝到镜像的 /etc/yum.repos.d 里。

（2）在容器里 Nginx 作为守护进程运行，必须以 nginx –g daemon off 格式运行，这个格式是固定的。

（3）一定要按照拷贝 yum 源→安装→拷贝 index.html 的顺序执行，大家可以考虑一下这是为什么。

开始构建，指定镜像的名称为 nginx:v1。

```
[root@vms100 ~]# docker build -t nginx:v1 . -f dockerfile1
Sending build context to Docker daemon 1.293 GB
Step 1/7 : FROM hub.c.163.com/library/centos
---> 328edcd84f1b
... 大量输出 ...
Successfully built cd67044bfa52
Successfully tagged nginx:v1
[root@vms100 ~]#
```

因为文件名是 dockerfile1，不是 Dockerfile，所以这里需要使用 –f 选项来指定文件名。

使用此镜像运行一个容器并验证。

```
[root@vms100 ~]# docker run -d --name=web --restart=always -p 80:80 nginx:v1
654d73edf7dd51242511014605bbea5908d984d4a65fb96190d6210dabe60120
[root@vms100 ~]#
```

在浏览器里打开 192.168.26.100，查看结果，如图 2-2 所示。

有的读者会问，如何修改 Nginx 的配置文件？其实只要把配置文件修改好，以 ADD 的方式添加过去即可。

自行删除 Web 容器。

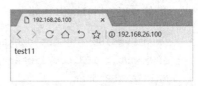

图 2-2　测试新的镜像是否编译成功

练习 3：验证 ADD 和 COPY 的区别。

ADD 和 COPY 都可以把当前目录里的文件拷贝到临时容器里，但是 ADD 和 COPY 在拷贝压缩文件时存在一些区别。ADD 把压缩文件拷贝到临时容器里时会自动解压，COPY 不带解压功能。

在当前目录里随意创建一个压缩文件，这里有个 aa.tar.gz，内容如下。

```
[root@vms100 ~]# tar ztf aa.tar.gz
epel.repo
index.html
[root@vms100 ~]#
```

创建 dockerfile2，内容如下。

```
[root@vms100 ~]# cat dockerfile2
FROM hub.c.163.com/library/centos
MAINTAINER duan
# 在临时容器里创建目录 /11 和 /22
RUN mkdir /11 /22
# 利用 ADD 把 aa.tar.gz 拷贝到 /11 里，利用 COPY 把 aa.tar.gz 拷贝到 /22 里
ADD aa.tar.gz /11
COPY aa.tar.gz /22

CMD ["/bin/bash"]
[root@vms100 ~]#
```

aa.tar.gz 以 ADD 的方式拷贝到镜像的 /11 目录里。

aa.tar.gz 以 COPY 的方式拷贝到镜像的 /22 目录里。

编译镜像，镜像名为 centos:add–copy。

```
[root@vms100 ~]# docker build -t centos:add-copy . -f dockerfile2
```

```
Sending build context to Docker daemon 1.293 GB
Step 1/6 : FROM hub.c.163.com/library/centos
...
Removing intermediate container 7d00f53629f3
Successfully built d21b6fa6234a
[root@vms100 ~]#
```

使用该镜像创建出一个容器并验证结果。

```
[root@vms100 ~]# docker run --rm -it centos:add-copy
[root@7bdd096a6221 /]# ls /11
epel.repo index.html
[root@7bdd096a6221 /]# ls /22/
aa.tar.gz
[root@7bdd096a6221 /]# exit
exit
[root@vms100 ~]#
```

可以看到，以 ADD 方式拷贝过去的压缩文件进行了解压操作，而以 COPY 方式拷贝过去的并没有解压。

练习 4：USER 命令的使用。

前面做的镜像里，都是以 root 来运行进程，如果要以指定的用户来运行进程，可以使用 USER 命令。创建 dockerfile3，内容如下。

```
[root@vms100 ~]# cat dockerfile3
FROM hub.c.163.com/library/centos
MAINTAINER duan
RUN useradd lduan
USER lduan

CMD ["/bin/bash"]
[root@vms100 ~]#
```

这里首先创建出 lduan 用户，然后使用 USER 命令指定后面容器里要以 lduan 来运行进程。

编译镜像，镜像名为 centos:user。

```
[root@vms100 ~]# docker build -t centos:user . -f dockerfile3
...
Removing intermediate container 97e2d65cb77f
Successfully built 518cea386492
[root@vms100 ~]#
```

使用该镜像创建出一个容器。

```
[root@vms100 ~]# docker run --restart=always --name=c1 -it centos:user
[lduan@a7f0227edfb7 /]$
[lduan@a7f0227edfb7 /]$ whoami
lduan
[lduan@a7f0227edfb7 /]$ exit
exit
[root@vms100 ~]#
```

可以看到，容器里的进程是以lduan的身份来运行的。如果要以root身份进入容器里，加上
--user=root选项即可。

```
[root@vms100 ~]# docker exec -it --user=root c1 bash
[root@a7f0227edfb7 /]#
[root@a7f0227edfb7 /]# whoami
root
[root@a7f0227edfb7 /]# exit
exit
[root@vms100 ~]#
```

删除这个容器c1。

```
[root@vms100 ~]# docker rm -f c1
c1
[root@vms100 ~]#
```

练习5：用ENV来指定变量。

创建dockerfile4，内容如下。

```
[root@vms100 ~]# cat dockerfile4
FROM hub.c.163.com/library/centos
MAINTAINER duan
ENV myenv=/aa

CMD ["/bin/bash"]
[root@vms100 ~]#
```

构建镜像，名称为centos:env。

```
[root@vms100 ~]# docker build -t centos:env . -f dockerfile4
```

使用该镜像创建出一个容器。

```
[root@vms100 ~]# docker run --rm -it centos:env
[root@457c99cfd44b /]# echo $myenv
/aa
```

```
[root@457c99cfd44b /]# exit
exit
[root@vms100 ~]#
```

可以看到，容器里存在一个变量myenv=/aa。

在创建容器时是可以使用–e选项来指定变量的值的。

```
[root@vms100 ~]# docker run --rm -it -e myenv=xxx centos:env
[root@1084136a59d2 /]# echo $myenv
xxx
[root@1084136a59d2 /]# exit
exit
[root@vms100 ~]#
```

练习6：数据卷。

创建dockerfile5，内容如下。

```
[root@vms100 ~]# cat dockerfile5
FROM hub.c.163.com/library/centos
MAINTAINER duan
VOLUME ["/data1"]

CMD ["/bin/bash"]
[root@vms100 ~]#
```

此新镜像创建出来的容器里，会创建一个目录/data1绑定物理机的随机目录。

构建镜像，名称为centos:volume。

```
[root@vms100 ~]# docker build -t centos:volume . -f dockerfile5
```

使用该镜像创建出一个容器。

```
[root@vms100 ~]# docker run --rm -it centos:volume
[root@ff3ee713ea74 /]# ls /data1/
[root@ff3ee713ea74 /]#
```

在其他终端上查看此容器的属性。

```
[root@vms100 ~]# docker inspect ff3ee713ea74 | grep -A5 Mounts
        ...
            "Source": "/var/lib/docker/
volumes/44a9c964f8192431aa18c5861e5ac80364133639a5615c29d1201fee3ac3e70a/_data",
            "Destination": "/data1",
[root@vms100 ~]#
```

注意

如果想有多个挂载点，应该写成VOLUME ["/data1","/data"]。

作业：创建可以SSH的CentOS。

Dockerfile的内容如下。

```
FROM centos:v1
MAINTAINER duan
RUN rm -rf /etc/yum.repos.d/*
ADD epel.repo /etc/yum.repos.d/
ADD CentOS-Base.repo /etc/yum.repos.d/
RUN yum install openssh-clients openssh-server -y
RUN ssh-keygen -t rsa -f /etc/ssh/ssh_host_rsa_key && ssh-keygen -t ecdsa -f /etc/
ssh/ssh_host_ecdsa_key && ssh-keygen -t ed25519 -f /etc/ssh/ssh_host_ed25519_key
RUN sed -i '/UseDNS/cUseDNS no' /etc/ssh/sshd_config

RUN echo "root:redhat" | chpasswd
EXPOSE 22
CMD ["/usr/sbin/sshd", "-D"]
```

更好的写法如下。

```
FROM centos:v1
MAINTAINER duan
RUN rm -rf /etc/yum.repos.d/*
ADD repo.tar.gz /etc/yum.repos.d/
RUN yum install openssh-clients openssh-server -y && \
    ssh-keygen -t rsa -f /etc/ssh/ssh_host_rsa_key && \
    ssh-keygen -t ecdsa -f /etc/ssh/ssh_host_ecdsa_key && \
    ssh-keygen -t ed25519 -f /etc/ssh/ssh_host_ed25519_key && \
    sed -i '/UseDNS/cUseDNS no' /etc/ssh/sshd_config && \
    echo "root:redhat" | chpasswd
EXPOSE 22
CMD ["/usr/sbin/sshd", "-D"]
```

2.2 使用Harbor搭建私有仓库

【必知必会】使用Harbor搭建私有仓库。

本实验在一台新的机器vms102上操作，在vms102上安装Docker。

Harbor 是一个通过 Web 界面管理的镜像仓库，使用起来非常方便且功能强大。安装 Harbor 需要 Compose，Compose 是一种容器编排工具，所以需要先把 docker-compose 安装好。

2.2.1 安装 Compose

本实验准备在 vms102 上搭建 Harbor，所以下面的操作在 vms102 上进行。

第1步 ▶ 使用 yum 安装 docker-compose。

```
[root@vms102 ~]# yum install docker-ce docker-compose -y
已加载插件: fastestmirror
    ...输出...
完毕!
[root@vms102 ~]#
```

第2步 ▶ 查看 Compose 的版本。

```
[root@vms102 ~]# docker-compose -v
docker-compose version 1.18.0, build 8dd22a9
[root@vms102 ~]#
```

2.2.2 安装 Harbor

因为私有仓库拉取镜像默认使用的是 HTTPS，为了能让 Docker 通过 HTTP 访问，必须修改相关配置。

第1步 ▶ 在 vms102 上创建 /etc/docker/daemon.json，内容如下。

```
{
  "insecure-registries": ["192.168.26.102"]
}
```

这里 insecure-registries 后面的地址是仓库的地址，重启 Docker。

```
[root@vms102 ~]# systemctl daemon-reload ; systemctl restart docker
[root@vms102 ~]#
```

第2步 ▶ 到 https://github.com/goharbor/harbor/releases 下载最新版 Harbor 离线包并解压，解压之后进入目录 harbor。

```
[root@vms102 ~]# tar zxf harbor-offline-installer-v2.3.5.tgz
[root@vms102 ~]# cd harbor/
[root@vms102 harbor]# ls
common.sh  harbor.v2.3.5.tar.gz  harbor.yml.tmpl  install.sh  LICENSE  prepare
```

```
[root@vms102 harbor]#
```

第3步 ● 导入 Harbor 所需要的镜像。

```
[root@vms102 harbor]# docker load -i harbor.v2.3.5.tar.gz
... 大量输出 ...
[root@vms102 harbor]#
```

第4步 ● 生成 harbor.yml 文件。

```
[root@vms102 harbor]# cp harbor.yml.tmpl harbor.yml
[root@vms102 harbor]#
```

编辑 harbor.yml 文件，修改 hostname 的值为本主机名，最前面的数字是行号。

```
5 hostname: 192.168.26.102
```

把以下几行注释掉。可以在代码前加上 "#"，此时加 "#" 的代码就会被注释掉，不再生效。

```
13 # https:
14 #   # https port for harbor, default is 443
15 #   port: 443
16 #   # The path of cert and key files for nginx
17 #   certificate: /your/certificate/path
18 #   private_key: /your/private/key/pat
```

注意

前面的数字是所在行号，行号后面的#是新增的。

harbor_admin_password 是登录 Harbor 的密码，大概在 34 行，这里默认为 Harbor12345，可以在此处修改管理员密码。

```
34 harbor_admin_password: Harbor12345
```

第5步 ● 运行脚本 ./prepare，执行一些准备工作。

```
[root@vms102 harbor]# ./prepare
prepare base dir is set to /root/harbor
WARNING:root:WARNING: HTTP protocol is insecure. Harbor will deprecate http
    ... 输出 ...
Clean up the input dir
[root@vms102 harbor]#
```

第6步 ● 运行 ./install.sh。

```
[root@vms102 harbor]# ./install.sh
```

```
[Step 0]: checking if docker is installed ...

Note: docker version: 24.0.2
[Step 1]: checking docker-compose is installed ...
    ... 输出 ...
✔ ----Harbor has been installed and started successfully.----
[root@vms102 harbor]#
```

安装完成，下面开始访问 Harbor。

第7步 ➤ 在浏览器里输入 192.168.26.102，进入图 2-3 所示的界面。

图 2-3 登录 Harbor

用户名输入 admin，密码输入 Harbor12345，单击"登录"按钮，如图 2-4 所示。

图 2-4 Harbor 的界面

> **注意**
>
> 单击界面左下角的"浅色主题"，整个面板的颜色以浅色显示。

第8步 ➤ 依次单击"系统管理"→"用户管理"→"创建用户"选项，如图 2-5 所示。
设置新创建用户的信息，单击"确定"按钮。

第9步 依次单击"项目"→"新建项目"选项，如图2-6所示。

图2-5　创建用户 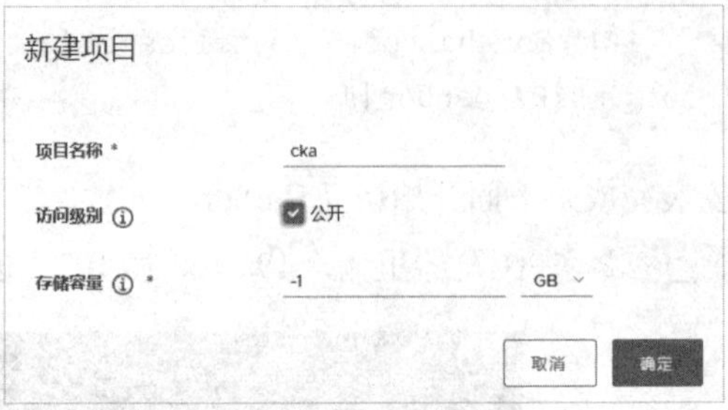　　　　　　　　　　　图2-6　创建项目

　　项目名称输入cka，访问级别选择公开。这里的访问级别指的是别人从这个项目里拉取镜像时要不要先登录，如果选择了公开，则不需要登录就可以直接拉取；如果没有选择公开，则必须在命令行里登录之后才能拉取。不管有没有选择公开，往此仓库里推送镜像都是需要登录的，单击"确定"按钮。

第10步 为项目添加用户。

　　依次单击"项目"→"cka"选项，如图2-7所示。

图2-7　进入cka项目

　　依次单击"成员"→"+用户"选项，如图2-8和图2-9所示。

图2-8　为项目关联用户

名称输入tom，角色选择项目管理员，单击"确定"按钮。

单击"镜像仓库"选项，可以看到没有任何镜像，如图2-10所示。

图2-9　把tom设置为项目管理员　　　　　图2-10　查看项目里的镜像

2.2.3　推送镜像

下面在客户端vms100上把做好的镜像推送到仓库里，不管Harbor里的cka项目是不是设置了公开，推送镜像都要先登录。

第1步 ▶ 修改/etc/docker/daemon.json，如下所示。

```
[root@vms100 ~]# cat /etc/docker/daemon.json
{
  "registry-mirrors": ["https://frz7i079.mirror.aliyuncs.com"],
  "insecure-registries": ["192.168.26.102"]
}
[root@vms100 ~]#
```

这里新增加insecure-registries，后面的地址是仓库的地址，要记得在registry-mirrors最后添加一个逗号。

第2步 ▶ 重启Docker。

```
[root@vms100 ~]# systemctl restart docker
[root@vms100 ~]#
```

第3步 ▶ 登录私有仓库。

```
[root@vms100 ~]# docker login 192.168.26.102 -u tom -p Harbor12345
WARNING! Using --password via the CLI is insecure. Use --password-stdin.
WARNING! Your password will be stored unencrypted in /root/.docker/config.json.
Configure a credential helper to remove this warning. See
https://docs.docker.com/engine/reference/commandline/login/#credentials-store
```

```
Login Succeeded
[root@vms100 ~]#
```

按提示输入刚创建的用户名和密码，登录成功后会在当前目录下生成一个隐藏文件夹.docker，里面记录了登录信息。

```
[root@vms100 ~]# ls .docker/
config.json
[root@vms100 ~]#
```

这个config.json文件里就记录的登录信息。

```
[root@vms100 ~]# cat .docker/config.json
{
    "auths": {
        "192.168.26.102": {
            "auth": "dG9tOkhhcmJvcjEyMzQ1"
        }
    }
}[root@vms100 ~]# echo "dG9tOkhhcmJvcjEyMzQ1" | base64 -d
tom:Harbor12345[root@vms100 ~]#
[root@vms100 ~]#
```

第4步 ▶ 测试推送镜像。

在推送镜像之前，需要给镜像重新打标签，新的tag里的IP是仓库的IP，分类就是Harbor里的项目。比如我们现在的环境里，需要把镜像重新打标签为192.168.26.102/cka/镜像名:tag这样的格式。

先把centos:v1重新打标签为192.168.26.102/cka/centos:v1。

```
[root@vms100 ~]# docker tag centos:v1 192.168.26.102/cka/centos:v1
[root@vms100 ~]#
```

然后通过docker push命令推送到仓库里。

```
[root@vms100 ~]# docker push 192.168.26.102/cka/centos:v1
The push refers to a repository [192.168.26.102/cka/centos]
589830c63604: Pushed
b362758f4793: Pushing ===================>
    ...输出...
[root@vms100 ~]#
```

第5步 ▶ 打开Harbor管理页面，如图2-11所示。

图2-11 查看项目里的镜像

单击"cka/centos"选项之后，再单击图2-12箭头所指位置的选项。

图2-12 单击箭头所指位置的选项

之后进入图2-13所示的界面，单击箭头所指位置的按钮，即可自动复制拉取此镜像的命令。

图2-13 单击箭头所指位置的按钮

2.2.4 拉取镜像

如果是在其他的Docker机器上拉取镜像，需要在/etc/docker/daemon.json里添加"insecure-registries": ["192.168.26.102"]，这里insecure-registries后面的值是仓库的IP，具体配置与前面一样。下面来看如何在Containerd的环境里下载，下面的操作是在vms101上进行的。

首先使用crictl拉取镜像192.168.26.102/cka/centos:v1。

```
[root@vms101 ~]# crictl pull 192.168.26.102/cka/centos:v1
    ...输出...
Head "https://192.168.26.102/v2/cka/centos/manifests/v1": dial tcp
192.168.26.102:443: connect: connection refused
[root@vms101 ~]#
```

这里拉取失败，是因为vms101与Harbor服务器192.168.26.102之间使用了HTTPS的方式通信。

我们现在修改一下 Containerd 的配置文件 /etc/containerd/config.toml，用 Vim 编辑器打开此文件后搜索关键字 mirror，找到之后，原来的内容如下。

```
[plugins."io.containerd.grpc.v1.cri".registry.mirrors]
  [plugins."io.containerd.grpc.v1.cri".registry.mirrors."docker.io"]
    endpoint = ["https://frz7i079.mirror.aliyuncs.com"]
```

修改之后的内容如下。

```
[plugins."io.containerd.grpc.v1.cri".registry.mirrors]
  [plugins."io.containerd.grpc.v1.cri".registry.mirrors."docker.io"]
    endpoint = ["https://frz7i079.mirror.aliyuncs.com"]
  [plugins."io.containerd.grpc.v1.cri".registry.mirrors."192.168.26.102"]
    endpoint = ["http://192.168.26.102"]
```

上面的粗体字部分是新增的，重启 Containerd。
然后再次拉取镜像。

```
[root@vms101 ~]# crictl pull 192.168.26.102/cka/centos:v1
Image is up to date for sha256:328e...输出...b2d8ba48414b84d
[root@vms101 ~]#
```

可以看到，现在可以正常拉取镜像了。
下面尝试使用 nerdctl 拉取镜像。

```
[root@vms101 ~]# nerdctl pull 192.168.26.102/cka/centos:v1
    ...输出...
INFO[0000] Hint: you may want to try --insecure-registry to allow plain HTTP (if
you are in a trusted network)
FATA[0000] failed to resolve reference "192.168.26.102/cka/centos:v1": failed to
do request: Head "https://192.168.26.102/v2/cka/centos/manifests/v1": dial tcp
192.168.26.102:443: connect: connection refused
[root@vms101 ~]#
```

这里提示的也是因为 HTTPS 的问题，导致无法拉取镜像。但是，前面已经修改了 /etc/containerd/config.toml，为什么还不行呢？原来是因为 nerctl 不使用这个配置文件，所以在此配置文件里所做的修改对 nerdctl 不生效。如果想使用 nerdctl 拉取镜像，可以加上 --insecure-registry 选项。
使用 nerdctl 再次拉取镜像。

```
[root@vms101 ~]# nerdctl --insecure-registry pull 192.168.26.102/cka/centos:v1
    ...输出...
[root@vms101 ~]#
```

可以看到，现在可以正常拉取镜像了。

模拟考题

（1）请编写一个Dockerfile，在vms100上构建一个新的镜像，要求如下。

①基于镜像hub.c.163.com/library/centos:latest。

②新的镜像里包含ifconfig命令。

③新的镜像里包含变量myname=test。

④新的镜像里包含一个用户tom，并且在使用此镜像运行容器时，容器里的进程以tom身份运行。

⑤在使用此镜像创建容器时，默认运行的进程为 /bin/bash。

（2）使用此Dockerfile构建一个名称为 192.168.26.102/cka/centos:v1 的镜像。

（3）在vms100和vms102上适当修改配置，使得在vms100上不管是从vms102上拉取镜像，还是往vms102上推送镜像，都是以HTTP的方式，而不是以HTTPS的方式。

第 3 章
部署 Kubernetes 集群

考试大纲

了解Kubernetes的架构，并部署Kubernetes集群。

本章要点

考点1：使用 Kubeadm 部署 Kubernetes 集群。

考点2：添加及删除 Worker。

考点3：查看 Pod 及节点的负载。

考点4：了解并管理命名空间。

在Docker里每次都需要使用docker run命令一个一个地去创建容器，这种创建方式有以下几个缺点。

（1）效率太低：生产环境里需要成千上万个容器，手动创建太慢。

（2）不具备高可用性：如果某台服务器挂掉了，上面的容器就不会运行了。

（3）管理难：如果某个容器出现了问题，很难被发现。

所以，为了更方便地管理容器，我们需要使用容器的编排工具。所谓编排工具，可以理解为Docker加个壳。常见的编排工具包括 Docker Swarm、Mesos、OpenShift、Kubernetes（简称K8s）等，本章主要讲述Kubernetes这种工具的使用。

3.1 Kubernetes 架构及组件介绍

【必知必会】了解Kubernetes的架构及Kubernetes组件的作用。

为了使大家能够理解Kubernetes的架构，先以虚拟化架构来说明，如图3-1所示。

在VMware vSphere虚拟化环境里，ESXi是专门用来运行虚拟机的，为了统一管理、统一调度这些ESXi及里面的虚拟机，我们需要安装一台vCenter。这台vCenter作为一个控制台，通过

vSphere Client 或 vSphere Web Client 连接到 vCenter 上，然后就可以对整个虚拟化架构进行管理了。

Kubernetes 的架构和这种虚拟化环境的架构是类似的，如图 3-2 所示。

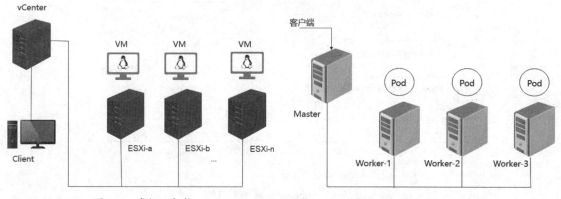

图 3-1　虚拟化架构　　　　　　　　　　　　图 3-2　Kubernetes 的架构

这里的 Master 就相当于 vSphere 里的 vCenter，是一个控制台，也叫作 Control Plane Node（控制平面节点）。这里的 Worker（工作节点）相当于 vSphere 里的 ESXi，是专门用于运行 Pod（容器）的。

前面讲到 Docker 直接管理容器，在 K8s 环境里直接管理的是 Pod。Pod 翻译成中文叫作"豆荚"，豆荚里有豌豆。豌豆藤上结的是一颗颗的豆荚而不是一粒粒的豌豆，即豌豆藤上管理的最小单位是豆荚。豌豆藤是 Kubernetes，豆荚是 Pod，豌豆是容器，即 Kubernetes 里最小的调度单位是 Pod。一个 Pod 里可以有多个容器，一般情况下我们只会在 Pod 里设计一个容器。因为 Pod 里有各种策略、各种网络设置，所以更方便我们去管理，如图 3-3 所示。

图 3-3　Pod 和容器的关系

在 Kubernetes 里，我们不需要再使用 docker run 这种方式去创建容器了，Kubernetes 会创建出一个个"豆荚"，即 Pod。

客户端先要连接到 Master 上的 APIServer，APIServer 对客户端进行验证。验证通过之后，客户端发送一个创建 Pod 的请求，由调度器 kube-scheduler 决定这个 Pod 到底是在哪台 Worker 上创建，然后 kube-scheduler 会把这个决定的结果告诉 kube-apiserver，之后 kube-apiserver 会给对应的 Worker 上的 Kubelet 发送请求。

对应 Worker 上的 Kubelet 收到 kube-apiserver 的请求之后，由 Kubelet 给 runtime 发送创建容器的请求，此时 runtime 会创建两个容器：一个是普通容器，另一个是 Pause 容器。这里需要注意的是，从 Kubernetes 的视角看是一个 Pod，但从 runtime 的视角看其实是两个容器。

可以看到，Kubelet 其实就是 runtime 的一个客户端，不过从 Kubernetes v1.24 开始就不再使用 Docker 作为 runtime 了，具体的大家可以通过 https://www.rhce.cc/3749.html 了解。

下面介绍 Kubernetes 的常见组件，如图 3-4 所示。

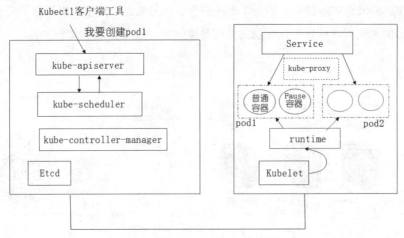

图3-4　Kubernetes的常见组件

Pod里的Pause容器用于建立网络Pod里的网络空间、进程空间等。Pod里的业务容器才是最终对外提供服务的，但是我们不会直接访问Pod，而是建立一个负载均衡器，然后由负载均衡器把流量转发到Pod上。这个负载均衡器叫作Service（简称SVC），就类似于我们给10086打电话，然后10086会把用户请求转发给后端的话务员。

负责把SVC的流量转发给后端Pod的组件叫作kube-proxy，这个kube-proxy利用iptables或ipvs把SVC的流量转发给后端的Pod，默认使用的是iptables。

Master上运行的组件及作用如表3-1所示。

表3-1　Master上运行的组件及作用

组件名称	作用
Kubectl	命令行工具，用户要创建、删除什么东西，一般都用它来做
kube-apiserver	接口，接收用户发送的请求，对连接过来的客户端进行身份的验证和鉴权
kube-scheduler	调度器，当用户创建Pod时，判定这个Pod将会被调度到哪台Worker上创建
kube-controller-manager	Kubernetes集群里有很多控制器用于控制不同类型的资源，比如管理节点的控制器叫作node-controller，管理命名空间的控制器叫作namespace-controller，管理Pod的控制器有Deployment、Statefulset、DaemonSet等。这些控制器都集成在了controller-manager里

下面的组件是在所有节点上都有的，如表3-2所示。

表3-2　Worker上运行的组件及作用

组件名称	作用
Kubelet	一个代理软件，在包括Master在内的所有节点上运行，接受Master分配过来的任务，并把节点信息反馈给Master上的APIServer

续表

组件名称	作用
kube-proxy	在包括Master在内的所有节点上运行，用于把发送给SVC的请求转发给后端的Pod，其模式有iptables和ipvs（SVC后面会讲）
Calico网络	使得节点中的Pod能够互相通信，集群安装好之后，一定要安装它

前面讲的Docker，都是在单主机上配置的，不同主机的容器要是想互相通信，可以通过端口映射，也可以通过安装Calico网络来实现。而K8s环境是多主机的，Pod可能会分布在不同的机器上，为了让这些Pod能顺利地互相通信，需要在K8s环境里安装Calico网络。

在整个环境里还需要数据库，这个数据库是Etcd，用于保存整个Kubernetes上的配置。

3.2 安装Kubernetes集群

本节主要是完整地搭建一套Kubernetes集群出来，包括实验环境的准备、安装Master、把Worker加入集群、安装Calico网络等。

3.2.1 实验拓扑图及环境

要完成本章及后续的实验，我们需要3台机器：1台Master，2台Worker。实验拓扑图如图3-5所示。

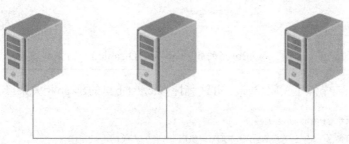

图3-5　实验拓扑图

机器的配置如表3-3所示。

表3-3　机器的配置

主机名	IP地址	内存需求	操作系统版本	角色
vms10.rhce.cc	192.168.26.10	4GB	CentOS 7.4	Master
vms11.rhce.cc	192.168.26.11	4GB	CentOS 7.4	worker1
vms12.rhce.cc	192.168.26.12	4GB	CentOS 7.4	worker2

3.2.2 实验准备

在安装 Kubernetes 之前，需要设置好 yum 源、关闭 SELinux 及关闭 Swap 等。下面的准备操作都是在所有节点上进行的。

第1步▶ 建议所有节点使用 CentOS 7.6，在所有节点上同步 /etc/hosts。

```
[root@vmsX ~]# cat /etc/hosts
127.0.0.1    localhost localhost.localdomain localhost4 localhost4.localdomain4
::1          localhost localhost.localdomain localhost6 localhost6.localdomain6
192.168.26.10    vms10.rhce.cc        vms10
192.168.26.11    vms11.rhce.cc        vms11
192.168.26.12    vms12.rhce.cc        vms12
[root@vmsX ~]#
```

第2步▶ 在所有节点上配置防火墙和关闭 SELinux。

```
[root@vmsX ~]# firewall-cmd --set-default-zone=trusted
success
[root@vmsX ~]#
[root@vmsX ~]# firewall-cmd --get-default-zone
trusted
[root@vmsX ~]# sed -i '/SELINUX=/cSELINUX=disabled' config
[root@vmsX ~]# getenforce
Disabled
[root@vmsX ~]#
```

注意

这里 SELinux 的配置，如果 getenforce 的值原来不是 Disabled，则需要重启系统才能生效。

第3步▶ 在所有节点上关闭 Swap，并注释掉 /etc/fstab 里的 Swap 相关条目。

```
[root@vmsX ~]# swapoff -a
[root@vmsX ~]# sed -i '/swap/s/UUID/#UUID/g' /etc/fstab
[root@vmsX ~]# swapon -s   # 要确保此命令没有任何值输出
[root@vmsX ~]#
```

第4步▶ 在所有节点上配置好 yum 源（请提前安装好 wget，再执行下面的操作）。

```
[root@vmsX ~]# rm -rf /etc/yum.repos.d/* ; wget ftp://ftp.rhce.cc/k8s/* -P /etc/
yum.repos.d/
...
[root@vmsX ~]#
```

第5步 在所有节点上设置内核参数。

```
[root@vmsX ~]# cat <<EOF > /etc/sysctl.d/k8s.conf
net.bridge.bridge-nf-call-ip6tables = 1
net.bridge.bridge-nf-call-iptables = 1
net.ipv4.ip_forward = 1
EOF
[root@vmsX ~]## 下面设置的是开机自动加载模块
[root@vmsX ~]# cat <<EOF > /etc/modules-load.d/containerd.conf
overlay
br_netfilter
EOF
[root@vmsX ~]#
```

让其立即生效。

```
[root@vmsX ~]# sysctl -p /etc/sysctl.d/k8s.conf
[root@vmsX ~]# modprobe overlay
[root@vmsX ~]# modprobe br_netfilter
[root@vmsX ~]#
```

第6步 在所有节点上安装并启动 Containerd，并设置 Containerd 自动启动。

```
[root@vmsX ~]# yum install containerd.io cri-tools -y
[root@vmsX ~]# systemctl enable containerd --now
```

第7步 修改 Containerd 的配置文件。
删除默认的配置文件，然后下载已经修改好的配置文件。

```
[root@vmsX ~]# rm -rf /etc/containerd/config.toml ; wget ftp://ftp.rhce.cc/cka/
book/config.toml -P /etc/containerd/
```

第8步 安装 nerdctl 和 CNI 网络插件。
下载地址如下。

```
https://github.com/containerd/nerdctl/releases
https://github.com/containernetworking/plugins/releases
```

下载好之后，按如下步骤进行安装（可以参考前面容器部分的安装步骤）。

```
[root@vmsX ~]# tar zxf nerdctl-1.5.0-linux-amd64.tar.gz -C /usr/bin/ nerdctl
[root@vmsX ~]# chmod +x /usr/bin/nerdctl
[root@vmsX ~]# mkdir -p /opt/cni/bin/
[root@vmsX ~]# tar zxf cni-plugins-linux-amd64-v1.3.0.tgz -C /opt/cni/bin/
```

第9步 ▶ 在所有节点上安装软件包。

重启 Containerd 服务。

```
[root@vmsX ~]# systemctl restart containerd
```

第10步 ▶ 在所有节点上安装软件包。

```
[root@vmsX ~]# yum install -y kubelet-1.28.1-0 kubeadm-1.28.1-0 kubectl-1.28.1-0
--disableexcludes=kubernetes
已加载插件: fastestmirror
...
   完毕!
[root@vmsX ~]#
```

注意

安装时如果没有指定版本,则安装的是最新版本。

第11步 ▶ 在所有节点上启动 Kubelet,并设置开机自动启动。

```
[root@vmsX ~]# systemctl restart kubelet ; systemctl enable kubelet
Created symlink from /etc/systemd/system/multi-user.target.wants/kubelet.service
to /usr/lib/systemd/system/kubelet.service.
[root@vmsX ~]#
```

注意

此时 Kubelet 的状态为 Activating。

3.2.3 在 Master 上执行初始化

下面的操作是在 vms10 上进行的,目的是把 vms10 配置成 Master。

第1步 ▶ 在 Master 上执行初始化。

```
[root@vms10 ~]# kubeadm init --image-repository registry.aliyuncs.com/google_
containers --kubernetes-version=v1.28.1 --pod-network-cidr=10.244.0.0/16
... 输出 ...
Then you can join any number of worker nodes by running the following on each as
root:
Your kubernetes control-plane has initialized successfully!
To start using your cluster, you need to run the following as a regular user:
mkdir -p $HOME/.kube
sudo cp -i /etc/kubernetes/admin.conf $HOME/.kube/config
```

```
sudo chown $(id -u):$(id -g) $HOME/.kube/config
Alternatively, if you are the root user, you can run:
  export KUBECONFIG=/etc/kubernetes/admin.conf
... 输出 ...
Then you can join any number of worker nodes by running the following on each as
root:
    kubeadm join 192.168.26.10:6443 --token f2gym6.x80gppt9oas6sse5 \
    --discovery-token-ca-cert-hash
sha256:0b567ae7f1ce64e30b0bc457b75a7d5d6e96ab1eaa4f3f7b0cbb26dd8a5c9f7f
[root@vms10 ~]#
```

上面输出的是安装完之后的操作，按上面的提示分别执行每条命令。

注意

（1）这里使用--image-repository选项来指定使用阿里云的镜像。

（2）--pod-network-cidr=10.244.0.0/16 在这里指的是Pod的网段。

第2步 ▶ 复制Kubeconfig文件。

```
[root@vms10 ~]# mkdir -p $HOME/.kube
[root@vms10 ~]# sudo cp -i /etc/kubernetes/admin.conf $HOME/.kube/config
[root@vms10 ~]# sudo chown $(id -u):$(id -g) $HOME/.kube/config
[root@vms10 ~]#
```

上面的提示中，如下命令是用于把Worker加入Kubernetes集群的命令。

```
kubeadm join 192.168.26.10:6443 --token f2gym6.x80gppt9oas6sse5 \
    --discovery-token-ca-cert-hash sha256:0b567ae7f1ce64e30b0bc457b75a7d5d6e96ab1ea
a4f3f7b0cbb26dd8a5c9f7f
```

如果忘记了保存此命令，可以使用如下命令获取。

```
[root@vms10 ~]# kubeadm token create --print-join-command
kubeadm join 192.168.26.10:6443 --token 9a6glb.zg00wudcrb40gjqk --discovery-token-
ca-cert-hash sha256:0b567ae7f1ce64e30b0bc457b75a7d5d6e96ab1eaa4f3f7b0cbb26dd8a5c9f7f
[root@vms10 ~]#
```

3.2.4 配置Worker加入集群

下面的步骤是把vms11和vms12以Worker的身份加入Kubernetes集群。

第1步 ▶ 在vms11和vms12上分别执行以下命令。

```
[root@vmsX ~]# kubeadm join 192.168.26.10:6443 --token f2gym6.x80gppt9oas6sse5
```

```
--discovery-token-ca-cert-hash sha256:0b567ae7f1ce64e30b0bc457b75a7d5d6e96ab
1eaa4f3f7b0cbb26dd8a5c9f7f
[preflight] Running pre-flight checks
    [WARNING Service-Kubelet]: kubelet service is not enabled, please run 'system
ctlenable kubelet.service'
... 输出 ...
Run 'kubectl get nodes' on the master to see this node join the cluster.

[root@vmsX ~]#
```

第2步 切换到 Master 上，可以看到所有节点已经加入集群了。

```
[root@vms10 ~]# kubectl get nodes
NAME             STATUS      ROLES            AGE       VERSION
vms10.rhce.cc    NotReady    control-plane    2m27s     v1.28.1
vms11.rhce.cc    NotReady    <none>           21s       v1.28.1
vms12.rhce.cc    NotReady    <none>           19s       v1.28.1
[root@vms10 ~]#
```

可以看到，所有节点的状态为 NotReady，我们需要安装 Calico 网络才能使 K8s 正常工作。

3.2.5 安装 Calico 网络

因为在整个 Kubernetes 集群里，Pod 都是分布在不同的主机上的，为了实现这些 Pod 的跨主机通信，必须安装 CNI 网络插件，这里选择 Calico 网络。

第1步 在 Master 上下载配置 Calico 网络的 YAML 文件。

下载地址为 https://raw.githubusercontent.com/projectcalico/calico/v3.26.0/manifests/calico.yaml 或 https://docs.tigera.io/calico/latest/getting-started/（图 3-6）。

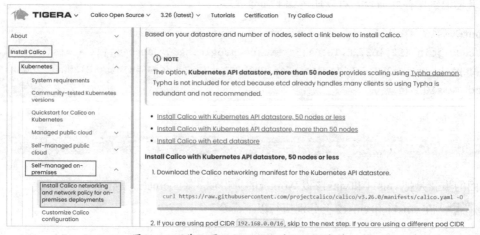

图 3-6　下载配置 Calico 网络的 YAML 文件

如果下载不下来，可以按如下命令下载。

```
[root@vms10 ~]# wget ftp://ftp.rhce.cc/cka/book/calico.yaml
...输出...
[root@vms10 ~]#
```

第2步 ▶ 修改 calico.yaml 里的 Pod 网段。

把 calico.yaml 里 Pod 所在的网段改为 kubeadm init 时 --pod-network-cidr 选项所指定的网段，用 Vim 编辑器打开此文件后查找 "IPV4POOL_CIDR"，按如下标记进行修改。

```
# no effect. This should fall within '--cluster-cidr'.
# - name: CALICO_IPV4POOL_CIDR
#   value: "192.168.0.0/16"
# Disable file logging so 'kubectl logs' works.
- name: CALICO_DISABLE_FILE_LOGGING
  value: "true"
```

把两个 # 及 # 后面的空格去掉，并把 192.168.0.0/16 改为 10.244.0.0/16。

```
# no effect. This should fall within '--cluster-cidr'.
- name: CALICO_IPV4POOL_CIDR
  value: "10.244.0.0/16"
- name: IP_AUTODETECTION_METHOD
  value: "interface=ens32"
# Disable file logging so 'kubectl logs' works.
- name: CALICO_DISABLE_FILE_LOGGING
  value: "true"
```

改的时候请看清缩进关系，即这里的对齐关系。同时这里添加了变量：

```
- name: IP_AUTODETECTION_METHOD
  value: "interface=ens32"
```

这里的 ens32 要根据自己机器上的网卡名进行修改，比如所使用的服务器网卡名是 eth0，这里就改为 eth0，笔者的网卡名是 ens32，所以这里写的是 ens32。

修改这个的原因请参阅文章 https://www.rhce.cc/3374.html。

注意

下载的这个 calico.yaml 已经改好了，特别要注意上面说的网卡名。

第3步 ▶ 提前下载所需要的镜像。

查看此文件用哪些镜像。

```
[root@vms10 ~]# grep image calico.yaml
```

```
        image: docker.io/calico/cni:v3.26.0
        imagePullPolicy: IfNotPresent
        image: docker.io/calico/cni:v3.26.0
        imagePullPolicy: IfNotPresent
        image: docker.io/calico/node:v3.26.0
        imagePullPolicy: IfNotPresent
        image: docker.io/calico/node:v3.26.0
        imagePullPolicy: IfNotPresent
        image: docker.io/calico/kube-controllers:v3.26.0
        imagePullPolicy: IfNotPresent
[root@vms10 ~]#
```

建议提前在所有节点（包括 Master）上把这些镜像拉取下来。

第4步 ● 安装 Calico 网络。

在 Master 上执行如下命令。

```
[root@vms10 ~]# kubectl apply -f calico.yaml
... 大量输出 ...
[root@vms10 ~]#
```

第5步 ● 验证结果。

再次在 Master 上运行 kubectl get nodes 命令，查看运行结果。

```
[root@vms10 ~]# kubectl get nodes
NAME            STATUS   ROLES           AGE    VERSION
vms10.rhce.cc   Ready    control-plane   22m    v1.28.1
vms11.rhce.cc   Ready    <none>          20m    v1.28.1
vms12.rhce.cc   Ready    <none>          20m    v1.28.1
[root@vms10 ~]#
```

可以看到，所有节点的状态已经变为 Ready 了。

3.3 安装后的设置

【必知必会】设置使用 Tab 键，删除节点，常用的命令。

有一点需要注意，Kubernetes 集群安装好之后，Kubectl 命令都是在 Master 上执行的。在输入命令时发现，Kubectl 后面的子命令如果能执行 Tab 键，会带来极大的便捷性，但默认是不能使用 Tab 键的，需要设置一下。

第1步 ● 编辑 /etc/profile，在第二行加上 source <(kubectl completion bash) 并使之生效。

```
[root@vms10 ~]# head -3 /etc/profile
# /etc/profile
source <(kubectl completion bash)   # 新增，注意 < 和 ( 之间是没有空格的

[root@vms10 ~]#
[root@vms10 ~]# source /etc/profile
[root@vms10 ~]#
```

注意

（1）要让此设置生效，操作系统需要安装 bash-completion。

（2）这里的小括号是英文状态下的小括号，很多人的默认输入法是中文输入法，很容易把小括号输入成中文状态下的小括号。

因为后期可能要复制 YAML 格式的内容，所以设置编辑器 Vim 的属性。

第2步 ● 创建 /root/.vimrc，内容如下。

```
[root@vms10 ~]# cat .vimrc
set paste
[root@vms10 ~]#
```

3.3.1　删除节点及重新加入

有时我们需要把 Kubernetes 里的某个节点移除，重新添加其他节点。把节点加入集群的方法前面已经讲了，但是要把节点从集群中移除该如何操作呢？下面演示如何把 vms12.rhce.cc 从集群中删除。

第1步 ● 把 vms12.rhce.cc 设置为维护模式。

通过 kubectl drain 命令把节点设置为维护模式，会把已经在此节点上运行的 Pod 驱逐到其他节点上运行。

```
[root@vms10 ~]# kubectl drain vms12.rhce.cc --delete-local-data --force --ignore-
daemonsets
node/vms12.rhce.cc cordoned
...输出...
node/vms12.rhce.cc evicted
[root@vms10 ~]#
```

第2步 ● 删除这个节点。

```
[root@vms10 ~]# kubectl delete node vms12.rhce.cc
node "vms12.rhce.cc" deleted
```

```
[root@vms10 ~]#
[root@vms10 ~]# kubectl get nodes
NAME            STATUS   ROLES          AGE   VERSION
vms10.rhce.cc   Ready    control-plane  23m   v1.28.1
vms11.rhce.cc   Ready    <none>         22m   v1.28.1
[root@vms10 ~]#
```

第3步 ► 清空节点上的配置。

再次把 vms12.rhce.cc 加入集群，先用 kubeadm reset 命令清除 vms12 上 Kubernetes 的设置。

```
[root@vms12 ~]# kubeadm reset
[reset] WARNING: changes made to this host by 'kubeadm init' or 'kubeadm join'
will be reverted.
[reset] are you sure you want to proceed? [y/N]: y
... 输出 ...
[root@vms12 ~]#
```

第4步 ► 重新加入集群。

```
[root@vms12 ~]# kubeadm join 192.168.26.10:6443 --token 7lzkc3.p5bbsos7ebgxrhct
--discovery-token-ca-cert-hash sha256:0b567ae7f1ce64e30b0bc457b75a7d5d6e96ab1eaa4f3
f7b0cbb26dd8a5c9f7f

    ... 输出 ...
Run 'kubectl get nodes' on the master to see this node join the cluster.

[root@vms12 ~]#
```

注意

不管是 Master 还是 Worker，如果想清空 Kubernetes 的设置，需要执行 kubeadm reset 命令。

3.3.2　常见的一些命令

本小节讲述一些在 Kubernetes 里常用的查看集群信息的命令。

（1）查看 Kubernetes 集群信息。

```
[root@vms10 ~]# kubectl cluster-info
Kubernetes control plane is running at https://192.168.26.10:6443
CoreDNS is running at https://192.168.26.10:6443/api/v1/namespaces/kube-system/
services/kube-dns:dns/proxy

To further debug and diagnose cluster problems, use 'kubectl cluster-info dump'.
[root@vms10 ~]#
```

（2）查看Kubernetes的版本。

```
[root@vms10 ~]# kubectl version
Client Version: v1.28.1
Kustomize Version: v5.0.4-0.20230601165947-6ce0bf390ce3
Server Version: v1.28.1
[root@vms10 ~]#
```

（3）查看Kubernetes里所支持的apiVersion（后面章节会遇到）。

```
[root@vms10 ~]# kubectl api-versions
admissionregistration.K8s.io/v1
...
storage.K8s.io/v1
v1
[root@vms10 ~]#
```

3.4 设置 metrics-server 监控 Pod 及节点的负载

如果想查看Kubernetes集群里每个节点及每个Pod的CPU负载、内存负载，需要安装监控，这里我们演示安装metrics-server。

因为安装metrics-server时需要的镜像是k8s.gcr.io，但是由于网络原因无法直接从k8s.gcr.io下载镜像，所以先从docker.io下载镜像，然后进行tag操作。

第1步 ▶ 下载最新版的metrics-server。

在https://github.com/kubernetes-sigs/metrics-server里找最新版的metrics-server，在练习环境里从如下地址下载。

```
[root@vms10 ~]# wget ftp://ftp.rhce.cc/cka/book/components.yaml
    ...输出...
[root@vms10 ~]#
```

第2步 ▶ 在所有节点上下载镜像。

```
[root@vmsX ~]# docker pull docker.io/dyrnq/metrics-server:v0.6.1
```

注意

如果是从github.com里下载的components.yaml，注意修改里面所使用的镜像。

第3步 ▶ 运行components.yaml文件。

```
[root@vms10 ~]# kubectl apply -f components.yaml
    ... 输出 ...
[root@vms10 ~]#
```

第4步 查看 metrics-server 的 Pod 运行状态。

```
[root@vms10 ~]# kubectl get pods -n kube-system | grep metric
metrics-server-675fcb978d-rk92b               1/1      Running   0          13s
[root@vms10 ~]#
```

稍等几分钟, 可以通过 kubectl top 命令查看每个节点及 Pod 的资源消耗。

第5步 查看节点的负载。

```
[root@vms10 ~]# kubectl top nodes --use-protocol-buffers
NAME              CPU(cores)    CPU%    MEMORY(bytes)    MEMORY%
vms10.rhce.cc     182m          9%      1976Mi           53%
vms11.rhce.cc     87m           4%      1666Mi           45%
vms12.rhce.cc     82m           4%      1834Mi           49%
[root@vms10 ~]#
```

注意

--use-protocol-buffers 选项可以不写。

第6步 查看 Pod 的负载。

```
[root@vms10 ~]# kubectl top pods -n kube-system
calico-kube-controllers-67ffc74bd6-9fk22      2m        57Mi
calico-node-b76wd                             46m       141Mi
calico-node-mtvrw                             53m       118Mi
        ... 输出 ...
[root@vms10 ~]#
```

3.5 命名空间 namespace

为了理解命名空间, 我们以平时使用的 QQ 群举例说明, 如图 3-7 所示。

有时我们需要把 Kubernetes 里的某个节点移除, 重新添加其他节点。把节点加入集群的方法前面已经讲了。

平时我们在 QQ 群里可以无障碍地聊天, 但是具体的人可能是分布在不同的城市的, 比如图 3-7 中甲、乙、丙三人在 QQ 群 1 里, 但是人可能分别在北京、上海、深圳。x、y、z 三人在 QQ 群 2 里,但是人也可能分布在不同的城市。QQ群就是这样的一种逻辑结构，不同的群是互相隔离的。虽然人物甲和人物y都在北京，但是他们之间是没有什么关系的，如图3-8所示。

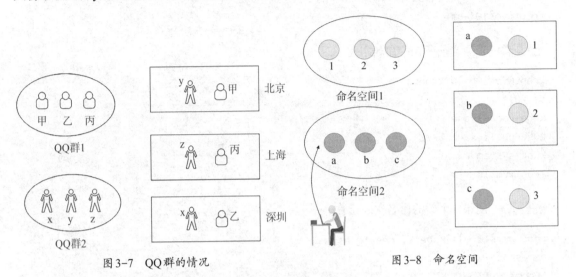

图 3-7　QQ群的情况　　　　　　　　　图 3-8　命名空间

要把节点从集群中移除该如何操作呢？下面演示如何把vms12.rhce.cc从集群中删除。

命名空间就是类似于QQ群的这样一种逻辑结构，当我们进入一个命名空间里时，所看到的内容（比如Pod）其实是分布在不同的Worker上的，如同同一个QQ群里的人分布在不同的城市。作为管理员，我们只要在某命名空间里对Pod进行操作即可，不用关心这个Pod到底是在哪个Worker上运行的。

3.6 管理命名空间

本节讲解如何查看现有命名空间，以及如何创建和删除命名空间。

第1步　查看当前有多少个命名空间。

```
[root@vms10 ~]# kubectl get ns
NAME                STATUS      AGE
default             Active      66m
kube-node-lease     Active      66m
kube-public         Active      66m
kube-system         Active      66m

[root@vms10 ~]#
```

第2步　有一个比较好的工具可以切换命名空间。

在vms10上执行wget ftp://ftp.rhce.cc/cka/book/kubens -P /bin/ 命令，把Kubens下载到/bin目

录里。

```
[root@vms10 ~]# chmod +x /bin/kubens
[root@vms10 ~]#
```

第3步 ▶ 查看当前所在的命名空间。

```
[root@vms10 ~]# kubens
default
kube-node-lease
kube-public
kube-system
[root@vms10 ~]#
```

第4步 ▶ 创建一个新的命名空间 ns1。

```
[root@vms10 ~]# kubectl create ns ns1
namespace/ns1 created
[root@vms10 ~]#
[root@vms10 ~]# kubectl get ns
NAME              STATUS    AGE
default           Active    70m
kube-node-lease   Active    70m
kube-public       Active    70m
kube-system       Active    70m
ns1               Active    4s
[root@vms10 ~]#
```

第5步 ▶ 切换到 ns1 命名空间。

```
[root@vms10 ~]# kubens ns1
Context "kubernetes-admin@kubernetes" modified.
Active namespace is "ns1".
[root@vms10 ~]#
[root@vms10 ~]# kubens
default
kube-public
kube-node-lease
kube-system
ns1
[root@vms10 ~]#
```

第6步 ▶ 切换到 default 命名空间。

```
[root@vms10 ~]# kubens default
```

```
Context "kubernetes-admin@kubernetes" modified.
Active namespace is "default".
[root@vms10 ~]#
```

第7步 ▶ 删除命名空间 ns1。

```
[root@vms10 ~]# kubectl delete ns ns1
namespace "ns1" deleted
[root@vms10 ~]#
```

3.7 Etcd 管理

本节练习和 Kubernetes 集群里的 Etcd 没有关系，主要是让大家理解 Etcd 是如何工作的。建议做本节练习时，对两个主机进行如下设置。

（1）主机名 vms91.rhce.cc，对应的 IP 为 192.168.26.91。

（2）主机名 vms92.rhce.cc，对应的 IP 为 192.168.26.92。

3.7.1 单节点 Etcd 基本配置

第1步 ▶ 先在 vms91 上配置单节点的 Etcd，然后通过 yum install etcd –y 命令来安装 Etcd，之后修改 Etcd 的启动脚本文件 /usr/lib/systemd/system/etcd.service，把 ExecStart 的内容换成如下内容。

```
ExecStart=/bin/etcd --name default \
    --data-dir /var/lib/etcd/default.etcd \
    --listen-client-urls https://192.168.26.91:2379,https://127.0.0.1:2379 \
    --advertise-client-urls https://192.168.26.91:2379 \
    --cert-file=/ca/server.pem \
    --key-file=/ca/server-key.pem \
    --trusted-ca-file=/ca/ca.pem \
    --client-cert-auth=true
```

启动脚本的内容也可以通过如下命令来获取。

```
curl -s ftp://ftp.rhce.cc/cka/book/chap3/etcd.service -o /usr/lib/systemd/system/
etcd.service
```

第2步 ▶ 重启服务。

```
systemctl restart etcd
```

etcdctl是Etcd的客户端工具，它有两个版本：v2和v3。默认使用的是v2，如果要使用v3版本，需要把环境变量ETCDCTL_API设置为3。

etcdctl的选项包括：--endpoints用于指定连接到哪台服务器，--cacert用于指定CA的证书，--cert用于指定自己的证书，--key用于指定自己的key。

第3步 ▶ 在vms91上用etcdctl工具连接到服务器。

```
export ETCDCTL_API=3
[root@vms91 ~]# etcdctl --endpoints=https://localhost:2379 --cacert=/ca/ca.pem
--cert=/ca/client.pem --key=/ca/client-key.pem put aa xx1
OK
[root@vms91 ~]# etcdctl --endpoints=https://localhost:2379 --cacert=/ca/ca.pem
--cert=/ca/client.pem --key=/ca/client-key.pem get aa
aa
xx1
[root@vms91 ~]#
```

为了更方便后面使用，我们把里面的一些参数设置为变量，后面直接引用变量即可。

第4步 ▶ 设置变量。

```
[root@vms91 ~]# export url="--endpoints=https://localhost:2379 --cacert=/ca/ca.pem
--cert=/ca/client.pem --key=/ca/client-key.pem"
```

这样后面再执行etcdctl命令时直接引用$url变量就可以了。

第5步 ▶ 往Etcd里写数据。

```
[root@vms91 ca]# etcdctl $url put aa xx1
OK
[root@vms91 ca]# etcdctl $url put bb xx2
OK
[root@vms91 ca]#
```

第6步 ▶ 开始备份。

```
[root@vms91 ~]# etcdctl $url snapshot save snap1.data
Snapshot saved at snap1.data
[root@vms91 ~]#
```

现在数据已经备份到snap1.data里了，也就是在snap1.data里含有数据aa=xx1，bb=xx2。

第7步 ▶ 把Etcd里的数据删除。

```
[root@vms91 ~]# etcdctl $url del aa
1
[root@vms91 ~]# etcdctl $url del bb
```

```
1
[root@vms91 ~]# etcdctl $url get aa
[root@vms91 ~]# etcdctl $url get bb
[root@vms91 ~]#
```

可以看到，此时 Etcd 里没有 aa 和 bb 的数据了，但是备份文件里有，所以我们开始恢复数据。

第8步● 停止 Etcd。

```
[root@vms91 ~]# systemctl stop etcd
```

第9步● 删除 Etcd 存储数据的目录 /var/lib/etcd/default.etcd。

```
[root@vms91 ~]# rm -rf /var/lib/etcd/default.etcd
```

第10步● 开始恢复数据。

```
[root@vms91 ~]# etcdctl $url snapshot restore snap1.data \
--data-dir=/var/lib/etcd/default.etcd \
--name="default" \
--initial-cluster="default=https://localhost:2380" \
--initial-advertise-peer-urls=https://localhost:2380
2023-06-16 10:06:04.138918 I | etcdserver/membership: added member 8e9e05c52164694d
[http://localhost:2380] to cluster cdf818194e3a8c32
[root@vms91 ~]#
```

这样又会产生存储目录，需要把此目录的所有者和所属组改为 Etcd，然后启动 Etcd。

第11步● 修改所有者并启动 Etcd。

```
[root@vms91 ~]# chown -R etcd.etcd /var/lib/etcd/default.etcd
[root@vms91 ~]# systemctl start etcd
[root@vms91 ~]#
```

第12步● 验证数据有没有恢复，查看 aa 和 bb 的值。

```
[root@vms91 ~]# etcdctl $url get aa
aa
xx1
[root@vms91 ~]# etcdctl $url get bb
bb
xx2
[root@vms91 ~]#
```

可以看到，数据又恢复了。

第13步● 为了后面的多节点练习，现在关闭 Etcd 并清理数据。

```
[root@vms91 ~]# systemctl stop etcd
[root@vms91 ~]# rm -rf /var/lib/etcd/default.etcd/
[root@vms91 ~]#
```

3.7.2 多节点 Etcd 配置

本练习需要两台服务器：vms91 和 vms92。在 vms92 上先通过 yum install etcd –y 命令安装 Etcd。

第1步 ● 在 vms91 上修改启动脚本文件 /usr/lib/systemd/system/etcd.service，把 ExecStart 的内容换成如下内容。

```
ExecStart=/bin/etcd --name vms91 \
    --data-dir /var/lib/etcd/cluster.etcd \
    --listen-client-urls https://192.168.26.91:2379,https://127.0.0.1:2379 \
    --advertise-client-urls https://192.168.26.91:2379 \
    --listen-peer-urls https://192.168.26.91:2380 \
    --initial-advertise-peer-urls https://192.168.26.91:2380 \
    --cert-file=/ca/server.pem \
    --key-file=/ca/server-key.pem \
    --trusted-ca-file=/ca/ca.pem \
    --peer-cert-file=/ca/peer.pem \
    --peer-key-file=/ca/peer-key.pem \
    --peer-trusted-ca-file=/ca/ca.pem \
    --initial-cluster vms91=https://192.168.26.91:2380,vms92=https://192.168.26.92:
2380 \
    --initial-cluster-token my-etcd-token \
    --initial-cluster-state new \
    --client-cert-auth=true \
    --peer-client-cert-auth=true
```

要注意这里的主机名和 IP，启动脚本的内容也可以通过如下命令来获取。

```
curl -s ftp://ftp.rhce.cc/cka/book/chap3/etcd-91.service -o /usr/lib/systemd/
system/etcd.service
```

第2步 ● 在 vms92 上安装 Etcd。

```
[root@vms92 ~]# yum install etcd -y
[root@vms92 ~]#
```

第3步 ● 在 vms92 上修改启动脚本文件 /usr/lib/systemd/system/etcd.service，把 ExecStart 的内容换成如下内容。

```
ExecStart=/bin/etcd --name vms92 \
    --data-dir /var/lib/etcd/cluster.etcd \
    --listen-client-urls https://192.168.26.92:2379,https://127.0.0.1:2379 \
    --advertise-client-urls https://192.168.26.92:2379 \
    --listen-peer-urls https://192.168.26.92:2380 \
    --initial-advertise-peer-urls https://192.168.26.92:2380 \
    --cert-file=/ca/server.pem \
    --key-file=/ca/server-key.pem \
    --trusted-ca-file=/ca/ca.pem \
    --peer-cert-file=/ca/peer.pem \
    --peer-key-file=/ca/peer-key.pem \
    --peer-trusted-ca-file=/ca/ca.pem \
    --initial-cluster vms91=https://192.168.26.91:2380,vms92=https://192.168.26.92:
2380 \
    --initial-cluster-token my-etcd-token \
    --initial-cluster-state new \
    --client-cert-auth=true \
    --peer-client-cert-auth=true
```

要注意这里的主机名和IP，启动脚本的内容也可以通过如下命令来获取。

```
curl -s ftp://ftp.rhce.cc/cka/book/chap3/etcd-92.service -o /usr/lib/systemd/
system/etcd.service
```

第4步 在两台机器上分别启动Etcd。

```
[root@vmsX ~]# systemctl start etcd
[root@vmsX ~]#
```

因为集群里包含vms91和vms92两台机器，所以启动Etcd时需要两台都启动，如果一台没有启动，另外一台在执行systemctl start etcd命令时会卡住，直到另外一台启动。

第5步 在vms91上测试写数据，与之前一样先定义变量。

```
[root@vms91 ~]# export ETCDCTL_API=3
[root@vms91 ~]# export url="--endpoints=https://localhost:2379 --cacert=/ca/ca.pem
--cert=/ca/client.pem --key=/ca/client-key.pem"
[root@vms91 ~]#
```

第6步 写一个数据aa=xx1，注意在etcdctl里写时aa和xx1之间是空格而不是等号。

```
[root@vms91 ~]# etcdctl $url put aa xx1
OK
[root@vms91 ~]# etcdctl $url get aa
aa
```

```
xx1
[root@vms91 ~]#
```

这里已经写好了，如果在执行etcdctl命令时卡住，通过journal -xe | grep etcd命令查看日志，大概会看到如下类似的错误。

```
6月 16 19:33:08 vms91.rhce.cc etcd[22849]: ... connection refused (prober "ROUND_
TRIPPER_SNAPSHOT")
6月 16 19:33:08 vms91.rhce.cc etcd[22849]: ... connection refused (prober "ROUND_
TRIPPER_RAFT_MESSAGE")
```

此时在两台机器上关闭Etcd，删除目录/var/lib/etcd/cluster.etcd/之后重新启动，再次执行etcdctl命令即可。

第7步 ▶ 切换到vms92上进行测试。

```
[root@vms92 ~]# export ETCDCTL_API=3 ; export url="--endpoints=https://localhost:2379
--cacert=/ca/ca.pem --cert=/ca/server.pem --key=/ca/server-key.pem"
[root@vms92 ~]#
[root@vms92 ~]# etcdctl $url get aa
aa
xx1
[root@vms92 ~]#
```

可以看到，在vms91上写的数据，现在是能同步到vms92的。

第8步 ▶ 在vms92上写数据bb=yy1。

```
[root@vms92 ~]# etcdctl $url put bb yy1
OK
[root@vms92 ~]#
```

第9步 ▶ 在vms91上查看，也是能看到数据的。

```
[root@vms91 ~]# etcdctl $url get bb
bb
yy1
[root@vms91 ~]#
```

下面开始备份和恢复。

现在Etcd里存在数据aa=xx1和bb=yy1，下面我们来备份。备份在任一节点上做即可，这里的操作是在vms91上进行的。

第10步 ▶ 备份数据。

```
[root@vms91 ~]# etcdctl $url snapshot save snap2.data
```

```
Snapshot saved at snap2.data
[root@vms91 ~]#
```

第11步●　把这个备份文件同步到其他所有节点，这里同步到vms92上。

```
[root@vms91 ~]# scp snap2.data 192.168.26.92:~
root@192.168.26.92's password:
[root@vms91 ~]#
```

把数据删除，在任一节点上执行删除操作即可，这里的操作是在vms91上进行的。

第12步●　删除Etcd里的数据。

```
[root@vms91 ~]# etcdctl $url del aa
1
[root@vms91 ~]# etcdctl $url del bb
1
[root@vms91 ~]#
```

第13步●　在vms92上查看。

```
[root@vms92 ~]# etcdctl $url get aa
[root@vms92 ~]# etcdctl $url get bb
[root@vms92 ~]#
```

可以看到，已经没有数据了。

但是，我们的备份文件里是有数据的，下面开始恢复数据。

第14步●　在所有节点上停止Etcd。

```
[root@vms9X ~]# systemctl stop etcd
```

第15步●　在所有节点上删除存储Etcd数据的目录。

```
[root@vms9X ~]# rm -rf /var/lib/etcd/cluster.etcd
```

第16步●　在每个节点上恢复数据。

```
[root@vms9X ~]# etcdctl $url snapshot restore snap2.data --data-dir=/var/lib/etcd/
cluster.etcd --initial-cluster=vms91=https://192.168.26.91:2380,vms92=https://192.
168.26.92:2380 --initial-advertise-peer-urls https://192.168.26.9X:2380 --name=vms9X
    ... 输出 ...
[root@vms9X ~]#
```

注意

这里要把X换成节点的数字，比如1或2。

第17步 在所有节点上修改 /var/lib/etcd 的所有者和所属组。

```
[root@vms9X ~]# chown -R etcd.etcd /var/lib/etcd/
[root@vms9X ~]#
```

这里加了 -R 选项，表示递归，即 /var/lib/etcd 目录下所有的文件及子目录的所有者和所属组都会被修改。

第18步 测试，可以在vms91上测试也可以在vms92上测试，这里是在vms91上测试。

```
[root@vms91 ~]# etcdctl $url get aa
aa
xx1
[root@vms91 ~]# etcdctl $url get bb
bb
yy1
[root@vms91 ~]#
```

3.7.3 连接到Kubernetes里的Etcd

第1步 在vms91上创建目录/ca2，用于存储Kubernetes里Etcd的证书。

```
[root@vms91 ~]# mkdir /ca2
```

第2步 切换到vms10（Kubernetes的Master机器）上，把需要的证书定义为变量。

```
[root@vms10 ~]# cert=/etc/kubernetes/pki/etcd/server.crt
[root@vms10 ~]# key=/etc/kubernetes/pki/etcd/server.key
[root@vms10 ~]# cacert=/etc/kubernetes/pki/etcd/ca.crt
```

第3步 把证书拷贝到192.168.26.91的/ca2目录里。

```
[root@vms10 ~]# scp $cert $key $cacert 192.168.26.91:/ca2
```

切换到vms91上，查看/ca2里的证书文件，然后分别为这些证书定义好变量，方便后面使用。

第4步 在vms91上定义变量，指定这些证书。

```
[root@vms91 ~]# cert=/ca2/server.crt
[root@vms91 ~]# key=/ca2/server.key
[root@vms91 ~]# cacert=/ca2/ca.crt
```

第5步 远程登录到K8s上的Etcd。

```
[root@vms91 ~]# etcdctl --endpoints=https://192.168.26.10:2379 --cacert=$cacert
--cert=$cert --key=$key put aa 1
```

```
OK
[root@vms91 ~]# etcdctl --endpoints=https://192.168.26.10:2379 --cacert=$cacert
--cert=$cert --key=$key get aa
aa
1
[root@vms91 ~]#
```

➤ 模拟考题

（1）查看当前集群里有多少个命名空间，并创建命名空间ns1。

（2）查看集群中共有多少台主机。

（3）找出命名空间kube-system里消耗内存最高的Pod。

（4）找出集群中消耗CPU最高的节点。

（5）kubeadm join命令是用于Worker加入集群的，如果想不起来这个命令了，在Master上执行什么命令能获取kubeadm join的完整命令？

（6）默认Kubectl的子命令及选项是不能使用Tab键的，请写出设置其可以用Tab键的步骤。

第 4 章
升级 Kubernetes

考试大纲

了解升级Kubernetes的步骤，实施Kubernetes集群的升级。

本章要点

考点1：升级 Master。

考点2：升级 Worker。

Kubernetes 的版本命名格式如下。

```
x.y.z
```

其中，x指的是主版本号，现在都是1；y指的是次版本号；z指的是补丁号。比如Kubernetes v1.28.2，这里的1是主版本号，28是次版本号，2是补丁号。

为了提高安全性及获取新特性，我们需要升级K8s。升级只能从一个版本升级到下一个版本，不能跨版本升级，比如可以从v1.y升级到v1.y+1，但不可以从v1.y升级到v1.y+2。

4.1 升级步骤

因为Kubernetes集群是通过Kubeadm的方式安装的，然后通过Kubeadm初始化安装其他所有组件。所以，在升级Kubernetes集群时，一定要按顺序来升级，因为Kubernetes的各个组件都要利用Kubeadm来升级。

1. 节点的升级步骤

先升级Master，再升级Worker，如果有多台Master，则需要一台台地升级，最后再升级Worker。

2. 软件的升级步骤

不管是 Master 还是 Worker，都是先升级 Kubeadm，然后执行 kubeadm upgrade 命令，再升级 Kubelet 和 Kubectl。

本章升级的拓扑图如图 4-1 所示。

在 https://www.rhce.cc/2748.html 里有一套安装好的 Kubernetes 集群，版本是 v1.27.2，大家也可以自行安装一套 v1.27.2 版本的集群。在升级某台主机之前，需要先通过 kubectl drain（下一章会讲解）命令把这个节点设置为不可调度，并清空它上面运行的 Pod。

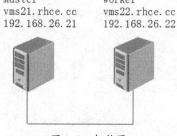

```
Master                  Worker
vms21.rhce.cc           vms22.rhce.cc
192.168.26.21           192.168.26.22
```

整个升级的过程如下。

（1）升级 Master，即 vms21 上的 Kubeadm。

（2）升级 Master 上的其他组件。

（3）升级 Worker，即 vms22 上的 Kubeadm。

（4）升级 Worker 上的其他组件。

图 4-1　拓扑图

4.2 升级第一台 Master

【必知必会】升级 Master。

本节演示升级第一台 Master 的步骤。

第1步 ▶ 查看当前版本。

```
[root@vms21 ~]# kubectl get nodes
NAME              STATUS    ROLES             AGE      VERSION
vms21.rhce.cc     Ready     control-plane     38m      v1.27.2
vms22.rhce.cc     Ready     <none>            36m      v1.27.2
[root@vms21 ~]#
```

这里显示当前安装的是 v1.27.2 版本，现在要升级到 v1.28.1 版本。

第2步 ▶ 确定当前 yum 源里 Kubeadm 的可用版本。

```
[root@vms21 ~]# yum list --showduplicates kubeadm --disableexcludes=kubernetes
已加载插件: fastestmirror
Loading mirror speeds from cached hostfile
已安装的软件包
kubeadm.x86_64                    1.26.2-0              @kubernetes
可安装的软件包
kubeadm.x86_64                    1.6.0-0              kubernetes
     ...输出...
kubeadm.x86_64                    1.28.1-0             kubernetes
```

```
kubeadm.x86_64                1.28.2-0           kubernetes
[root@vms21 ~]#
```

这里显示 yum 源里 Kubeadm 可用的最新版本为 1.28.2。

4.2.1 升级 Kubeadm

不管是升级 Master 还是升级 Worker，首先都要把 Kubeadm 升级了。

第1步 升级 Kubeadm 到 1.28.1。

```
[root@vms21 ~]# yum install -y kubeadm-1.28.1-0 --disableexcludes=kubernetes
已加载插件：fastestmirror
    ...输出...
更新完毕：
  kubeadm.x86_64 0:1.28.1-0

完毕！
[root@vms21 ~]#
```

第2步 验证 Kubeadm 的版本。

```
[root@vms21 ~]# kubeadm version
kubeadm version: &version.Info{Major:"1", Minor:"28", GitVersion:"v1.28.1", ...}
[root@vms21 ~]#
```

第3步 通过 kubeadm upgrade plan 命令查看集群是否需要升级，以及能升级的版本。

```
[root@vms21 ~]# kubeadm upgrade plan
    ...输出...
Upgrade to the latest version in the v1.27 series:

COMPONENT                  CURRENT        AVAILABLE
kube-apiserver             v1.27.2        v1.27.6
kube-controller-manager    v1.27.2        v1.27.6
kube-scheduler             v1.27.2        v1.27.6
kube-proxy                 v1.27.2        v1.27.6
CoreDNS                    v1.10.1        v1.10.1
etcd                       3.5.7-0        3.5.9-0


You can now apply the upgrade by executing the following command:

    kubeadm upgrade apply v1.27.6
```

```
# 上面显示的是如果要升级到 1.27.x，最高可以升级到哪个版本
————————————————————————————————————————————————

Components that must be upgraded manually after you have upgraded the control plane
with 'kubeadm upgrade apply':
COMPONENT          CURRENT          AVAILABLE
kubelet            2 x v1.27.2      v1.28.2

Upgrade to the latest stable version:

COMPONENT                          CURRENT        AVAILABLE
kube-apiserver                     v1.27.2        v1.28.2
kube-controller-manager            v1.27.2        v1.28.2
kube-scheduler                     v1.27.2        v1.28.2
kube-proxy                         v1.27.2        v1.28.2
CoreDNS                            v1.10.1        v1.10.1
etcd                               3.5.7-0        3.5.9-0

You can now apply the upgrade by executing the following command:

    kubeadm upgrade apply v1.28.2

# 上面显示的是如果要升级到 1.28.x，最高可以升级到哪个版本
    ... 输出 ...
[root@vms21 ~]#
```

此命令检查集群是否可以升级，以及各个组件可以升级到的版本，比如上面的例子里，如果要升级到 1.27.x，最高可以升级到 1.27.6 版本；如果要升级到 1.28.x 版本，最高可以升级到 1.28.2 版本。

第4步 ● 通过 drain 命令清空 Master 上运行的 Pod。

```
[root@vms21 ~]#
[root@vms21 ~]# kubectl drain vms21.rhce.cc --ignore-daemonsets
    ... 输出 ...
node/vms21.rhce.cc drained
[root@vms21 ~]#
[root@vms21 ~]# kubectl get nodes
NAME                STATUS                    ROLES           AGE    VERSION
vms21.rhce.cc       Ready,SchedulingDisabled  control-plane   2h     v1.27.2
vms22.rhce.cc       Ready                     <none>          2h     v1.27.2
[root@vms22 ~]#
```

注意

kubectl drain命令可以在升级集群的命令kubeadm upgrade apply运行之前执行，也可以在其之后执行，这里是在其之前执行的。

4.2.2 升级Kubernetes集群里Master上的各个组件

Kubeadm升级之后，下面开始利用Kubeadm命令升级Master上的各个组件。

开始升级Kubernetes集群。

```
[root@vms21 ~]# kubeadm upgrade apply v1.28.1
    ... 输出 ...
[upgrade/versions] Cluster version: v1.27.2
[upgrade/versions] kubeadm version: v1.28.1
[upgrade/confirm] Are you sure you want to proceed with the upgrade? [y/N]: y
    ... 输出 ...
[upgrade/successful] SUCCESS! Your cluster was upgraded to "v1.28.1". Enjoy!

[upgrade/kubelet] Now that your control plane is upgraded, please proceed with
upgrading your kubelets if you haven't already done so.
[root@vms21 ~]#
```

注意

如果升级时不想升级Etcd组件，则需要加上--etcd-upgrade=false选项，完整的命令是kubeadm upgrade apply v1.28.1 --etcd-upgrade=false。

4.2.3 升级Master上的Kubelet和Kubectl

下面开始升级Kubelet和Kubectl。

第1步 安装v1.28.1版本的Kubelet和Kubectl。

```
[root@vms21 ~]# yum install -y kubelet-1.28.1-0 kubectl-1.28.1-0
--disableexcludes=kubernetes
    ... 输出 ...
更新完毕：
  kubectl.x86_64 0:1.28.1-0                    kubelet.x86_64 0:1.28.1-0

完毕！
[root@vms21 ~]#
```

重启Kubelet服务。

```
[root@vms21 ~]# systemctl daemon-reload ; systemctl restart kubelet
[root@vms21 ~]#
```

第2步 ▶ 升级完成之后，取消 Master 的维护模式。

```
[root@vms21 ~]# kubectl uncordon vms21.rhce.cc
node/vms21.rhce.cc uncordoned
[root@vms21 ~]#
[root@vms21 ~]# kubectl get nodes
NAME             STATUS    ROLES           AGE    VERSION
vms21.rhce.cc    Ready     control-plane   2h     v1.28.1
vms22.rhce.cc    Ready     <none>          2h     v1.27.2
[root@vms21 ~]#
```

第3步 ▶ 验证 Kubectl 的版本。

```
[root@vms21 ~]# kubectl version
Client Version: v1.28.1
Kustomize Version: v5.0.4-0.20230601165947-6ce0bf390ce3
Server Version: v1.28.1
[root@vms21 ~]#
```

或者用以下命令进行验证。

```
[root@vms21 ~]# kubectl get nodes
NAME             STATUS    ROLES           AGE    VERSION
vms21.rhce.cc    Ready     control-plane   2h     v1.28.1
vms22.rhce.cc    Ready     <none>          2h     v1.27.2
[root@vms21 ~]#
```

可以看到，Master 已经升级到了 v1.28.1，但是 Worker 还没有升级。

如果环境里有其他 Master，升级第二台 Master 的步骤和前面的步骤是一样的，只是把命令 kubeadm upgrade apply v1.28.1 换成 kubeadm upgrade node。

注意

升级哪台机器，kubeadm upgrade node 就在哪台机器上执行。

4.3 升级 Worker

升级 Worker 的步骤基本上和升级 Master 的步骤是一致的，也是先升级 Kubeadm，然后把节点设置为维护模式，再升级各个组件，最后升级 Kubelet 和 Kubectl。

第1步 ▶ 升级 Worker 上的 Kubeadm 到 1.28.1 版本。

```
[root@vms22 ~]# yum install -y kubeadm-1.28.1-0 --disableexcludes=kubernetes
    ... 输出 ...
更新完毕：
  kubeadm.x86_64 0:1.28.1-0

完毕!
[root@vms22 ~]#
```

第2步 ▶ 在 vms21 上把 vms22 设置为维护模式。

```
[root@vms21 ~]# kubectl drain vms22.rhce.cc --ignore-daemonsets
    ... 输出 ...
node/vms22.rhce.cc evicted
[root@vms21 ~]#
```

第3步 ▶ 查看集群状态。

```
[root@vms21 ~]# kubectl get nodes
NAME              STATUS                  ROLES           AGE     VERSION
vms21.rhce.cc     Ready                   control-plane   2h      v1.28.1
vms22.rhce.cc     Ready,SchedulingDisabled <none>         2h      v1.27.2
[root@vms21 ~]#
```

第4步 ▶ 切换到 vms22 上，更新 Worker 上的 Kubernetes 集群组件。

```
[root@vms22 ~]# kubeadm upgrade node
    ... 输出 ...
[upgrade] Now you should go ahead and upgrade the kubelet package using your
package manager.
[root@vms22 ~]#
```

第5步 ▶ 更新 Kubelet 和 Kubectl。

```
[root@vms22 ~]# yum install -y kubelet-1.28.1-0 kubectl-1.28.1-0
--disableexcludes=kubernetes
    ... 输出 ...
  kubectl.x86_64 0:1.28.1-0                 kubelet.x86_64 0:1.28.1-0

完毕!
[root@vms22 ~]#
重启服务
[root@vms22 ~]# systemctl daemon-reload ; systemctl restart kubelet
[root@vms22 ~]#
```

第6步 ● 在vms21上取消vms22的维护模式。

```
[root@vms21 ~]# kubectl uncordon vms22.rhce.cc
node/vms22.rhce.cc uncordoned
[root@vms21 ~]#
```

验证：

```
[root@vms21 ~]# kubectl get nodes
NAME            STATUS      ROLES           AGE     VERSION
vms21.rhce.cc   Ready       control-plane   2h      v1.28.1
vms22.rhce.cc   Ready       <none>          2h      v1.28.1
[root@vms21 ~]#
```

至此，Worker升级完成。

模拟考题

第3章介绍过安装集群，请安装第2套Kubernetes集群，版本是v1.27.2，拓扑图如图4-2所示。

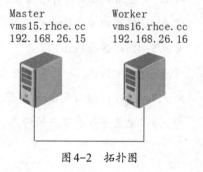

```
Master              Worker
vms15.rhce.cc       vms16.rhce.cc
192.168.26.15       192.168.26.16
```

图4-2　拓扑图

请把vms15升级到v1.28.1版本，注意只升级Master，Worker不需要升级。

第5章
创建及管理 Pod

本章要点

考点1：创建及删除 Pod。

考点2：在 Pod 里执行命令。

考点3：查看 Pod 里的日志输出。

考点4：创建初始化 Pod。

考点5：创建静态 Pod。

考点6：指定 Pod 在特定的节点上运行。

考点7：通过 cordon 及 drain 把节点设置为维护模式。

考点8：配置并查看节点的污点。

3.1节介绍了 Pod 的概念，讲述了 Pod 是 Kubernetes 里最小的调度单位，所以在 K8s 里我们都是直接创建 Pod，而不是直接创建容器。因为 Pod 里包含容器，所以我们创建 Pod 也是需要镜像的，如图 5-1 所示。

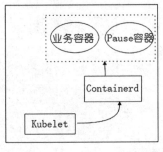
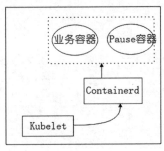

图 5-1 了解容器和 Pod 的关系

在所有节点上下载所有我们需要的镜像。

```
[root@vmsX ~]# crictl pull hub.c.163.com/library/centos:latest
[root@vmsX ~]# crictl pull nginx
[root@vmsX ~]# crictl pull busybox
[root@vmsX ~]# crictl pull alpine
[root@vmsX ~]# crictl pull perl
```

5.1 创建及删除 Pod

【必知必会】查看 Pod，创建 Pod，删除 Pod。

前面已经介绍了 Pod 是 Kubernetes 里最小的调度单位，即使后面讲到了控制器，比如 Deployment、DaemonSet 等，这些控制器也还是用于管理 Pod 的。所以，本节我们主要介绍如何创建和删除 Pod，以及如何查看 Pod 的相关属性等。

第1步 ▶ 查看有多少个 Pod。

```
[root@vms10 ~]# kubectl get pods
No resources found in default namespace.
[root@vms10 ~]#
```

当前还没有任何 Pod，这里列出的是当前命名空间里的 Pod，如果要列出指定命名空间里的 Pod，需要使用 -n 选项来指定命名空间。

第2步 ▶ 如果要列出命名空间 kube-system 里的 Pod，则用以下命令。

```
[root@vms10 ~]# kubectl get pods -n kube-system
NAME                                       READY    STATUS     RESTARTS    AGE
calico-kube-controllers-67ffc74bd6-9fk22   1/1      Running    0           5h16m
calico-node-b76wd                          1/1      Running    0           5h16m
...
[root@vms10 ~]#
```

第3步 ▶ 如果要列出所有命名空间里的 Pod，需要加上 --all-namespaces 或 -A 选项，具体如下。

```
[root@vms10 ~]# kubectl get pods  --all-namespaces
NAMESPACE     NAME                                        READY  STATUS    RESTARTS AGE
... 输出 ...
kube-system   calico-kube-controllers-67ffc74bd6-9fk22 1/1    Running   0        5h17m
kube-system   calico-node-b76wd                           1/1    Running   0        5h17m
... 输出 ...
```

```
[root@vms10 ~]#
```

5.1.1 创建Pod

本小节讲的是通过命令行的方式创建Pod。创建Pod的语法如下。

```
kubectl run 名称 --image=镜像
```

在这里也可以指定Pod的标签，语法如下。

```
kubectl run 名称 --image=镜像 --labels=标签=值
```

注意

等号两边没有空格。

如果要指定多个标签，使用多个--labels选项即可。
可以指定Pod里使用的变量，语法如下。

```
kubectl run 名称 --image=镜像 --env=" 变量名=值 "
```

如果要指定多个变量，使用多个--env选项即可。
也可以指定Pod里容器使用的端口，语法如下。

```
kubectl run 名称 --image=镜像 --port=端口号
```

还可以指定镜像下载策略，语法如下。

```
kubectl run 名称 --image=镜像 --image-pull-policy=镜像下载策略
```

第1步 ● 下面创建一个名称为pod1的Pod，镜像使用Nginx。

```
[root@vms10 ~]# kubectl run pod1 --image=nginx
pod/pod1 created
[root@vms10 ~]#
```

注意

此命令里并没有指定镜像下载策略，所以使用默认的镜像下载策略Always，在创建这个Pod时，即使本地已经有了Nginx镜像，但是每次仍要重新去下载Nginx镜像。因为在国内访问国外网站的速度会慢些，所以这个Pod的创建时间会有些久，一开始的状态会为ContainerCreating。建议创建Pod时加上--image-pull-policy=IfNotPresent选项，这里把镜像下载策略设置为IfNotPresent，即优先使用本地存在的镜像，如果本地没有，才会去拉取镜像。

第2步 ● 查看 Pod。

```
[root@vms10 ~]# kubectl get pods
NAME       READY       STATUS       RESTARTS       AGE
pod1       1/1         Running      0              38s
[root@vms10 ~]#
```

第3步 ● 如果要查看此 Pod 运行在哪个节点上，需要加上 -o wide 选项。

```
[root@vms10 ~]# kubectl get pods -o wide
NAME    READY    STATUS    RESTARTS    AGE    IP            NODE              ...
pod1    1/1      Running   0           59s    10.244.14.18  vms12.rhce.cc     ...
[root@vms10 ~]#
```

注意

这里因为结果太长，只截取了部分结果。

可以看到，Pod 是在 vms12 上运行的，Pod 的 IP 是 10.244.14.18。

5.1.2　删除 Pod

本小节讲如何删除 Pod。删除 Pod 的语法如下。

```
kubectl delete pod 名称 --force
```

这里的 --force 是可选的，作用是加快删除 Pod 的速度。

第1步 ● 删除 pod1。

```
[root@vms10 ~]# kubectl delete pod pod1
pod "pod1" deleted
[root@vms10 ~]#
```

第2步 ● 查看现有 Pod。

```
[root@vms10 ~]# kubectl get pods
No resources found in default namespace.
[root@vms10 ~]#
```

5.1.3　生成 YAML 文件创建 Pod

更建议通过 YAML 的方式来创建 Pod，因为这样可以在 YAML 文件里指定各种属性。生成 YAML 文件的命令如下。

```
kubectl run 名称 --image= 镜像 --image-pull-policy=IfNotPresent --dry-run=client -o
yaml > pod1.yaml
```

这里--dry-run=client的意思是模拟创建Pod，但并不会真的创建，-o yaml的意思是以YAML文件的格式输出，然后把结果重定向到pod1.yaml里。

第1步 ● 本章所涉及的文件单独放在一个chap5目录里，创建目录chap5并cd进去。且本章创建的所有Pod都在chap5命名空间里完成。

```
[root@vms10 ~]# mkdir chap5 ; cd chap5
[root@vms10 chap5]#
[root@vms10 chap5]# kubectl create ns chap5
namespace/chap5 created
[root@vms10 chap5]# kubens chap5
Context "kubernetes-admin@kubernetes" modified.
Active namespace is "chap5".
[root@vms10 chap5]#
```

第2步 ● 创建Pod的YAML文件pod1.yaml，内容如下。

```
[root@vms10 chap5]# kubectl run pod1 --image=nginx --image-pull-policy=IfNotPresent
--dry-run=client -o yaml > pod1.yaml
[root@vms10 chap5]#
```

YAML文件的格式如图5-2所示。

YAML文件里的写法是分级的，子级和父级之间要缩进2个空格（记住不是按Tab键），如图5-2所示，AA、BB、CC这三个是第一级的，所以是对齐的。AA下面有AA-1和AA-2，它们是AA的下级，所以它们前面相较于AA来说缩进去2个空格。AA-a是AA-2的下级，所以AA-a相较于AA-2来说缩进了2个空格

下面来看Pod的YAML文件的结构，如图5-3所示。

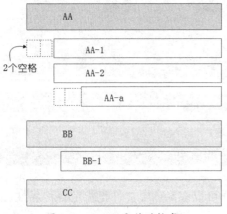

图5-2　YAML文件的格式

```
apiVersion: v1
kind: Pod
metadata:
  creationTimestamp: null
  labels:
    run: pod1
  name: pod1
  namespace: chap5
spec:
  dnsPolicy: ClusterFirst
  restartPolicy: Always
  containers:
  - image: nginx
    imagePullPolicy: IfNotPresent
    name: c1
    resources: {}
status: {}
```

图5-3　Pod的YAML文件的结构

metadata是第一级参数，用于定义Pod的一些属性元数据信息，包含以下几个下级选项。

（1）creationTimestamp：当Pod创建之后，后面的值会填充为创建Pod的时间。

（2）labels：用于定义此Pod的标签，格式为key: value，比如run: pod1就是pod1的标签。

（3）name：用于定义此Pod的名称。

（4）namespace：用于定义此Pod所在的命名空间。

spec也是第一级参数，用于定义Pod的策略及容器。

（1）dnsPolicy：用于定义Pod的DNS策略。

（2）restartPolicy：用于定义Pod的重启策略。

（3）containers：用于定义Pod里的容器。

下面从整体上看一下这个YAML文件里分别定义的是Pod的哪个部分（图5-4）。

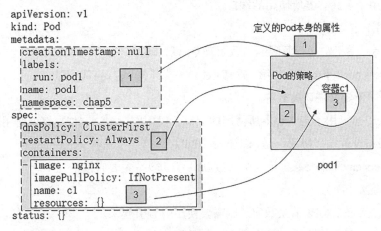

图 5-4　YAML 文件

metadata下的参数用于定义Pod本身的属性，如图5-4中的1部分。

spec下的参数用于定义Pod所使用的各种策略及容器，图5-4中的2部分定义的就是Pod的策略。

spec.containers下的参数用于定义容器，如图5-4中的3部分。

Pod的YAML文件里，常见的第一级参数主要有以下几个。

（1）apiVersion：指定Pod的apiVersion，是固定的值v1，不同类型资源的apiVersion不一样。

（2）kind：指定当前YAML要创建的类型是Pod，与上面apiVersion的值是对应的。

（3）metadata：用于定义Pod的元数据信息，包括Pod的标签、Pod的名称和所在的命名空间等信息。

（4）spec：用于定义Pod的各种策略及容器。

（5）status：当Pod运行起来时的信息。

metadata下面常见的第二级参数主要有以下几个。

（1）labels：用于定义Pod的标签，格式为key: value。

（2）name：用于定义Pod的名称。

（3）namespace：用于定义Pod所在的命名空间。

spec下面常见的第二级参数主要有以下几个。

（1）dnsPolicy：用于定义Pod的DNS策略。

（2）restartPolicy：用于定义Pod的重启策略。

（3）containers：用于定义Pod里的容器。

spec.containers下的第三级参数（第一个参数以"-"开头）主要有以下几个。

（1）images：用于定义容器所使用的镜像。

（2）imagePullPolicy：用于定义镜像下载策略。

（3）name：用于定义容器的名称。

（4）command：用于定义容器里运行的进程，如果不写，则使用镜像里默认的进程。

（5）ports：用于定义容器所使用的端口。

（6）env：用于定义变量。

（7）resources：用于定义资源限制，后面有专门章节讲解。

spec.containers.ports下的参数（第一个参数以"-"开头）主要有以下几个。

（1）name：用于定义端口的名称。

（2）containerPort：用于定义容器所使用的端口，仅用作标记，应根据镜像所用的端口指定。

（3）protocol：设置端口协议，是TCP还是UDP。

spec.containers.env下的参数（第一个参数以"-"开头）主要有以下几个。

（1）name：变量名。

（2）value：变量值，如果值是数字，则需要使用引号引起来。

如果想查看Pod里有多少个一级参数，可以使用kubectl explain pods命令；如果想查看每个参数下面有多少个参数，可以使用kubectl explain命令。

如果想查看spec下有多少个选项，可以使用kubectl explain pods.spec命令。

如果想查看spec.containers下有多少个选项，可以使用kubectl explain pods.spec.containers命令。

这里重点说下containers里的镜像下载策略imagePullPolicy，它的三个值如下。

（1）Always：不管本地有没有镜像，都会到网络上去下载（默认值）。

（2）Never：只使用本地镜像，如果本地不存在镜像，则报错。

（3）IfNotPresent：优先使用本地镜像，如果本地没有，才到网络上去下载（建议）。

这里默认值是Always，假设镜像已经下载了，但有时可能会遇到如下问题。

（1）本地网络带宽很高，但是创建Pod仍然很慢，原因是创建Pod时不管本地有没有都优先去下载镜像，但在国内访问国外网站的速度很慢，所以创建Pod会很慢。

（2）如果Worker不能连接互联网，则创建Pod时直接报错，因为根本下载不了镜像，也不会使用本地镜像。

所以，建议大家把镜像下载策略改为imagePullPolicy: IfNotPresent。

YAML 文件里有哪些可写的字段都可以通过"kubectl explain 资源类型.一级.二级"命令来查看，比如想知道 containers 字段里有哪些属性，可以使用 kubectl explain pods.spec.containers 命令来查看。

第3步 查看 pod1.yaml 文件的内容，确保有 imagePullPolicy: IfNotPresent。

```
[root@vms10 chap5]# cat pod1.yaml
apiVersion: v1
kind: Pod
metadata:
  creationTimestamp: null
  labels:
    run: pod1  # 这里 Pod 标签设置为 run=pod1
  name: pod1  # Pod 名为 pod1
spec:
  dnsPolicy: ClusterFirst
  restartPolicy: Always
  containers:
  - image: nginx  # Pod 所使用的镜像
    imagePullPolicy: IfNotPresent
    name: pod1    # 这个是容器名
    resources: {}
status: {}
[root@vms10 chap5]#
```

通过此 YAML 文件创建 Pod 的语法如下。

```
kubectl apply -f YAML 文件
```

如果要指定命名空间，则使用"kubectl apply –f yaml –n 命名空间"命令。

第4步 创建 Pod。

```
[root@vms10 chap5]# kubectl apply -f pod1.yaml
pod/pod1 created
[root@vms10 chap5]#
```

第5步 查看 Pod。

```
[root@vms10 chap5]# kubectl get pods
NAME      READY      STATUS      RESTARTS      AGE
pod1      1/1        Running     0             2s
[root@vms10 chap5]#
```

因为创建 Pod 时，并没有指定 Pod 里运行什么进程，所以 Pod 里运行的进程是镜像里 CMD 指定的进程。创建 Pod 时我们也可以指定 Pod 运行其他进程，可以使用如下命令。

```
kubectl run 名称 --image= 镜像 --dry-run=client -o yaml -- " 命令 " > pod1.yaml
```

或

```
kubectl run 名称 --image= 镜像 --dry-run=client -o yaml -- sh -c "命令 " > pod1.yaml
```

这两种都可以，需要注意以下两点。

（1）-- 两边要有空格。

（2）--dry-run=client -o yaml写在 -- 前面，命令写在 -- 后面，不要写错了。

练习：生成一个Pod的YAML文件。

第1步 ▶ 要求在此Pod里执行echo aa命令，然后执行sleep 1d命令。

```
[root@vms10 chap5]# kubectl run pod2 --image=nginx --image-pull-policy=IfNotPresent
--dry-run=client -o yaml -- sh -c "echo aa ; sleep 1d" > pod2.yaml
[root@vms10 chap5]#
```

内容如下。

```
[root@vms10 chap5]# cat pod2.yaml
apiVersion: v1
kind: Pod
metadata:
  creationTimestamp: null
  labels:
    run: pod2
  name: pod2
spec:
  containers:
  - args:
    - sh
    - -c
    - echo aa ; sleep 1d
    image: nginx
    imagePullPolicy: IfNotPresent
    name: pod2
    resources: {}
  dnsPolicy: ClusterFirst
  restartPolicy: Always
status: {}
[root@vms10 chap5]#
```

这样当pod2运行时，容器里运行的就不是镜像Nginx里CMD指定的进程了。当然，这里的关键字args可以换成command。

```
containers:
- command:
  - sh
  - -c
  - echo aa ; sleep 1d
  image: nginx
```

这里命令是分成多行写的，也可以写成一行，用 JSON 文件的格式写成如下格式。

```
containers:
- command: ["sh", "-c", "echo aa ; sleep 1d"]
  image: nginx
```

注意

在考试时，可以利用此命令快速生成 YAML 文件，然后进行修改。

第2步 ▶ 创建 pod2。

```
[root@vms10 chap5]# kubectl apply -f pod2.yaml
pod/pod2 created
[root@vms10 chap5]#
```

第3步 ▶ 查看现有 Pod。

```
[root@vms10 chap5]# kubectl get pods
NAME      READY     STATUS        RESTARTS      AGE
pod1      1/1       Running       0             6m8s
pod2      1/1       Running       0             3s
[root@vms10 chap5]#
```

第4步 ▶ 删除 pod2。

```
[root@vms10 chap5]# kubectl delete -f
pod2.yaml
pod "pod2" deleted
[root@vms10 chap5]#
```

一个 Pod 里是可以有多个容器的，每个容器都在 containers 字段下定义。

第5步 ▶ 修改 pod2.yaml 文件的内容，如图 5-5 所示。

```
[root@vms10 pod]# cat pod2.yaml
apiVersion: v1
kind: Pod
metadata:
  creationTimestamp: null
  labels:
    run: pod2
  name: pod2
spec:
  containers:
  - command: ["sh","-c","echo aa ; sleep 1000"]
    image: nginx
    imagePullPolicy: IfNotPresent
    name: c1
    resources: {}
  - name: c2
    image: nginx
    imagePullPolicy: IfNotPresent
  dnsPolicy: ClusterFirst
  restartPolicy: Always
status: {}
```

第一个容器

第二个容器

图 5-5　一个 Pod 里包含两个容器的例子

CKA/CKAD 应试教程
从 Docker 到 Kubernetes 完全攻略

注意

（1）两个容器都是在 containers 下面定义的。

（2）定义每个容器时，常见的选项有 name、image、command 等，哪个选项都可以放在第一个位置，然后前面用"-"开头，与上级对齐，且后面要有一个空格。比如图 5-5 中第一个容器里的 command 是第一个位置，第二个容器里的 name 是第一个位置。

第6步 ▶ 创建此 Pod。

```
[root@vms10 chap5]# kubectl apply -f pod2.yaml
pod/pod2 created
[root@vms10 chap5]#
```

第7步 ▶ 查看 Pod。

```
[root@vms10 chap5]# kubectl get pods
NAME    READY    STATUS     RESTARTS    AGE
pod1    1/1      Running    0           9m8s
pod2    2/2      Running    0           3s
[root@vms10 chap5]#
```

这里 pod2 显示的是 2/2，说明 Pod 里有两个容器，这两个容器都是正常运行的。

在 Kubernetes 里，所有的资源，比如节点、Pod，还有后面会讲的 Deployment、SVC 等，都有标签。

第8步 ▶ 查看 Pod 及标签信息。

```
[root@vms10 chap5]# kubectl get pods --show-labels
NAME    READY    STATUS     RESTARTS    AGE       LABELS
pod1    1/1      Running    0           10m18s    run=pod1
pod2    2/2      Running    0           7s        run=pod2
[root@vms10 chap5]#
```

第9步 ▶ 使用 -l（label 的首字母）选项来指定标签，用于列出含有特定标签的 Pod，比如查看标签为 run=pod1 的 Pod。

```
[root@vms10 chap5]# kubectl get pods -l run=pod1
NAME    READY    STATUS     RESTARTS    AGE
pod1    1/1      Running    0           11m49s
[root@vms10 chap5]#
```

第10步 ▶ 删除 Pod。

```
[root@vms10 chap5]# kubectl delete pod pod1
pod "pod1" deleted
```

```
[root@vms10 chap5]#
```

5.1.4 在 Pod 里使用变量

在 Pod 里是可以指定变量的。

第1步 ▶ 修改 pod1.yaml 文件，内容如下。

```
apiVersion: v1
kind: Pod
metadata:
  creationTimestamp: null
  labels:
    run: pod1
  name: pod1
spec:
  containers:
  - image: nginx
    imagePullPolicy: IfNotPresent
    name: pod1
    resources: {}
    env:
    - name: myxx
      value: haha001
    - name: myyy
      value: haha002
  dnsPolicy: ClusterFirst
  restartPolicy: Always
status: {}
```

这里在 pod1 里只定义了一个容器，在这个容器里通过 env 定义了两个变量：myxx 的值为 haha001，myyy 的值为 haha002。

注意

如果 value 后面的值是纯数字，需要使用引号引起来。

第2步 ▶ 创建此 Pod。

```
[root@vms10 chap5]# kubectl apply -f pod1.yaml
pod/pod1 created
[root@vms10 chap5]#
```

第3步 ▶ 通过 kubectl exec –it pod1 -- bash 命令进入 pod1 里，然后查看 myxx 和 myyy 的值。

```
[root@vms10 chap5]# kubectl exec -it pod1 -- bash
root@pod1:/# echo $myxx
haha001
root@pod1:/# echo $myyy
haha002
root@pod1:/# exit
exit
[root@vms10 chap5]#
```

可以看到，这两个变量的值，最后通过 exit 退出 Pod。

●第4步 ● 删除 pod1。

```
[root@vms10 chap5]# kubectl delete pod pod1
pod "pod1" deleted
[root@vms10 chap5]#
```

5.1.5 在 Pod 里指定容器的端口

第1步 ● 修改 pod1.yaml 文件，内容如下。

```
apiVersion: v1
kind: Pod
metadata:
  creationTimestamp: null
  labels:
    run: pod1
  name: pod1
spec:
  containers:
  - image: nginx
    imagePullPolicy: IfNotPresent
    name: pod1
    resources: {}
    ports:
    - name: http
      containerPort: 80
      protocol: TCP
      hostPort: 888
  dnsPolicy: ClusterFirst
  restartPolicy: Always
status: {}
```

这里为了代码的简短,删除了原来定义的env,通过ports定义了容器所使用的端口。

(1)name:用于指定端口的名称,可以随意定义。

(2)containerPort:用于指定容器所使用的端口,要根据容器里所使用的端口来写。

(3)protocol:用于指定所使用的协议,这里TCP要大写,不能写成小写字母tcp。

(4)hostPort:可以不指定,如果指定,则指的是映射到物理机的哪个端口上。这里是映射到物理机的888端口上。

第2步 创建此pod1,并查看pod1运行在哪个节点上。

```
[root@vms10 chap5]# kubectl delete pod pod1
pod "pod1" deleted
[root@vms10 chap5]# kubectl get pods pod1 -o wide
NAME    READY    STATUS    RESTARTS    AGE    IP            NODE            ...
pod1    1/1      Running   0           8s     10.244.14.7   vms12.rhce.cc   ...
[root@vms10 chap5]#
```

这里pod1是运行在vms12上的,那么我们通过访问vms12.rhce.cc的888端口就可以访问到pod1了。

第3步 在浏览器里输入192.168.26.12: 888访问pod1,如图5-6所示。

第4步 删除pod1。

图 5-6 访问 pod1

```
[root@vms10 chap5]# kubectl delete pod pod1
pod "pod1" deleted
[root@vms10 chap5]#
```

5.1.6 Pod 里的安全上下文

在定义Pod时,可以通过安全上下文(securityContext)来提高容器的安全性。

第1步 修改pod1.yaml文件,内容如下。

```
apiVersion: v1
kind: Pod
metadata:
  creationTimestamp: null
  labels:
    run: pod1
  name: pod1
spec:
  containers:
```

```
    - image: nginx
      imagePullPolicy: IfNotPresent
      name: pod1
      resources: {}
      securityContext:
        runAsUser: 10000
    dnsPolicy: ClusterFirst
    restartPolicy: Always
status: {}
```

这里为了代码的简短，删除了原来定义Pod的内容。在容器里通过securityContext定义了安全上下文，设置的是此pod1里的容器要以UID=10000的用户来运行，不用担心不存在UID=10000的用户，系统会自动创建。

第2步▶ 创建pod1，并查看Pod的运行状态。

```
[root@vms10 chap5]# kubectl apply -f pod1.yaml
pod/pod1 created
[root@vms10 chap5]#
[root@vms10 chap5]# kubectl get pods pod1
NAME   READY   STATUS   RESTARTS    AGE
pod1   0/1     Error    1 (3s ago)  4s
[root@vms10 chap5]#
[root@vms10 chap5]# kubectl get pods pod1
NAME   READY   STATUS            RESTARTS      AGE
pod1   0/1     CrashLoopBackOff  1 (12s ago)   14s
[root@vms10 chap5]#
```

可以看到，Pod并没有正常运行起来，因为Pod里的容器运行的是Nginx进程，而Nginx进程必须以root身份来运行，但这里是以UID=10000这个用户来运行，所以导致pod1运行失败。

第3步● 删除pod1。

```
[root@vms10 chap5]# kubectl delete pod pod1
pod "pod1" deleted
[root@vms10 chap5]#
```

第4步▶ 修改pod1.yaml文件，内容如下。

```
apiVersion: v1
kind: Pod
metadata:
  creationTimestamp: null
  labels:
    run: pod1
```

```
    name: pod1
spec:
  containers:
  - image: nginx
    imagePullPolicy: IfNotPresent
    command: ["sh", "-c", "sleep 1d"]
    name: pod1
    resources: {}
    securityContext:
      runAsUser: 10000
  dnsPolicy: ClusterFirst
  restartPolicy: Always
status: {}
```

这里通过command指定了容器里运行的命令为sleep 1d，这个命令是任何用户都有权限执行的，所以此Pod应该是可以正常运行的。

第5步 ● 创建pod1，并查看Pod的运行状态。

```
[root@vms10 chap5]# kubectl apply -f pod1.yaml
pod/pod1 created
[root@vms10 chap5]# kubectl get pods pod1
NAME    READY    STATUS    RESTARTS    AGE
pod1    1/1      Running   0           3s
[root@vms10 chap5]#
```

第6步 ● 通过kubectl exec –it pod1 -- bash命令进入pod1里进行验证。

```
[root@vms10 chap5]# kubectl exec -it pod1 -- bash
I have no name!@pod1:/$
I have no name!@pod1:/$ whoami
whoami: cannot find name for user ID 10000
I have no name!@pod1:/$ exit
exit
command terminated with exit code 1
[root@vms10 chap5]#
```

可以看到，容器里的程序就是以UID=10000的用户来运行的，通过exit退出pod1。

第7步 ● 删除pod1，加上--force选项。

```
[root@vms10 chap5]# kubectl delete pod pod1 --force
Warning:  ... 输出 ...
pod "pod1" force deleted
[root@vms10 chap5]#
```

第8步 修改 pod1.yaml 文件，内容如下。

```
apiVersion: v1
kind: Pod
metadata:
  creationTimestamp: null
  labels:
    run: pod1
  name: pod1
spec:
  containers:
  - image: nginx
    imagePullPolicy: IfNotPresent
    name: pod1
    resources: {}
  dnsPolicy: ClusterFirst
  restartPolicy: Always
status: {}
```

这里是把配置安全上下文的代码删除了。

第9步 创建 pod1。

```
[root@vms10 chap5]# kubectl apply -f pod1.yaml
pod/pod1 created
[root@vms10 chap5]#
```

5.2 Pod 的基本操作

【必知必会】在 Pod 里执行命令，查看 Pod 的属性，查看 Pod 里的日志。

基本上所有的操作都是以命令行进行的，大家一定要把操作在脑子里以图形化的方式想象出来，这样更容易去理解。我们把 Pod 想象成一个黑盒子，里面运行了一个进程。这个黑盒子又没有显示器，那要如何在 Pod 里执行命令呢？如图5-7所示。

本节练习如何在容器中执行命令、往容器里拷贝文件、查看容器的日志。

在容器中执行命令的语法如下。

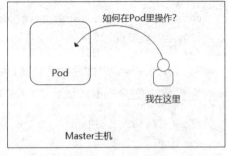

图 5-7 Pod 的操作

```
kubectl exec Pod 的名称 -- 命令
```

第1步 ▶ 查看pod1里目录/usr/share/nginx/html下的内容。

```
[root@vms10 chap5]# kubectl exec pod1 -- ls /usr/share/nginx/html
50x.html
index.html
[root@vms10 chap5]#
```

注意

Pod名后面要有--，这个是固定用法。

第2步 ▶ 进入Pod里并获取bash。

```
[root@vms10 chap5]# kubectl exec -it pod1 -- bash
root@pod1:/#
root@pod1:/# exit
exit
[root@vms10 chap5]#
```

这里通过exit从Pod里退出来。

也可以让容器和物理机之间互拷文件，物理机拷贝文件到容器的方法如下。

kubectl cp /path1/file1 pod:/path2/：把物理机里的文件/path1/file1拷贝到Pod的/path2里。

还可以把容器里的东西拷贝到物理机里，这里要注意拷贝的是目录还是文件。

kubectl cp pod:/path2/ /path1/：把容器目录/path2/里的东西拷贝到物理机的/path1里。

如果从容器里拷贝的是文件而不是目录，则需要在物理机里指定文件名。

kubectl cp pod:/path2/file2 /path1/file2：把容器里的文件/path2/file2拷贝到物理机的目录/path1里并起名为file2。

第3步 ▶ 把物理机里的文件/etc/hosts拷贝到pod1里。

```
[root@vms10 chap5]# kubectl cp /etc/hosts pod1:/usr/share/nginx/html
[root@vms10 chap5]# kubectl exec pod1 -- ls /usr/share/nginx/html
50x.html
hosts
index.html
[root@vms10 chap5]#
```

第4步 ▶ 把Pod里的东西拷贝到物理机里。

```
[root@vms10 chap5]# kubectl cp pod1:/usr/share/nginx/html/ /opt
tar: Removing leading `/' from member names
[root@vms10 chap5]# ls /opt/
```

```
50x.html  cni  hosts  index.html  rh
[root@vms10 chap5]#
```

第5步 ▶ 如果 Pod 里有多个容器，默认是进入第一个容器里，如图 5-8 所示。

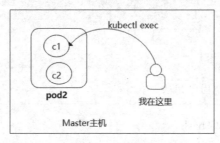

图 5-8　Pod 容器

```
[root@vms10 chap5]# kubectl exec -it pod2 -- bash
Defaulting container name to c1.
Use 'kubectl describe pod/pod2 -n default' to see all of the containers in this pod.
root@pod2:/# exit
exit
[root@vms10 chap5]#
```

第6步 ▶ 如果想进入第二个容器里，使用 -c 选项来指定容器名。

```
[root@vms10 chap5]# kubectl exec -it pod2 -c c2 -- bash
root@pod2:/# exit
exit
[root@vms10 chap5]#
```

注意

从前面的 YAML 文件可知，名称为 pod2 的 Pod 里有两个容器，分别是 c1 和 c2。

第7步 ▶ Pod 的具体属性可以通过 describe 来查看。

```
[root@vms10 chap5]# kubectl describe pod pod2
Name:         pod2
Namespace:    default
Priority:     0
Node:         vms12.rhce.cc/192.168.26.12
... 输出 ...
Normal  Started  2s (x2 over 16m)  kubelet, vms12.rhce.cc  Started container c1
[root@vms10 chap5]#
```

第8步 ▶ 查看 Pod 里的输出。

```
[root@vms10 chap5]# kubectl logs pod1
    ... 大量输出 ...
[root@vms10 chap5]#
```

第9步 如果一个 Pod 里有多个容器，需要使用 –c 选项来指定查看哪个容器的输出。

```
[root@vms10 chap5]# kubectl logs pod2
Defaulted container "c1" out of: c1, c2
aa
[root@vms10 chap5]#
[root@vms10 chap5]# kubectl logs pod2 -c c1
aa
[root@vms10 chap5]#
```

第10步 删除这两个 Pod。

```
[root@vms10 chap5]# kubectl delete pod pod1
pod "pod1" deleted
[root@vms10 chap5]# kubectl delete -f pod2.yaml
pod "pod2" deleted
[root@vms10 chap5]#
```

注意

（1）可以使用 "kubectl delete pod 名称" 或 kubectl delete –f pod1.yaml 命令删除 Pod。
（2）为了让删除的速度更快一些，可以加上 ––force 选项。

5.3 了解 Pod 的生命周期，优雅地关闭 Pod

【必知必会】配置 Pod 的延期删除，配置 Pod Hook。

通过本节的练习，读者可以了解 Pod 的生命周期（lifecycle）和学习配置 Pod Hook。

5.3.1 Pod 的延期删除

前面讲过，删除 Pod 时，可以加上 ––force 选项以提高删除 Pod 的速度，那么如果不加 ––force 选项，为什么会那么慢呢？原因在于 Kubernetes 对 Pod 的删除有个延期删除期（宽限期），这个时间默认是 30 秒，如图 5-9 所示。

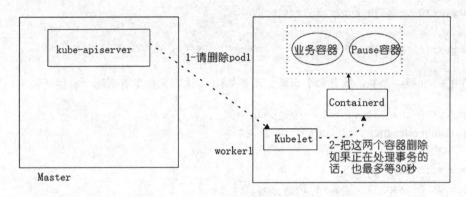

图 5-9　Pod 的延期删除

假设没有宽限期，某个 Pod 正在处理用户的请求，然后我们发出一个删除此 Pod 的命令，这个 Pod 会立即被强制删除，而不管它是不是正在处理任务，这样会影响到正在连接此 Pod 的那部分用户的正常使用。这种删除 Pod 的方式叫作粗暴地删除 Pod。

有了宽限期就不一样了，当我们对某个 Pod 发出删除命令时，这个 Pod 的状态会被标记为 "Terminating"，但此时并不会立即把这个 Pod 删除，而是等待这个 Pod 继续处理手头的任务。如果在 30 秒内任务完成，则 Pod 会被自动删除；如果超过 30 秒任务还没有结束，则此 Pod 会被强制删除。这种删除 Pod 的方式叫作优雅地删除 Pod。

这个宽限期可以在 pod.spec 下通过参数 terminationGracePeriodSeconds 来指定。

```yaml
apiVersion: v1
kind: Pod
metadata:
  creationTimestamp: null
  labels:
    run: pod1
  name: pod1
spec:
  terminationGracePeriodSeconds: 0
  containers:
  - image: busybox
    imagePullPolicy: IfNotPresent
    command: ["sh", "-c", "sleep 1d"]
    name: pod1
    resources: {}
      dnsPolicy: ClusterFirst
      restartPolicy: Always
    status: {}
```

这里把宽限期改为了 0 秒，即当我们要删除 Pod 时，会有 0 秒的宽限期。

5.3.2 Pod Hook（钩子）

在整个 Pod 生命周期（lifecycle）内，有两个 Hook 是可用的。

（1）postStart：当创建 Pod 时，会随着 Pod 里的主进程同时运行，没有先后顺序。

（2）preStop：当删除 Pod 时，要先运行 preStop 里的程序，然后再关闭 Pod。

对于 preStop 来说，也必须在 Pod 的宽限期内完成，如果 preStop 在宽限期内没有完成，则 Pod 仍然会被强制删除，看下面的例子。

第1步▶ 修改 pod1.yaml 文件，内容如下。

```
apiVersion: v1
kind: Pod
metadata:
  creationTimestamp: null
  labels:
    run: pod1
  name: pod1
spec:
  terminationGracePeriodSeconds: 100
  containers:
  - image: nginx
    imagePullPolicy: IfNotPresent
    command: ["sh", "-c", "date > /tmp/aa.txt ; sleep 1d"]
    name: c1
    resources: {}
    lifecycle:
      postStart:
        exec:
          command: ["/bin/sh", "-c", "date > /tmp/bb.txt ; sleep 15"]
      preStop:
        exec:
          command: ["/bin/sh", "-c", "date > /tmp/cc.txt "]

  dnsPolicy: ClusterFirst
  restartPolicy: Always
status: {}
```

这里在容器下定义了 postStart 和 preStop 两个钩子进程，且宽限期设置为 100 秒，先来看一下 postStart。

此 Pod 里的主进程通过 command 来指定，运行的是 date > /tmp/aa.txt ; sleep 1d，会在 /tmp/aa.txt 里写下当前的时间。postStart 钩子进程运行的是 date > /tmp/bb.txt ; sleep 15，会在 /tmp/bb.txt 里写下当前的时间。如果钩子进程和主进程同时运行，那么 /tmp/aa.txt 和 /tmp/bb.txt 里的时间应该

是一样的，下面来验证一下。

第2步 ▶ 把pod1创建出来并检查pod1的状态。

```
[root@vms10 chap5]# kubectl get pods pod1
NAME     READY    STATUS              RESTARTS    AGE
pod1     0/1      ContainerCreating   0           16s
[root@vms10 chap5]#
[root@vms10 chap5]#
[root@vms10 chap5]# kubectl get pods pod1
NAME    READY    STATUS      RESTARTS    AGE
pod1    1/1      Running     0           17s
[root@vms10 chap5]#
```

钩子进程运行完成之后，Pod的状态才会变成Running。

第3步 ▶ 查看pod1里两个文件的内容。

```
[root@vms10 chap5]# kubectl exec -it pod1 -- sh -c "cat /tmp/aa.txt"
Thu Jun  1 03:23:57 UTC 2023
[root@vms10 chap5]#
[root@vms10 chap5]# kubectl exec -it pod1 -- sh -c "cat /tmp/bb.txt"
Thu Jun  1 03:23:57 UTC 2023
[root@vms10 chap5]#
```

可以看到，两个文件的内容是相同的，说明钩子进程和主进程是同时运行的，并没有先后顺序。

第4步 ▶ 查看pod1里/tmp目录的内容。

```
[root@vms10 chap5]# kubectl exec -it pod1 -- ls /tmp
aa.txt   bb.txt
[root@vms10 chap5]#
```

此时pod1的/tmp里有两个文件aa.txt和bb.txt。

下面看一下preStop。pod1里定义的preStop的意思是，对pod1执行删除命令之后，在pod1真正被删除之前先执行preStop里的命令，即date > /tmp/cc.txt命令。

第5步 ▶ 删除pod1。

```
[root@vms10 chap5]# kubectl delete pod pod1
pod "pod1" deleted
卡住
```

第6步 ▶ 打开另外一个终端，查看Pod的状态。

```
[root@vms10 chap5]# kubectl get pods pod1
NAME    READY    STATUS          RESTARTS    AGE
```

```
pod1    1/1        Terminating    0            95s
[root@vms10 chap5]#
```

可以看到，此时pod1的状态是Terminating，但还是没有被删掉，如果删掉，这里就不会有pod1了。

第7步▶ 查看pod1里/tmp目录的内容。

```
[root@vms10 chap5]# kubectl exec -it pod1 -- ls /tmp
aa.txt  bb.txt  cc.txt
[root@vms10 chap5]#
```

可以看到，这里多了一个cc.txt，这个就是由preStop里的进程创建出来的。如果preStop里的进程运行时间很久，怎么办呢？在pod1里我们把宽限期的时间设置为了100秒，100秒之后，即使preStop里的进程没有运行完成，pod1也会被强制删除。

切换到第一个终端，删除状态还是"卡住"的，因为主进程sleep 1d会一直运行，要等待100秒的宽限期结束才能被强制删除。

第8步▶ 按【Ctrl+C】组合键终止命令，然后加上--force选项强制删除Pod。

```
[root@vms10 chap5]# kubectl delete pod pod1
pod "pod1" deleted
^C[root@vms10 chap5]# kubectl delete pod pod1 --force
Warning: ... 输出 ...
pod "pod1" force deleted
[root@vms10 chap5]#
```

第9步▶ 把pod2也删除。

```
[root@vms10 chap5]# kubectl delete pod pod2 --force
pod "pod2" deleted
[root@vms10 chap5]#
```

5.4 初始化Pod

【必知必会】创建初始化容器。

本节介绍了什么是初始化容器，并用例子来演示初始化容器的作用。

5.4.1 了解初始化容器

所谓"三军未动，粮草先行"，运行容器C1之前需要做一些准备工作，容器C1才能正常工作，那么在运行容器C1之前可以先运行容器A、容器B等。先把这些准备工作做完，再运行容器C1，就可以把容器A和容器B配置成容器C1的初始化容器。只有初始化容器全部正确运行完成，普通容器C1才能运行，如图5-10所示。

如果任一初始化容器运行失败，则普通容器C1不会运行。如果定义了多个初始化容器，一旦某个初始化容器执行失败，则后续的初始化容器就不再执行（在YAML文件里定义的先后顺序）。比如初始化容器A要先于初始化容器B运行，如果初始化容器A运行失败，则初始化容器B也就不会继续运行，普通容器C1更不会运行了。

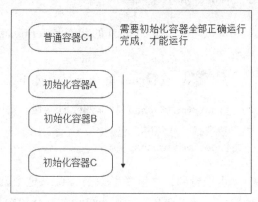

图5-10　初始化容器

初始化容器在initContainers里定义，它和containers是对齐的。

5.4.2 初始化容器的例子

这个例子实现的是通过初始化容器修改物理机的内核参数。

第1步 ▶ 创建初始化容器所需要的YAML文件podinit.yaml，内容如下。

```
[root@vms10 chap5]# cat podinit.yaml
apiVersion: v1
kind: Pod
metadata:
  labels:
    run: pod3
  name: pod3
spec:
  terminationGracePeriodSeconds: 0
  containers:
  - image: nginx
    name: c1
    imagePullPolicy: IfNotPresent
    resources: {}
  initContainers:
  - image: alpine
    name: xx
    imagePullPolicy: IfNotPresent
    command: ["/bin/sh", "-c", "/sbin/sysctl -w vm.swappiness=10"]
    securityContext:
      privileged: true
```

```
    resources: {}
  dnsPolicy: ClusterFirst
  restartPolicy: Always
status: {}
[root@vms10 chap5]#
```

这里定义的pod3里有两个容器，一个初始化容器xx和一个普通容器c1。初始化容器里使用的镜像是Alpine，它运行起来之后会把内核参数vm.swappiness的值改为0。在容器部分我们讲过，容器是直接访问物理机的CPU和内存的，所以初始化容器xx看起来修改的是容器本身的内核参数，其实就是修改此Pod所在物理机的内核参数。但是，因为安全机制问题，容器不允许修改物理机的内核参数，所以我们加上了securityContext那两行代码。

普通容器c1只有在初始化容器正确运行完成并退出之后才会运行。

第2步 ▶ 确定两台机器上swappiness的值。

```
[root@vms11 ~]# cat /proc/sys/vm/swappiness
30
[root@vms11 ~]#
[root@vms12 ~]# cat /proc/sys/vm/swappiness
30
[root@vms12 ~]#
```

第3步 ▶ 创建初始化Pod。

```
[root@vms10 chap5]# kubectl apply -f podinit.yaml
pod/pod3 created
[root@vms10 chap5]#
```

第4步 ▶ 查看Pod的运行状态。

```
[root@vms10 chap5]# kubectl get pods
NAME      READY     STATUS              RESTARTS      AGE
pod3      0/1       PodInitializing     0             2s
[root@vms10 chap5]#
[root@vms10 chap5]# kubectl get pods
NAME      READY     STATUS              RESTARTS      AGE
pod3      1/1       Running             0             4s
[root@vms10 chap5]#
```

可以看到，现在Pod已经正常运行了。

第5步 ▶ 查看Pod是在哪台机器上运行的。

```
[root@vms10 chap5]# kubectl get pods -o wide
NAME      READY     STATUS    RESTARTS      AGE      IP              NODE              ...
```

```
pod3       1/1        Running  0            23s   10.244.14.15   vms12.rhce.cc  ...
[root@vms10 chap5]#
```

可以看到，Pod 是在 vms12 上运行的。

第6步 ● 查看两台机器上 swappiness 的值。

```
[root@vms11 ~]# cat /proc/sys/vm/swappiness
30
[root@vms11 ~]#
[root@vms12 ~]# cat /proc/sys/vm/swappiness
10
[root@vms12 ~]#
```

因为 pod3 是在 vms12 上运行的，所以初始化容器先修改 vms12 上的内核参数，修改成功之后再开始创建普通容器 c1。最终看到 vms12 上的参数被修改了，vms11 上的参数并没有被修改。

5.5 静态 Pod

【必知必会】创建静态 Pod，删除静态 Pod。

正常情况下，Pod 在 Master 上统一管理、指定、分配。所谓静态 Pod，是指不是由 Master 创建启动的，在节点上只要启动 Kubelet，就会自动地创建 Pod。

比如使用 Kubeadm 安装的 Kubernetes，里面像 kube-apiserver、kube-scheduler 等组件都是以 Pod 的方式运行的。那么问题就来了，如果这些 Pod 没有运行，则意味着 Master 就没有运行，如果 Master 没有运行，那么 kube-apiserver、kube-scheduler 这些 Pod 又是如何运行起来的呢？这就是先有鸡还是先有蛋的问题了，所以需要一个突破口，这个突破口就是静态 Pod。

本节讲解的是创建静态 Pod 的具体过程，注意这里是在 Worker 上操作的。

第1步 ● 查看 Kubelet 配置文件所定义的静态 Pod 目录。

```
[root@vms11 ~]# grep static /var/lib/kubelet/config.yaml
staticPodPath: /etc/kubernetes/manifests
[root@vms11 ~]#
```

第2步 ● 在 vms11 上，在 /etc/kubernetes/manifests 下创建一个 Pod 的 YAML 文件 test.yaml。

```
[root@vms11 !]# cat /etc/kubernetes/kubelet.d/test.yaml
apiVersion: v1
kind: Pod
metadata:
  name: staticpod
```

```
  namespace: chap5
  labels:
    role: staticpod
spec:
  terminationGracePeriodSeconds: 0
  containers:
  - name: web
    image: nginx
    imagePullPolicy: IfNotPresent
[root@vms11 ~]#
```

上述 YAML 文件会在 chap5 命名空间里创建一个名称为 static-web 的 Pod。

第3步 ● 在 Master 上进行查看。

```
[root@vms10 chap5]# kubectl get pods
NAME                    READY   STATUS    RESTARTS   AGE
staticpod-vms11.rhce.cc  1/1    Running   0          10s
[root@vms10 chap5]#
```

可以看到，此 Pod 正常运行了。

第4步 ● 如果在 vms11 上删除此 YAML 文件，则这个静态 Pod 会被自动删除。

```
[root@vms11 ~]# rm -rf /etc/kubernetes/manifests/test.yaml
[root@vms11 ~]# ls /etc/kubernetes/manifests/
[root@vms11 ~]#
```

第5步 ● 在 Master 上再次进行查看。

```
[root@vms10 chap5]# kubectl get pods
No resources found in chap5 namespace.
[root@vms10 chap5]#
```

可以看到，Pod 已经被删除了。

在 Master 上也是用相同的方式配置静态 Pod。

第6步 ● 查看 Master 上静态 Pod 所使用的目录。

```
[root@vms10 chap5]# grep static /var/lib/kubelet/config.yaml
staticPodPath: /etc/kubernetes/manifests
[root@vms10 chap5]#
```

可以看到，这里也是 /etc/kubernetes/manifests。

第7步 ● 查看这个目录里的内容。

```
[root@vms10 chap5]# ls -1 /etc/kubernetes/manifests/
```

```
etcd.yaml
kube-apiserver.yaml
kube-controller-manager.yaml
kube-scheduler.yaml
[root@vms10 chap5]#
```

需要注意的是，ls后面的-1是数字1，不是字母l。这里都是Master组件的YAML文件，当我们启动Kubelet时，这些Pod会跟着启动。

5.6 手动指定Pod的运行位置

【必知必会】给节点增加标签，指定Pod在特定的节点上运行。

当我们运行一个Pod时，Master会根据自己的算法来调度Pod运行在哪个节点上，具体是在哪个节点上，我们只有在Pod被创建出来之后才能知道。

5.6.1 给节点设置标签

我们可以通过在每个节点上设置一些标签，然后指定Pod运行在特定标签的节点上，来手动地指定Pod运行在哪个节点上。

标签的格式：key=value。key的值可以包括符号"/"或"."，多个标签用逗号隔开。

第1步 查看所有节点的标签。

```
[root@vms10 ~]# kubectl get nodes --show-labels
NAME             STATUS    ROLES           AGE    VERSION     LABELS
vms10.rhce.cc    Ready     control-plane   30h    v1.28.1     ... 省略 ...
vms11.rhce.cc    Ready     <none>          30h    v1.28.1     ... 省略 ...
vms12.rhce.cc    Ready     <none>          30h    v1.28.1     ... 省略 ...
[root@vms10 ~]#
```

第2步 查看某特定节点的标签。

```
[root@vms10 ~]# kubectl get nodes vms12.rhce.cc --show-labels
NAME             STATUS    ROLES     AGE    VERSION     LABELS
vms12.rhce.cc    Ready     <none>    30h    v1.28.1     ... 省略 ...
[root@vms10 ~]#
```

给节点设置标签的语法如下。

```
kubectl label node 节点名 key=value
```

第3步 ● 给 vms12 节点设置一个标签 diskxx=ssdxx。

```
[root@vms10 ~]# kubectl label node vms12.rhce.cc diskxx=ssdxx
node/vms12.rhce.cc labeled
[root@vms10 ~]#
```

第4步 ● 查看标签是否生效。

```
[root@vms10 ~]# kubectl get nodes vms12.rhce.cc --show-labels
NAME              STATUS    ROLES     AGE    VERSION    LABELS
vms12.rhce.cc     Ready     <none>    30h    v1.28.1    ...,diskxx=ssdxx,...
[root@vms10 ~]#
```

列出含有某个标签的资源。

```
kubectl get 资源类型 -l key=value
```

列出含有某个标签的节点。

```
kubectl get node -l key=value
```

列出含有某个标签的 Pod。

```
kubectl get pod -l key=value
```

第5步 ● 列出含有 diskxx=ssdxx 标签的节点。

```
[root@vms10 chap5]# kubectl get nodes -l diskxx=ssdxx
NAME              STATUS    ROLES     AGE    VERSION
vms12.rhce.cc     Ready     <none>    18h    v1.28.1
[root@vms10 chap5]#
```

如果要取消节点的某个标签，语法如下。

```
kubectl label node 节点名 key-
```

注意

在 key 后面加上 -，- 前面不要有空格，即把 "=value" 换成 "-"。

第6步 ● 取消 vms12 上的 diskxx=ssdxx 标签。

```
[root@vms10 ~]# kubectl label node vms12.rhce.cc diskxx-
node/vms12.rhce.cc labeled
[root@vms10 ~]#
```

第7步 ● 再次查看 vms12 上的标签。

```
[root@vms10 ~]# kubectl get nodes vms12.rhce.cc --show-labels
NAME              STATUS    ROLES     AGE    VERSION      LABELS
vms12.rhce.cc     Ready     <none>    30h    v1.28.1      ... 省略 ...
[root@vms10 ~]#
```

可以看到，diskxx这个标签已经不存在了。列出含有diskxx=ssdxx标签的节点。

```
[root@vms10 chap5]# kubectl get nodes -l diskxx=ssdxx
No resources found
[root@vms10 chap5]#
```

如果要给所有的节点设置标签，语法如下。

```
kubectl label node --all key=value
```

这里有个特殊的标签，格式为node-role.kubernetes.io/名称。

这个标签是用于设置kubectl get nodes结果里ROLES那列值的，比如Master节点上会显示control-plane，其他节点显示为<none>。

```
[root@vms10 chap5]# kubectl get nodes
NAME              STATUS    ROLES           AGE    VERSION
vms10.rhce.cc     Ready     control-plane   30h    v1.28.1
vms11.rhce.cc     Ready     <none>          30h    v1.28.1
vms12.rhce.cc     Ready     <none>          30h    v1.28.1
[root@vms10 chap5]#
```

vms10上会显示control-plane，因为系统自动设置了标签node-role.kubernetes.io/control-plane，其中node-role.kubernetes.io/后面的部分就是显示在ROLES下面的。

这个键有没有值都无所谓，如果不设置值，value部分直接使用""替代即可，假设现在把vms11 ROLES位置设置为worker1，vms12 ROLES位置设置为worker2。

第8步 ▶ 给两台Worker设置node-role.kubernetes.io标签。

```
[root@vms10 chap5]# kubectl label nodes vms11.rhce.cc node-role.kubernetes.io/
worker1=""   # 给 vms11 添加 worker1 标记
node/vms11.rhce.cc labeled
[root@vms10 chap5]# kubectl label nodes vms12.rhce.cc node-role.kubernetes.io/
worker2=""   # 给 vms12 添加 worker2 标记
node/vms12.rhce.cc labeled
[root@vms10 chap5]#
```

第9步 ▶ 查看结果。

```
[root@vms10 chap5]# kubectl get nodes
NAME              STATUS    ROLES              AGE    VERSION
```

```
vms10.rhce.cc      Ready      control-plane    30h    v1.28.1
vms11.rhce.cc      Ready      worker1          30h    v1.28.1
vms12.rhce.cc      Ready      worker2          30h    v1.28.1
[root@vms10 chap5]#
```

第10步 如果要取消这个名称，与取消普通标签的操作是一样的。

```
[root@vms10 chap5]# kubectl label nodes vms11.rhce.cc node-role.kubernetes.io/
worker1-
node/vms11.rhce.cc labeled
[root@vms10 chap5]# kubectl label nodes vms12.rhce.cc node-role.kubernetes.io/
worker2-
node/vms12.rhce.cc labeled
[root@vms10 chap5]#
```

第11步 再次给 vms12 设置 diskxx=ssdxx 标签。

```
[root@vms10 ~]# kubectl label node vms12.rhce.cc diskxx=ssdxx
node/vms12.rhce.cc labeled
[root@vms10 ~]#
```

5.6.2 创建在特定节点上运行的 Pod

在 Pod 里通过 nodeSelector 可以让 Pod 在含有特定标签的节点上运行。

创建新 Pod，让其在 vms12 节点上运行。

第1步 创建 Pod 所需要的 YAML 文件 podlabel.yaml，内容如下。

```
[root@vms10 chap5]# cat podlabel.yaml
apiVersion: v1
kind: Pod
metadata:
  name: podlabel
  labels:
    role: myrole
spec:
  terminationGracePeriodSeconds: 0
  nodeSelector:
    diskxx: ssdxx
  containers:
    - name: podlabel
      image: nginx
      imagePullPolicy: IfNotPresent
```

```
[root@vms10 chap5]#
```

这样podlabel只会在含有标签diskxx=ssdxx的节点上运行，如果有多个节点都含有标签diskxx=ssdxx，则K8s会在这几个节点中的一个节点上运行。

请注意nodeSelector的缩进，是与containers对齐的。

第2步 创建Pod。

```
[root@vms10 chap5]# kubectl apply -f podlabel.yaml
pod/podlabel created
[root@vms10 pod]
```

第3步 查看Pod运行的节点。

```
[root@vms10 pod] kubectl get pods -o wide
NAME           READY        STATUS       RESTARTS      AGE      IP           NODE          ...
podlabel       1/1          Running      0             29s      10.244.3.9   vms12.rhce.cc ...
[root@vms10 chap5]#
```

第4步 删除podlabel，以及删除vms12上的diskxx=ssdxx标签。

```
[root@vms10 chap5]# kubectl delete pod podlabel
pod "podlabel" deleted
[root@vms10 ~]# kubectl label node vms12.rhce.cc diskxx-
node/vms12.rhce.cc labeled
[root@vms10 ~]#
```

注意

如果在nodeSelector里指定了标签，但是不存在含有这个标签的节点，那么这个Pod是创建不出来的，状态为Pending。

第5步 修改podlabel.yaml文件，内容如下。

```
apiVersion: v1
kind: Pod
metadata:
  name: podlabel
  labels:
    role: myrole
spec:
  terminationGracePeriodSeconds: 0
  nodeSelector:
    xx: xx
```

```
  containers:
  - name: podlabel
    image: nginx
    imagePullPolicy: IfNotPresent
```

第6步 查看含有 xx=xx 标签的节点。

```
[root@vms10 chap5]# kubectl get nodes -l xx=xx
No resources found
[root@vms10 chap5]#
```

因为环境里没有含有 xx=xx 标签的节点，所以创建此 Pod 时就找不到对应的节点，此 Pod 的状态就为 Pending。

第7步 创建并查看 Pod 的状态。

```
[root@vms10 chap5]# kubectl apply -f podlabel.yaml
pod/podlabel created
[root@vms10 chap5]# kubectl get pods podlabel
NAME       READY    STATUS     RESTARTS    AGE
podlabel   0/1      Pending    0           4s
[root@vms10 chap5]#
```

可以看到，podlabel 的状态是 Pending，即找不到合适的节点来运行此 Pod。

第8步 删除此 Pod。

```
[root@vms10 chap5]# kubectl delete pod podlabel
pod "podlabel" deleted
[root@vms10 chap5]#
```

第9步 给 vms11 设置 xx=xx 标签，给 vms12 设置 yy=yy 标签。

```
[root@vms10 chap5]# kubectl label nodes vms11.rhce.cc xx=xx
node/vms11.rhce.cc labeled
[root@vms10 chap5]# kubectl label nodes vms12.rhce.cc yy=yy
node/vms12.rhce.cc labeled
[root@vms10 chap5]#
```

设置这两个标签是为后面的练习做准备。

5.6.3　Annotations 设置

不管是节点还是 Pod，包括后面要讲述的其他对象（比如 Deployment），都还有一个属性 Annotations，这个属性可以理解为注释。

 查看 vms12.rhce.cc 的 Annotations 属性。

```
[root@vms10 chap5]# kubectl describe nodes vms12.rhce.cc
Name:                   vms12.rhce.cc
Roles:                  <none>
...
Annotations:            kubeadm.alpha.kubernetes.io/cri-socket: unix:///var/run/
containerd/containerd.sock
                        node.alpha.kubernetes.io/ttl: 0
                        projectcalico.org/IPv4Address: 192.168.26.12/24
                        projectcalico.org/IPv4IPIPTunnelAddr: 10.244.14.0
                        volumes.kubernetes.io/controller-managed-attach-detach: true
...
[root@vms10 chap5]#
```

第2步 ● 要设置此节点的 Annotations，可以通过如下命令来设置。

```
[root@vms10 chap5]# kubectl annotate nodes vms12.rhce.cc aa=123
node/vms12.rhce.cc annotated
[root@vms10 chap5]#
```

第3步 ● 查看节点 vms12.rhce.cc 的属性。

```
[root@vms10 chap5]# kubectl describe nodes vms12.rhce.cc
Name:                   vms12.rhce.cc
Roles:                  <none>
...
Annotations:            aa: 123
                        kubeadm.alpha.kubernetes.io/cri-socket: unix:///var/run/
containerd/containerd.sock
sock
                        ... 输出 ...
                        volumes.kubernetes.io/controller-managed-attach-detach: true
... 输出 ...
[root@vms10 chap5]#
```

第4步 ● 要是取消，使用如下命令。

```
[root@vms10 chap5]# kubectl annotate nodes vms12.rhce.cc aa-
node/vms12.rhce.cc annotated
[root@vms10 chap5]#
```

这个操作和对标签的操作是类似的。

5.7 节点的 cordon 与 drain

【必知必会】节点的 cordon，节点的 drain。

如果想把某个节点设置为不可用，可以对节点实施 cordon 或 drain 操作，这样节点就会被标记为 SchedulingDisabled，新创建的 Pod 就不会再分配到这些节点上了。

5.7.1 节点的 cordon

如果要维护某个节点，希望此节点不再被分配 Pod，那么可以使用 cordon 把此节点标记为不可调度，但是运行在此节点上的 Pod 依然会运行在此节点上。

第1步 ◆ 查看现有节点信息。

```
[root@vms10 chap5]# kubectl get nodes
NAME               STATUS      ROLES       AGE     VERSION
vms10.rhce.cc      Ready       master      30h     v1.28.1
vms11.rhce.cc      Ready       <none>      30h     v1.28.1
vms12.rhce.cc      Ready       <none>      30h     v1.28.1
[root@vms10 chap5]#
```

所有状态都是 Ready，也就是说，现在所有节点都是可以调度的。

第2步 ◆ 修改 pod1.yaml 文件，内容如下。

```
apiVersion: v1
kind: Pod
metadata:
  creationTimestamp: null
  labels:
    run: pod1
  name: pod1
spec:
  terminationGracePeriodSeconds: 0
  containers:
  - image: nginx
    imagePullPolicy: IfNotPresent
    name: c1
    resources: {}
  dnsPolicy: ClusterFirst
  restartPolicy: Always
status: {}
```

第3步 ▶ 创建 pod1，并基于 pod1.yaml 文件创建出 pod2 和 pod3。

```
[root@vms10 chap5]# kubectl apply -f pod1.yaml
pod/pod1 created
[root@vms10 chap5]# sed 's/pod1/pod2/' pod1.yaml | kubectl apply -f -
pod/pod2 created
[root@vms10 chap5]# sed 's/pod1/pod3/' pod1.yaml | kubectl apply -f -
pod/pod3 created
[root@vms10 chap5]#
```

第4步 ▶ 查看 Pod 的运行状态。

```
[root@vms10 chap5]# kubectl get pods -o wide
NAME    READY   STATUS    RESTARTS    AGE    IP             NODE            ...
pod1    1/1     Running   0           66s    10.244.81.69   vms11.rhce.cc   ...
pod2    1/1     Running   0           52s    10.244.14.13   vms12.rhce.cc   ...
pod3    1/1     Running   0           45s    10.244.81.70   vms11.rhce.cc   ...
[root@vms10 chap5]#
```

可以看到，3 个 Pod 被分配到 vms11 和 vms12 两个节点上了。

第5步 ▶ 现在通过 cordon 把 vms11 标记为不可用。

```
[root@vms10 chap5]# kubectl cordon vms11.rhce.cc
node/vms11.rhce.cc cordoned
[root@vms10 chap5]#
```

第6步 ▶ 查看节点的状态。

```
[root@vms10 chap5]# kubectl get nodes
NAME            STATUS                      ROLES     AGE    VERSION
vms10.rhce.cc   Ready                       master    33h    v1.28.1
vms11.rhce.cc   Ready,SchedulingDisabled    <none>    33h    v1.28.1
vms12.rhce.cc   Ready                       <none>    33h    v1.28.1
[root@vms10 chap5]#
```

可以看到，此时 vms11 的状态为 SchedulingDisabled，也就是不可用。

第7步 ▶ 查看现有 Pod。

```
[root@vms10 chap5]# kubectl get pods -o wide
NAME    READY   STATUS    RESTARTS    AGE      IP             NODE
pod1    1/1     Running   0           3m43s    10.244.81.69   vms11.rhce.cc
pod2    1/1     Running   0           3m29s    10.244.14.13   vms12.rhce.cc
pod3    1/1     Running   0           3m22s    10.244.81.70   vms11.rhce.cc
[root@vms10 chap5]#
```

可以看到，Pod 仍然是继续运行的，这里对节点执行 cordon 操作，是不会影响已经在此节点上运行的 Pod 的。

第8步 ▶ 创建 pod4.yaml 文件，内容如下。

```
apiVersion: v1
kind: Pod
metadata:
  creationTimestamp: null
  labels:
    run: pod4
  name: pod4
spec:
  nodeSelector:
    xx: xx
  terminationGracePeriodSeconds: 0
  containers:
  - image: nginx
    imagePullPolicy: IfNotPresent
    name: c1
    resources: {}
  dnsPolicy: ClusterFirst
  restartPolicy: Always
status: {}
```

这里通过 nodeSelector 指定 pod4 在含有 xx=xx 标签的节点上运行，前面给 vms11 设置了这个标签，所以 pod4 会被分配到 vms11 上运行。

第9步 ▶ 创建 pod4，并查看 Pod 的运行状态。

```
[root@vms10 chap5]# kubectl apply -f pod4.yaml
pod/pod4 created
[root@vms10 chap5]# kubectl get pods -o wide
NAME    READY   STATUS    RESTARTS   AGE   IP             NODE
pod1    1/1     Running   0          10m   10.244.81.69   vms11.rhce.cc
pod2    1/1     Running   0          10m   10.244.14.13   vms12.rhce.cc
pod3    1/1     Running   0          10m   10.244.81.70   vms11.rhce.cc
pod4    0/1     Pending   0          3s    <none>         <none>
[root@vms10 chap5]#
```

可以看到，新创建的 pod4 被调度到 vms11 上时状态是 Pending 的，因为 vms11 的状态被设置为 SchedulingDisabled 了，它不再接收新的 Pod，所以创建 Pod 时 kube-scheduler 不会往该节点上分配 Pod，我们通过 nodeSelector 强制让 pod4 在 vms11 上运行，结果就是 pod4 无法正常运行。

第10步 ▶ 如果要恢复 vms11，只要对 vms11 进行 uncordon 操作即可。

```
[root@vms10 chap5]# kubectl uncordon vms11.rhce.cc
node/vms11.rhce.cc uncordoned
[root@vms10 chap5]#
```

第11步 ► 查看节点的状态。

```
[root@vms10 chap5]# kubectl get nodes
NAME               STATUS    ROLES           AGE    VERSION
vms10.rhce.cc      Ready     control-plane   33h    v1.28.1
vms11.rhce.cc      Ready     <none>          33h    v1.28.1
vms12.rhce.cc      Ready     <none>          33h    v1.28.1
[root@vms10 chap5]#
```

第12步 ► 再次查看Pod的运行状态。

```
[root@vms10 chap5]# kubectl get pods -o wide
NAME    READY    STATUS     RESTARTS    AGE      IP             NODE
pod1    1/1      Running    0           15m      10.244.81.69   vms11.rhce.cc
pod2    1/1      Running    0           15m      10.244.14.13   vms12.rhce.cc
pod3    1/1      Running    0           15m      10.244.81.70   vms11.rhce.cc
pod4    1/1      Running    0           4m59s    10.244.81.71   vms11.rhce.cc
[root@vms10 chap5]#
```

可以看到，pod4已经可以正常运行了。

5.7.2 节点的drain

对节点的drain操作和cordon操作的作用是一样的，但是drain比cordon多了一个驱逐（evicted）的效果，即当我们对某节点进行drain操作时，不仅把此节点标记为不可调度，且会把上面正在运行的Pod删除。

第1步 ► 对vms11进行drain操作。

```
[root@vms10 chap5]# kubectl drain vms11.rhce.cc
node/vms12.rhce.cc cordoned
error: unable to drain node "vms11.rhce.cc", aborting command...

There are pending nodes to be drained:
vms12.rhce.cc
error: DaemonSet-managed pods (use --ignore-daemonsets to ignore): ...
... 输出 ... (use --delete-emptydir-data to override)...
[root@vms10 chap5]#
```

可以看到，此操作有报错信息，因为在vms11上运行了一些由DaemonSet（后面会讲）控制的

Pod，此时运行在vms11上的Pod依然在vms11上运行，但是vms11已经被标记为不可调度。

```
[root@vms10 chap5]# kubectl get nodes
NAME               STATUS                    ROLES    AGE   VERSION
vms10.rhce.cc      Ready                     master   30h   v1.28.1
vms11.rhce.cc      Ready,SchedulingDisabled  <none>   30h   v1.28.1
vms12.rhce.cc      Ready                     <none>   30h   v1.28.1
[root@vms10 chap5]#
```

提示：可以使用--ignore-daemonsets选项忽略由DaemonSet控制的Pod。

第2步 ▶ 取消vms11的drain操作。

```
[root@vms10 chap5]# kubectl uncordon vms11.rhce.cc
node/vms11.rhce.cc uncordoned
[root@vms10 chap5]#
```

注意

取消drain仍然用的是uncordon，没有undrain操作。

第3步 ▶ 查看节点状态。

```
[root@vms10 chap5]# kubectl get nodes
NAME               STATUS   ROLES    AGE   VERSION
vms10.rhce.cc      Ready    master   30h   v1.28.1
vms11.rhce.cc      Ready    <none>   30h   v1.28.1
vms12.rhce.cc      Ready    <none>   30h   v1.28.1
[root@vms10 chap5]#
```

第4步 ▶ 再次对vms11进行drain操作。

```
[root@vms10 chap5]# kubectl drain vms11.rhce.cc --ignore-daemonsets --delete-
emptydir-data --force
node/vms11.rhce.cc cordoned
    ... 输出 ...
evicting pod chap5/pod3
evicting pod chap5/pod1
evicting pod chap5/pod4
pod/pod3 evicted
pod/pod4 evicted
pod/pod1 evicted
pod/calico-kube-controllers-67ffc74bd6-9fk22 evicted
node/vms11.rhce.cc drained
[root@vms10 chap5]#
```

此时vms11被标记为不可调度，且原来运行在vms11上的Pod全部被删除了。

第5步 ▶ 查看Pod的运行状态。

```
[root@vms10 chap5]# kubectl get pods -o wide
NAME    READY    STATUS     RESTARTS    AGE    IP             NODE
pod2    1/1      Running    0           23m    10.244.14.13   vms12.rhce.cc
[root@vms10 chap5]#
```

可以看到，只有一个pod2在vms12上运行。如果是通过控制器比如Deployment创建的Pod，则那些删除的Pod会在其他有效节点上运行。

第6步 ▶ 查看节点状态。

```
[root@vms10 chap5]# kubectl get nodes
NAME              STATUS                 ROLES     AGE    VERSION
vms10.rhce.cc     Ready                  master    33h    v1.28.1
vms11.rhce.cc     Ready,SchedulingDisabled    <none>    33h    v1.28.1
vms12.rhce.cc     Ready                  <none>    33h    v1.28.1
[root@vms10 chap5]#
```

可以看到，vms11的状态已经是SchedulingDisabled了。

第7步 ▶ 取消drain操作。

```
[root@vms10 chap5]# kubectl uncordon vms11.rhce.cc
node/vms11.rhce.cc uncordoned
[root@vms10 chap5]#
```

5.8 节点Taint及Pod的Toleration

【必知必会】给节点设置及删除Taint，设置operator的值为Equal，以及设置operator的值为Exists。

前面创建的Pod只是调度到了两个节点上，虽然Master的状态也是Ready，但是并没有Pod调度上去，这是因为出现Taint（污点）问题了。

如果我们给某节点设置了Taint，则只有那些设置了Toleration（容忍）的Pod才能运行在此节点上。

想象一下，某个公司有污点（假设克扣工资），一般面试的人是不会选择这家公司的。但是，如果某人说他能容忍这个污点，那么他就可以过来上班了。同理，如果一个Pod能容忍节点上的污点，则此Pod就可以在这个节点上运行。

首先查看vms12是否设置了Taint。

```
[root@vms10 chap5]# kubectl describe nodes vms12 | grep -A1 Taints
Taints:              <none>
Unschedulable:       false
[root@vms10 chap5]#
```

可以看到，此时 vms11 上并没有任何 Taint 的设置。

5.8.1 给节点设置及删除 Taint

本小节来演示一下如何给节点添加及删除污点，在 Pod 里增加容忍 Toleration。

为节点设置 Taint 的语法如下。

```
kubectl taint nodes 节点名 key=value:effect
```

effect 有以下 3 个可用的值。

（1）NoSchedule：禁止调度到该节点，已经在该节点上的 Pod 不受影响。

（2）NoExecute：禁止调度到该节点，已经在该节点上的 Pod 如果不能容忍这个污点，则会被删除。

（3）PreferNoSchedule：尽量避免将 Pod 调度到指定的节点上，如果没有更合适的节点，可以部署到该节点上。

如果要对所有节点进行设置，语法如下。

```
kubectl taint nodes --all key=value:NoSchedule
```

注意

这里 value 是可以不写的，如果不写，语法如下。

```
kubectl taint nodes 节点名 key=:NoSchedule
```

删除 Taint 的语法如下。

```
kubectl taint nodes 节点名 key-
```

第1步 ▶ 为 vms12 设置 Taint，key 为 keyxx，value 为 valuexx，effect 设置为 NoSchedule。

```
[root@vms10 chap5]# kubectl taint nodes vms12.rhce.cc keyxx=valuexx:NoSchedule
node/vms11.rhce.cc tainted
[root@vms10 chap5]# kubectl describe nodes vms12 | grep -A1 Taints
Taints:              keyxx=valuexx:NoSchedule
Unschedulable:       false
[root@vms10 chap5]#
```

第2步 ▶ 查看现有 Pod。

```
[root@vms10 chap5]# kubectl get pods -o wide --no-headers
pod2     1/1          Running     0           39m    10.244.14.13    vms12.rhce.cc
[root@vms10 chap5]#
```

可以看到，pod2 依然在 vms12 上运行，说明如果对某节点设置 Taint，是不影响当前正在运行的 Pod 的（这个 pod2 是在上一节里创建出来的）。

第3步 去除 vms12 上的污点。

```
[root@vms10 chap5]# kubectl taint nodes vms12.rhce.cc keyxx-
node/vms12.rhce.cc untainted
[root@vms10 chap5]#
```

第4步 重新给 vms12 设置污点，effect 的值设置为 NoExecute。

```
[root@vms10 chap5]# kubectl taint nodes vms12.rhce.cc keyxx=valuexx:NoExecute
node/vms12.rhce.cc tainted
[root@vms10 chap5]#
[root@vms10 chap5]# kubectl describe nodes vms12.rhce.cc | grep -A1 Taints
Taints:              keyxx=valuexx:NoExecute
Unschedulable:       false
[root@vms10 chap5]#
```

第5步 查看 Pod 的运行状态。

```
[root@vms10 chap5]# kubectl get pods -o wide
No resources found in chap5 namespace.
[root@vms10 chap5]#
```

可以看到，pod2 也已经被删除了，因为 pod2 上没有配置 Toleration（容忍），所以将节点的污点 effect 的值设置为 NoExecute，那么运行在此节点上的 Pod 会被删除。

第6步 修改 pod4.yaml 文件，内容如下。

```
apiVersion: v1
kind: Pod
metadata:
  creationTimestamp: null
  labels:
    run: pod4
  name: pod4
spec:
  nodeSelector:
    yy: yy
  terminationGracePeriodSeconds: 0
  containers:
```

```
    - image: nginx
      imagePullPolicy: IfNotPresent
      name: c1
      resources: {}
  dnsPolicy: ClusterFirst
  restartPolicy: Always
status: {}
```

这里通过 nodeSelector 让 pod4 在含有 yy=yy 的节点上运行，vms12 含有标签 yy=yy，所以 pod4 应该会被调度到 vms12 上运行。

第7步 ● 创建 pod4，并查看 Pod 的运行状态。

```
[root@vms10 chap5]# kubectl apply -f pod4.yaml
pod/pod4 created
[root@vms10 chap5]# kubectl get pods -o wide
NAME    READY    STATUS      RESTARTS    AGE    IP        NODE
pod4    0/1      Pending     0           2s     <none>    <none>
[root@vms10 chap5]#
```

可以看到，这里 pod4 的状态为 Pending，因为 vms12 上有污点，不允许上面运行 Pod。

第8步 ● 删除 pod4。

```
[root@vms10 chap5]# kubectl delete pod pod4
pod "pod4" deleted
[root@vms10 chap5]#
```

如果需要 Pod 在含有 Taint 的节点上运行，则定义 Pod 时需要指定 Toleration（容忍）属性。即 Pod 说我能容忍节点上的这个污点，这样 Pod 就可以在有污点的节点上运行了。

在 Pod 里定义 Toleration 的格式 1。

```
tolerations:
- key: "key"
  operator: "Equal"
  value: "value"
  effect: "值"
```

operator 的值为 Equal：要求此处的 key 和 value 必须和节点的污点的 key 和 value 相同，Pod 才能被创建。

在 Pod 里定义 Toleration 的格式 2。

```
tolerations:
- key: "key"
  operator: "Exists"
```

```
effect: "值"
```

operator的值为Exists：这里不需要指定value字段，只要节点的污点里含有这个key，Pod就能在此节点上创建，至于节点的污点上键的值是什么无所谓。

5.8.2 为Pod配置Toleration

在Pod里定义Toleration时，如果operator的值为Equal，则value和effect的值要与节点Taint的值匹配才可以。

第1步 修改pod4.yaml文件，内容如下。

```
apiVersion: v1
kind: Pod
metadata:
  creationTimestamp: null
  labels:
    run: pod4
  name: pod4
spec:
  nodeSelector:
    yy: yy
  terminationGracePeriodSeconds: 0
  tolerations:
  - key: "keyxx"
    operator: "Equal"
    value: "valuexx"
    effect: "NoExecute"
  containers:
  - image: nginx
    imagePullPolicy: IfNotPresent
    name: c1
    resources: {}
  dnsPolicy: ClusterFirst
  restartPolicy: Always
status: {}
```

这里添加了容忍的选项tolerations，容忍键值对为keyxx=valuexx，且effect的值被设置为NoExecute的污点，vms12上设置的就是这样的污点。

第2步 查看vms12上的污点。

```
[root@vms10 chap5]# kubectl describe nodes vms12.rhce.cc | grep -A1 Taints
Taints:                    keyxx=valuexx:NoExecute
```

```
Unschedulable:       false
[root@vms10 chap5]#
```

第3步 ● 再次创建pod4，并查看Pod的运行状态。

```
[root@vms10 chap5]# kubectl apply -f pod4.yaml
pod/pod4 created
[root@vms10 chap5]# kubectl get pods -o wide
NAME    READY    STATUS    RESTARTS    AGE    IP            NODE
pod4    1/1      Running   0           6s     10.244.14.14  vms12.rhce.cc
[root@vms10 chap5]#
```

可以看到，此时Pod在vms12上正常运行了。

注意

这里并不是因为vms12设置了Taint，Pod设置了Toleration，pod4才会在此节点上运行，而是因为pod4里用了nodeSelector控制pod4在vms12上运行。

第4步 ● 删除此Pod。

```
[root@vms10 chap5]# kubectl delete -f pod4.yaml
pod "pod4" deleted
[root@vms10 chap5]#
```

第5步 ● 再给vms12重新设置一个Taint。

```
[root@vms10 chap5]# kubectl taint nodes vms12.rhce.cc key11=value11:NoExecute
node/vms12.rhce.cc tainted
[root@vms10 chap5]# kubectl describe nodes vms12.rhce.cc | grep -A1 Taints
Taints:           key11=value11:NoExecute
                  keyxx=valuexx:NoExecute
[root@vms10 chap5]#
```

可以看到，vms12上有了两个污点。

第6步 ● 在pod4.yaml文件不修改的情况下再次运行。

```
[root@vms10 chap5]# kubectl apply -f pod4.yaml
pod/pod4 created
[root@vms10 chap5]#
[root@vms10 chap5]# kubectl get pods -o wide
NAME    READY    STATUS    RESTARTS    AGE    IP       NODE
pod4    0/1      Pending   0           3s     <none>   <none>
[root@vms10 chap5]#
```

可以看到，Pod 的状态为 Pending，说明 pod4 的 Toleration 没有和节点上的所有污点匹配，那么就不允许创建 Pod。

第7步 删除此 Pod。

```
[root@vms10 chap5]# kubectl delete -f pod4.yaml
pod "pod4" deleted
[root@vms10 chap5]#
```

第8步 修改 pod4.yaml 文件，内容如下。

```
apiVersion: v1
kind: Pod
metadata:
  creationTimestamp: null
  labels:
    run: pod4
  name: pod4
spec:
  nodeSelector:
    yy: yy
  terminationGracePeriodSeconds: 0
  tolerations:
  - key: "keyxx"
    operator: "Equal"
    value: "valuexx"
    effect: "NoExecute"
  - key: "key11"
    operator: "Equal"
    value: "value11"
    effect: "NoExecute"
  containers:
  - image: nginx
    imagePullPolicy: IfNotPresent
    name: c1
    resources: {}
  dnsPolicy: ClusterFirst
  restartPolicy: Always
status: {}
```

这里设置了容忍 vms12 上的所有污点。

第9步 运行并查看 Pod。

```
[root@vms10 chap5]# kubectl apply -f pod4.yaml
```

```
pod/pod4 created
[root@vms10 chap5]# kubectl get pods -o wide
NAME    READY    STATUS    RESTARTS    AGE    IP             NODE
pod4    1/1      Running   0           2s     10.244.14.16   vms12.rhce.cc
[root@vms10 chap5]#
```

说明：如果节点有多个污点，则需要在 Pod 里设置容忍所有的污点，Pod 才能在此节点上运行。

第10步 删除 pod4。

```
[root@vms10 chap5]# kubectl delete pod pod4
pod "pod4" deleted
[root@vms10 chap5]#
```

如果 Pod 的 tolerations 里的 operator 的值为 Exists，则不需要写 value。

第11步 修改 pod4.yaml 文件，内容如下。

```
apiVersion: v1
kind: Pod
metadata:
  creationTimestamp: null
  labels:
    run: pod4
  name: pod4
spec:
  nodeSelector:
    yy: yy
  terminationGracePeriodSeconds: 0
  tolerations:
  - key: "keyxx"
    operator: "Exists"
    effect: "NoExecute"
  - key: "key11"
    operator: "Exists"
    effect: "NoExecute"
  containers:
  - image: nginx
    imagePullPolicy: IfNotPresent
    name: c1
    resources: {}
  dnsPolicy: ClusterFirst
  restartPolicy: Always
status: {}
```

这里 operator 的值都是 Exists，意思是节点的污点里只要有 keyxx 及 key11，我就能容忍，不管它们的值是什么。

第12步 创建 pod4，并查看 Pod 的运行状态。

```
[root@vms10 chap5]# kubectl apply -f pod4.yaml
pod/pod4 created
[root@vms10 chap5]# kubectl get pods -o wide
NAME    READY    STATUS     RESTARTS    AGE    IP            NODE
pod4    1/1      Running    0           3s     10.244.14.17  vms12.rhce.cc
[root@vms10 chap5]#
```

可以看到，pod4 是能够正常运行的。

第13步 删除 pod4，并把 vms12 上的两个污点都去除。

```
[root@vms10 chap5]# kubectl delete pod pod4
pod "pod4" deleted
[root@vms10 chap5]# kubectl taint node vms12.rhce.cc keyxx-
node/vms12.rhce.cc untainted
[root@vms10 chap5]# kubectl taint node vms12.rhce.cc key11-
node/vms12.rhce.cc untainted
[root@vms10 chap5]#
```

模拟考题

（1）请列出命名空间 kube-system 中的 Pod。

（2）请列出命名空间 kube-system 中标签为 k8s-app=kube-dns 的 Pod。

（3）请列出所有命名空间中的 Pod。

（4）给 CPU 资源消耗最低的 Worker 设置标签 disktype=ssd。

（5）创建名称为 pod1 的 Pod，要求如下。

①镜像为 Nginx。

②镜像下载策略为 IfNotPresent。

③标签为 app-name=pod1。

（6）创建含有两个容器的 Pod，要求如下。

①Pod 名为 pod2。

②第一个容器的名称为 c1，镜像为 Nginx。

③第二个容器的名称为 c2，镜像为 BusyBox，里面运行的命令为 echo "hello pod" && sleep 10000。

④此 Pod 必须运行在含有标签 disktype=ssd 的节点上。

（7）Master 的静态 Pod 的 YAML 文件是放在 /etc/kubernetes/manifests/ 里的，请找出这个目录是在哪里定义的。

（8）获取 pod2 里容器 c2 的日志信息。

（9）把 Master 上的 /etc/hosts 拷贝到 pod2 的 c1 容器的 /opt 目录里。

（10）找出所有被设置为污点的主机。

（11）删除 pod1、pod2。

第 6 章
存储管理

考试大纲

了解如何配置卷，从而实现共享存储。

本章要点

考点1：使用 emptyDir 做临时存储。

考点2：使用 hostPath 做本地存储。

考点3：使用 NFS 配置共享存储。

考点4：配置持久性存储。

考点5：配置动态卷供应。

前面讲过 Pod，在 Pod 里写数据仅仅是写入容器里，很多时候我们会有把数据存储在硬盘上的需求，如图6-1所示。

（1）假设一个 Pod 里有多个容器，这些容器之间需要共享数据。

（2）当我们往 Pod 里写数据时，这些数据都是临时存储的，一旦删除了 Pod，那么 Pod 里的这些数据都会被跟着一起删除。如果想永久性地存储 Pod 里的数据，可以通过配置卷来实现。

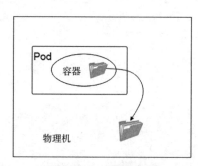

图6-1　Pod数据存储

挂载卷时，在 pod.spec.volumes 下定义卷，然后在 pod.spec.containers.volumeMounts 下挂载卷。

在 pod.spec.volumes 下定义卷的语法如下。

```
volumes:
- name: 卷名
  卷类型:
    选项1: 值1
    选项2: 值2
```

如果卷类型下面没有选项，则写成如下形式。

```
volumes:
- name: 卷名
  卷类型: {}
```

在 pod.spec.containers.volumeMounts 下挂载卷的语法如下。

```
volumeMounts:
- name: 卷名
  mountPath: 容器里的挂载点
  readOnly: true/false  # 这个可选，不写的话，此选项默认为 false
```

这样创建出来的 Pod 就会把卷名里定义的存储挂载到容器里的挂载点。

本章主要讲解 emptyDir、hostPath、NFS 存储、持久性存储及动态卷供应。

6.1 emptyDir

【必知必会】创建 emptyDir 类型的卷，挂载卷。

emptyDir 的存储方式类似于创建 Docker 容器时的 docker run –v /data 命令，意思是在物理机里随机地产生一个目录（这个目录其实挂载的是物理机内存），然后把这个目录挂载到容器的 /data 目录里。如果 /data 目录不存在，会自动在容器里创建，不过当删除 Pod 时，emptyDir 对应的目录会被一起删除，因为这种存储是临时性的，是以内存作为介质的，并非永久性的。

为了和其他章节创建的 Pod 做区别，本章所有的实验均在一个新的命名空间里操作。

第1步 ▶ 创建命名空间 chap6 并切换到此命名空间。

```
[root@vms10 ~]# kubectl create ns chap6
namespace/volume created
[root@vms10 ~]#
[root@vms10 ~]# kubens chap6
Context "kubernetes-admin@kubernetes" modified.
Active namespace is "chap6".
[root@vms10 ~]#
```

本章所涉及的文件全部放在一个目录 chap6 里。

第2步 ▶ 创建目录 chap6 并 cd 进去。

```
[root@vms10 ~]# mkdir chap6 ; cd chap6/
[root@vms10 chap6]#
```

下面要创建一个Pod，里面含有两个容器c1和c2，它们挂载同一个卷，都挂载到容器的/data目录里。这样在c1容器里往/data写数据，其实是写入后端emptyDir存储里的，那么在c2的/data目录里也应该能看到此数据，如图6-2所示。

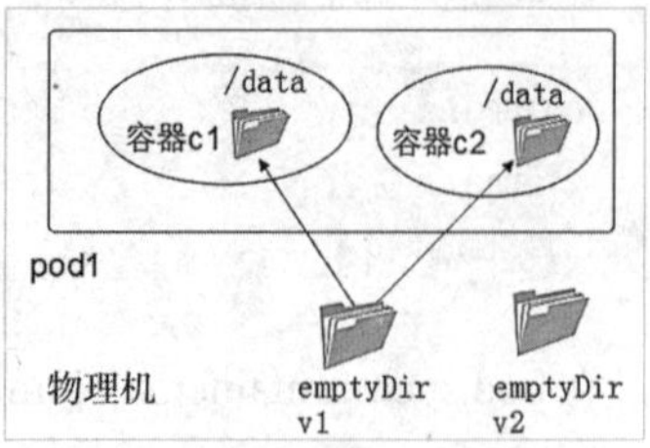

图6-2 emptyDir存储

第3步 ▶ 创建pod1的YAML文件。

```
[root@vms10 chap6]# kubectl run pod1 --image nginx --image-pull-policy IfNotPresent
--dry-run=client -o yaml > pod1.yaml
[root@vms10 chap6]#
```

第4步 ▶ 创建一个Pod的YAML文件pod1.yaml，按如下内容进行修改。

```
apiVersion: v1
kind: Pod
metadata:
  creationTimestamp: null
  labels:
    run: pod1
  name: pod1
spec:
  terminationGracePeriodSeconds: 0
  volumes:
  - name: v1
    emptyDir: {}
  - name: v2
    emptyDir: {}
  containers:
  - image: nginx
    imagePullPolicy: IfNotPresent
    name: c1
    resources: {}
    volumeMounts:
    - mountPath: /data
      name: v1
  - name: c2
    image: nginx
    imagePullPolicy: IfNotPresent
    command: ['sh','-c','sleep 1d']
    volumeMounts:
    - mountPath: /data
```

```
      name: v1
  dnsPolicy: ClusterFirst
  restartPolicy: Always
status: {}
```

在这个YAML文件里，volumes字段下创建了两个名称为v1和v2的卷，类型都是emptyDir。Pod里创建了两个容器c1和c2，在每个容器里通过volumeMounts选项来挂载卷，其中name指定挂载哪个卷，mountPath指定卷在本容器里的挂载点，两个容器都是把卷v1挂载到容器的/data目录里。

▌注意

如果容器里的/data目录不存在，则会自动创建。

第5步 ● 创建Pod，并查看Pod的运行状态。

```
[root@vms10 chap6]# kubectl apply -f pod1.yaml
pod/pod1 created
[root@vms10 chap6]# kubectl get pods -o wide
NAME    READY    STATUS     RESTARTS    AGE    IP             NODE
pod1    2/2      Running    0           3s     10.244.14.19   vms12.rhce.cc
[root@vms10 chap6]#
```

可以看到，现在pod1在vms12上正常运行。

第6步 ● 查看此Pod的描述信息。

```
[root@vms10 chap6]# kubectl describe pod pod1 | grep -A9 Volumes
Volumes:
  v1:
    Type:       EmptyDir (a temporary directory that shares a pod's lifetime)
    Medium:
    SizeLimit:  <unset>
  v2:
    Type:       EmptyDir (a temporary directory that shares a pod's lifetime)
    Medium:
    SizeLimit:  <unset>
  kube-api-access-8bt6k:
[root@vms10 chap6]#
```

可以看到，此Pod里定了v1和v2两个卷，类型都是emptyDir。

第7步 ● 因为Pod在vms12上运行，所以切换到vms12上，找到对应的容器。

```
[root@vms12 ~]# crictl ps | grep pod1
79eed65fac9cc       605c77e624ddb        7 minutes ago       Running    c2   ...
```

```
9d9749acb9d9c          605c77e624ddb          7 minutes ago          Running    c1    ...
[root@vms12 ~]#
```

可以看到，在Master上创建的pod1这个Pod所对应的两个容器的ID：c2的ID是79eed65fac9cc，c1的ID是9d9749acb9d9c。

第8步 查看它们对应的属性。

```
[root@vms12 ~]# crictl inspect 79eed65fac9cc | grep -A3 mounts
    "mounts": [
      {
        "containerPath": "/data",
        "hostPath": "/var/lib/kubelet/pods/11511fd2-e26c-4996-999a-
7edfd10cb5fd/volumes/kubernetes.io~empty-dir/v1",
--
    ... 输出 ...
[root@vms12 ~]#
[root@vms12 ~]# crictl inspect 9d9749acb9d9c | grep -A3 mounts
    "mounts": [
      {
        "containerPath": "/data",
        "hostPath": "/var/lib/kubelet/pods/11511fd2-e26c-4996-999a-
7edfd10cb5fd/volumes/kubernetes.io~empty-dir/v1",
--
    ... 输出 ...
[root@vms12 ~]#
```

可以看到，两个容器里都有/data，且都对应到同一个物理目录/var/lib/kubelet/pods/11511fd2-e26c-4996-999a-7edfd10cb5fd/volumes/kubernetes.io~empty-dir/v1里。

第9步 在Master上拷贝一个文件到这个Pod里容器c1的/data目录。

```
[root@vms10 chap6]# kubectl cp /etc/issue pod1:/data -c c1
[root@vms10 chap6]#
```

第10步 查看pod1这个Pod里容器c2的/data目录的内容。

```
[root@vms10 chap6]# kubectl exec pod1 -c c2 -- ls /data
issue
[root@vms10 chap6]#
```

可以看到，这里也有数据，因为c1和c2都挂载了同一个卷，实现了数据的共享。

第11步 切换到vms12上。

```
[root@vms12 ~]# ls /var/lib/kubelet/pods/11511fd2-e26c-4996-999a-7edfd10cb5fd/
```

```
volumes/kubernetes.io~empty-dir/v1
issue
[root@vms12 ~]#
```

可以看到，有issue文件。

第12步● 删除此Pod。

```
[root@vms10 chap6]# kubectl delete pod pod1
pod "pod1" deleted
[root@vms10 chap6]#
```

然后切换到vms12上，会发现原来对应到物理机的目录也被删除了。

```
[root@vms12 ~]# ls /var/lib/kubelet/pods/11511fd2-e26c-4996-999a-7edfd10cb5fd/
volumes/kubernetes.io~empty-dir/v1
ls: 无法访问 /var/lib/kubelet/pods/11511fd2-e26c-4996-999a-7edfd10cb5fd/volumes/
kubernetes.io~empty-dir/v1: 没有那个文件或目录
[root@vms12 ~]#
```

6.2 hostPath

【必知必会】定义hostPath类型的存储。

　　hostPath的存储方式类似于创建Docker容器时的docker run -v /xx:/data命令，意思是将物理机的/xx目录映射到容器的/data目录里，这样即使Pod被删除了，数据依然能保留下来。如果/data目录不存在，会自动在容器里创建。

第1步● 创建一个Pod的YAML文件pod2.yaml，内容如下。

```
apiVersion: v1
kind: Pod
metadata:
  creationTimestamp: null
  labels:
    run: pod2
  name: pod2
spec:
  terminationGracePeriodSeconds: 0
  volumes:
  - name: v1
    hostPath:
      path: /xx
```

```
    containers:
    - image: nginx
      imagePullPolicy: IfNotPresent
      name: c1
      resources: {}
      volumeMounts:
      - mountPath: /data
        name: v1
    dnsPolicy: ClusterFirst
    restartPolicy: Always
status: {}
```

在这个YAML文件里，volumes字段下创建了一个名称为v1的卷，类型是hostPath，对应物理机的/xx目录（由path指定）。Pod里创建了一个容器，在容器里用volumeMounts把卷v1挂载到本容器的/data目录里（由mountPath指定），所以容器里的/data目录是挂载物理机的/xx目录的。

▌注意

不管是容器里的/data目录，还是物理机的/xx目录，如果不存在，则会自动创建。

第2步 ▶ 创建并查看Pod。

```
[root@vms10 chap6]# kubectl apply -f pod2.yaml
pod/pod2 created
[root@vms10 chap6]# kubectl get pods
NAME    READY    STATUS     RESTARTS    AGE
pod2    1/1      Running    0           21s
[root@vms10 chap6]#
```

第3步 ▶ 查看Pod的属性，确认现在使用的是hostPath。

```
[root@vms10 chap6]# kubectl describe pod pod2 | grep -A3 Volumes
Volumes:
  v1:
    Type:          HostPath (bare host directory volume)
    Path:          /xx
[root@vms10 chap6]#
```

可以看到，卷v1对应的目录是物理机的/xx目录。

第4步 ▶ 查看Pod所在机器。

```
[root@vms10 chap6]# kubectl get pods -o wide
NAME    READY    STATUS     RESTARTS    AGE         IP              NODE
```

```
pod2      1/1      Running      0        93s      10.244.14.20   vms12.rhce.cc
[root@vms10 chap6]#
```

可以看到，Pod是运行在vms12上的。

第5步 ▶ 在Master上拷贝一个文件到此Pod里容器c1的/data目录。

```
[root@vms10 chap6]# kubectl cp /etc/issue pod2:/data -c c1
```

第6步 ▶ 切换到vms12上，检查文件是否放在vms12的/data目录里。

```
[root@vms12 ~]# ls /data/
issue
[root@vms12 ~]#
```

第7步 ▶ 删除此Pod。

```
[root@vms10 chap6]# kubectl delete pod pod2
pod "pod2" deleted
[root@vms10 chap6]#
```

6.3 NFS存储

【必知必会】创建NFS类型的卷。

不管是emptyDir还是hostPath存储，虽然数据可以存储在服务器上，比如图6-3中pod1写了一些数据aaabbb放在卷里，但也只是存储在worker1节点上，并没有同步到worker2上。

如果此时pod1出现了问题，通过Deployment（后面会讲）会自动产生一个新的Pod，如果此Pod仍然在worker1上运行，则不会有问题。但是，如果新Pod是在worker2上运行的，那么就读取不到这些数据了，因为数据都放在worker1上，如图6-4所示。

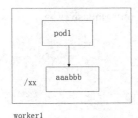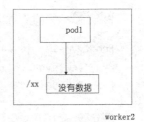

图6-3 没有使用共享存储的情况（1）　　　图6-4 没有使用共享存储的情况（2）

如果使用共享存储，就可以避免这样的问题，如图6-5所示。

这里pod1挂载了存储服务器的某个共享目录，当在pod1里写数据时，数据其实写入了存储服务器。如果有一天pod1挂掉了，且新生成的Pod是在worker2上运行的，如图6-6所示。

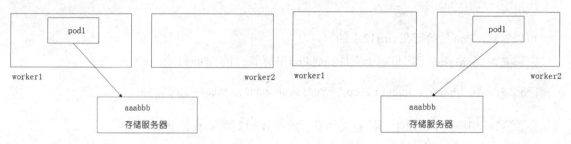

图6-5　使用了共享存储的情况（1）　　　　图6-6　使用了共享存储的情况（2）

新的pod1也会挂载存储服务器上的共享目录，仍然能够看到原来写的数据。NFS（Network File System，网络文件系统）用于类UNIX系统之间的共享，配置起来相对简单，下面演示使用NFS作为共享存储来实现Pod数据的共享。

第1步 ▶ 搭建一个NFS服务器。

为了解决练习环境所使用的虚拟机，本环境里的NFS服务器让vms12兼职，共享目录为/aa，请注意共享权限。

在vms12上安装nfs-utils。

```
[root@vms12 ~]# yum install nfs-utils -y
```

第2步 ▶ 启动nfs-server并设置开机自动启动。

```
[root@vms12 ~]# systemctl enable nfs-server --now
Created symlink from /etc/systemd/system/multi-user.target.wants/nfs-server.service
to /usr/lib/systemd/system/nfs-server.service.
[root@vms12 ~]#
```

第3步 ▶ 创建共享目录/aa。

```
[root@vms12 ~]# mkdir /aa
```

第4步 ▶ 编辑配置文件/etc/exports，内容如下，特别要注意里面的no_root_squash权限。

```
[root@vms12 ~]# cat /etc/exports
/aa *(rw,sync,no_root_squash)
[root@vms30 ~]#
```

第5步 ▶ 让共享生效。

```
[root@vms12 ~]# exportfs -arv
exporting *:/aa
[root@vms12 ~]#
```

第6步 ▶ 在所有节点上执行yum install nfs-utils -y命令安装nfs-utils，并测试是否能正常挂载共享目录。

```
[root@vms1X ~]# showmount -e 192.168.26.12
Export list for 192.168.26.12:
/aa *
[root@vms1X ~]# mount 192.168.26.12:/aa /mnt ; umount /mnt
[root@vms1X ~]#
```

第7步 ▶ 创建一个Pod的YAML文件pod3.yaml，内容如下。

```
apiVersion: v1
kind: Pod
metadata:
  creationTimestamp: null
  labels:
    run: pod3
  name: pod3
spec:
  terminationGracePeriodSeconds: 0
  volumes:
  - name: v1
    nfs:
      server: 192.168.26.12
      path: /aa
  containers:
  - image: nginx
    imagePullPolicy: IfNotPresent
    name: c1
    resources: {}
    volumeMounts:
    - mountPath: /data
      name: v1
  dnsPolicy: ClusterFirst
  restartPolicy: Always
status: {}
```

这里定义了一个名称为v1、类型为NFS的卷，NFS服务器的地址为192.168.26.12（由server指定），NFS服务器上的共享目录为/aa。

在容器c1里，把卷v1挂载到容器的/data目录里，本质上就是容器里的/data会挂载192.168.26.12:/aa，如果/data目录不存在，则会自动创建。

第8步 ▶ 创建并查看Pod。

```
[root@vms10 chap6]# kubectl apply -f pod3.yaml
pod/pod3 created
[root@vms10 chap6]#
[root@vms10 chap6]# kubectl get pods
NAME    READY   STATUS    RESTARTS    AGE
pod3    1/1     Running   0           4s
[root@vms10 chap6]#
```

第9步● 往此 Pod 的 /data 目录里拷贝一个文件。

```
[root@vms10 chap6]# kubectl cp /etc/issue pod3:/data
[root@vms10 chap6]#
```

第10步● 切换到 vms12 上，查看 /aa 目录里的数据。

```
[root@vms12 ~]# ls /aa/
issue
[root@vms12 ~]#
```

可以看到，往 pod3 的 /data 目录里写的数据最终写入了 NFS 的共享目录里。

第11步● 删除此 Pod。

```
[root@vms10 chap6]# kubectl delete pod pod3
pod "pod3" deleted
[root@vms10 chap6]#
```

6.4 持久性存储

【必知必会】 创建和删除持久性卷 PV，创建和删除持久性卷声明 PVC。

NFS 作为后端存储，用户需要自行配置 NFS 服务器。每个人都会接触到后端存储，这样就带来了安全隐患，因为要配置存储，必须用 root 用户，如果有人恶意删除或拷贝其他人的存储数据，就会很麻烦。

PV（PersistentVolume，持久性卷）与指定后端存储关联，它们都由专人来创建，PV 不属于任何命名空间，全局可见。用户登录到自己的命名空间之后，只要创建 PVC（PersistentVolumeClaim，持久性卷声明）即可，PVC 会自动和 PV 进行绑定。PVC 是基于命名空间创建的，所以不同的命名空间里是可以创建重名的 PVC 的，如图 6-7 所示。

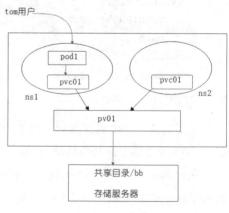

图 6-7　持久性存储

这里创建了一个名称为pv01的PV和NFS服务器上的共享目录/bb相关联。某用户tom登录到自己的项目ns1里，创建了一个名称为pvc01的PVC和pv01进行绑定。tom在ns1里创建了一个pod1，使用pvc01作为存储，往pod1里写的数据最终是写进存储服务器的/bb目录里了。

因为PV和PVC是一对一的关系，ns1里的pvc01和pv01关联起来之后，ns2里的pvc01是不能和pv01进行绑定的（状态为Pending）。

6.4.1 PV

本小节讲解如何创建和删除PV，以及如何使用NFS作为后端存储的PV。

第1步 ▶ 请在192.168.26.12上创建共享目录/bb。

```
[root@vms12 ~]# mkdir /bb
[root@vms12 ~]#
```

把这个目录共享出去，编写/etc/exports的内容。

```
[root@vms12 ~]# cat /etc/exports
/aa *(rw,no_root_squash)
/bb *(rw,no_root_squash)
[root@vms12 ~]#
```

请特别注意权限，有no_root_squash选项。
让配置生效。

```
[root@vms12 ~]# exportfs -arv
exporting *:/bb
exporting *:/aa
[root@vms12 ~]#
```

第2步 ▶ 切换到Master上，查看现有PV。

```
[root@vms10 chap6]# kubectl get pv
No resources found
[root@vms10 chap6]#
```

第3步 ▶ 创建PV所需要的YAML文件pv01.yaml，内容如下。

```
apiVersion: v1
kind: PersistentVolume
metadata:
  name: pv01
spec:
  capacity:
```

```
    storage: 5Gi
  volumeMode: Filesystem
  accessModes:
    - ReadWriteOnce    # 访问模式
  persistentVolumeReclaimPolicy: Recycle
  nfs:
    path: /bb
    server: 192.168.26.12
```

要特别注意 storage 的大小和 accessModes 的值，这是 PVC 和 PV 绑定的关键。accessModes 有以下几个值。

（1）ReadWriteOnce（RWO）：同时仅允许一个节点以读写方式挂载。

（2）ReadOnlyMany（ROX）：同时允许多个节点以只读形式挂载。

（3）ReadWriteMany（RWX）：同时允许多个节点以读写方式挂载。

如果 PVC 和 PV 的 accessMode 不一样，二者是绑定不了的。

第4步 ▶ 创建并查看 PV。

```
[root@vms10 chap6]# kubectl apply -f pv01.yaml
persistentvolume/pv01 created
[root@vms10 chap6]# kubectl get pv
NAME   CAPACITY   ACCESS MODES   RECLAIM POLICY   STATUS      CLAIM   STORAGECLASS   REASON   AGE
pv01   5Gi        RWO            Recycle          Available                                   2s
[root@vms10 chap6]#
```

第5步 ▶ 查看此 PV 的属性。

```
[root@vms10 chap6]# kubectl describe pv pv01
Name:            pv01
    ... 输出 ...
Source:
    Type:       NFS (an NFS mount that lasts the lifetime of a pod)
    Server:     192.168.26.12
    Path:       /bb
    ReadOnly:   false
Events:          <none>
[root@vms10 chap6]#
```

可以看到，pv01 所使用的后端存储类型是 NFS，NFS 的服务器是 192.168.26.12，共享目录是 /bb。

要删除 PV，可以用下面的方法。

（1）kubectl delete –f pv1.yaml。

（2）kubectl delete pv PV名。

第6步 ▶ 删除此PV。

```
[root@vms10 chap6]# kubectl delete -f pv01.yaml
persistentvolume "pv01" deleted
[root@vms10 chap6]#
```

第7步 ▶ 再次创建此PV。

```
[root@vms10 chap6]# kubectl apply -f pv01.yaml
persistentvolume/pv01 created
[root@vms10 chap6]#
```

6.4.2 PVC

PVC是基于命名空间创建的，不同命名空间里的PVC互相隔离。

PVC通过storage的大小和accessModes的值与PV进行绑定，即如果PVC里storage的大小、accessModes的值和PV里storage的大小、accessModes的值都一样，那么PVC会自动和PV进行绑定。

第1步 ▶ 查看现有PVC。

```
[root@vms10 chap6]# kubectl get pvc
No resources found in chap6 namespace.
[root@vms10 chap6]#
```

第2步 ▶ 创建PVC所需要的YAML文件pvc01.yaml，内容如下。

```
kind: PersistentVolumeClaim
apiVersion: v1
metadata:
  name: pvc01
spec:
  accessModes:
    - ReadWriteOnce
  volumeMode: Filesystem
  resources:
    requests:
      storage: 5Gi
```

这里创建一个名称为pvc01的PVC，可以看到accessMode的值、storage的大小完全和pv01的设置一样，所以pvc01可以绑定pv01。

第3步 ▶ 创建PVC并查看PVC和PV的绑定。

```
[root@vms10 chap6]# kubectl apply -f pvc01.yaml
persistentvolumeclaim/pvc01 created
[root@vms10 chap6]#
[root@vms10 chap6]# kubectl get pvc
NAME     STATUS   VOLUME   CAPACITY   ACCESS MODES   STORAGECLASS   AGE
pvc01    Bound    pv01     5Gi        RWO                           2s
[root@vms10 chap6]#
```

此时 pvc01 和 pv01 进行了绑定。

第4步 ▶ 删除此 pvc01。

```
[root@vms10 chap6]# kubectl delete -f pvc01.yaml
persistentvolumeclaim "pvc01" deleted
[root@vms10 chap6]#
[root@vms10 chap6]# kubectl get pvc
No resources found in chap6 namespace.
[root@vms10 chap6]#
```

第5步 ▶ 查看 PV 的状态。

```
[root@vms10 chap6]# kubectl get pv
NAME   CAPACITY   ACCESS MODES   RECLAIM POLICY   STATUS     CLAIM        STORAGECLASS   REASON
AGE
pv01   5Gi        RWO            Recycle          Released   chap6/pvc01
103s
[root@vms10 chap6]#
```

因为这里 PV 的回收策略（RECLAIM POLICY 一栏显示）是 Recycle，系统要回收 PV 里的数据，即删除 PV 里的数据。删除 PVC 之后 PV 的状态应该会变为 Available，但是这里虽然删除了 PVC，PV 的状态也没有变成 Available。为什么呢？

第6步 ▶ 通过如下命令来查看 pv01 的信息。

```
[root@vms10 chap6]# kubectl describe pv pv01
... 输出 ...
Failed to pull image "registry.k8s.io/debian-base:v2.0.0": rpc error:
... 输出 ...
[root@vms10 chap6]#
```

因为删除 PVC 之后系统要回收 PV 里的数据，这个操作需要回收容器来完成，回收容器需要回收镜像，但是我们的系统里缺少这个回收镜像，所以回收失败。从上面可以看到，回收镜像为 registry.k8s.io/debian-base:v2.0.0。

第7步 ▶ 先在所有节点上把镜像拉取下来。

```
[root@vmsX ~]# crictl pull forumi0721/debian-base:latest
```

然后重新打标签为registry.k8s.io/debian-base:v2.0.0。

```
[root@vms11 ~]# nerdctl tag forumi0721/debian-base:latest registry.k8s.io/debian-
base:v2.0.0
[root@vms11 ~]#
```

第8步 再次查看PV的状态。

```
[root@vms10 chap6]# kubectl get pv
NAME  CAPACITY  ACCESS MODES  RECLAIM POLICY  STATUS  CLAIM  STORAGECLASS  REASON
AGE
pv01  5Gi       RWO           Recycle         Available
12m
[root@vms10 chap6]#
```

可以看到，pv01的状态已经变为了Available。

第9步 修改pvc01.yaml文件，把storage的大小改为6Gi。

```
[root@vms10 chap6]# cat pvc01.yaml
kind: PersistentVolumeClaim
...
  resources:
    requests:
      storage: 6Gi
[root@vms10 chap6]#
```

这里storage的大小为6Gi，比PV里storage的5Gi要大。

第10步 创建并查看PVC。

```
[root@vms10 chap6]# kubectl apply -f pvc01.yaml
persistentvolumeclaim/pvc01 created
[root@vms10 chap6]# kubectl get pvc
NAME   STATUS    VOLUME  CAPACITY  ACCESS MODES  STORAGECLASS  AGE
pvc01  Pending                                                 3s
[root@vms10 chap6]#
```

可以看到，pvc01并没有绑定到pv01上，状态为Pending。

第11步 删除此pvc01并修改storage的大小为4Gi。

```
[root@vms10 chap6]# kubectl delete pvc pvc01
persistentvolumeclaim "pvc01" deleted
[root@vms10 chap6]#
```

```
[root@vms10 chap6]# cat pvc01.yaml
kind: PersistentVolumeClaim
...
  resources:
    requests:
      storage: 4Gi
[root@vms10 chap6]#
```

第12步 ▶ 再次创建PVC并查看。

```
[root@vms10 chap6]# kubectl apply -f pvc01.yaml
persistentvolumeclaim/pvc01 created
[root@vms10 chap6]# kubectl get pvc
NAME     STATUS   VOLUME   CAPACITY   ACCESS MODES   STORAGECLASS   AGE
pvc01    Bound    pv01     5Gi        RWO                           2s
[root@vms10 chap6]#
```

结论：在PV和PVC的accessModes值相同的情况下，如果PV的storage大小大于等于PVC的storage大小，是可以绑定的；如果PV的storage大小小于PVC的storage大小，是不能绑定的。

第13步 ▶ 删除pv01和pvc01。

```
[root@vms10 chap6]# kubectl delete -f pvc01.yaml
persistentvolumeclaim "pvc01" deleted
[root@vms10 chap6]# kubectl delete -f pv01.yaml
persistentvolume "pv01" deleted
[root@vms10 chap6]#
```

6.4.3 storageClassName

现在存在一个问题，一个PV只能和一个PVC进行绑定，假设已经存在一个名为pv01的PV，并在不同的命名空间里创建了多个PVC（因为它们互相隔离，并不知道相互的设置），这些PVC的storage的大小与accessModes的值都能和pv01进行绑定，但是只有一个PVC能和PV进行绑定，其他PVC都处于Pending状态，如图6-8所示，如何控制哪个PVC能和pv01进行绑定呢？

要想控制哪个PVC能和pv01进行绑定，可以使用storageClassName。

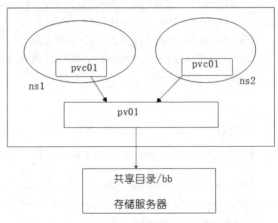

图6-8 多命名空间的PVC使用同一PV

在PV和PVC的storageClassName相同的情况下，再次去对比storage的大小和accessModes的值。

第1步 ▶ 修改pv01.yaml文件，内容如下。

```
apiVersion: v1
kind: PersistentVolume
metadata:
  name: pv01
spec:
  capacity:
    storage: 5Gi
  volumeMode: Filesystem
  storageClassName: xx
  accessModes:
    - ReadWriteOnce      # 访问模式
  persistentVolumeReclaimPolicy: Recycle
  nfs:
    path: /bb
    server: 192.168.26.12
```

这里比前面多了一个storageClassName: xx。

第2步 ▶ 创建PV并查看。

```
[root@vms10 chap6]# kubectl apply -f pv01.yaml
persistentvolume/pv01 created
[root@vms10 chap6]# kubectl get pv
NAME    CAPACITY    ACCESS MODES    RECLAIM POLICY    STATUS    CLAIM    STORAGECLASS
REASON    AGE
pv01    5Gi         RWO             Recycle           Available          xx
        2s
[root@vms10 chap6]#
```

第3步 ▶ 修改pvc01.yaml文件，内容如下。

```
kind: PersistentVolumeClaim
apiVersion: v1
metadata:
  name: pvc01
spec:
  storageClassName: yy
  accessModes:
    - ReadWriteOnce
  volumeMode: Filesystem
```

```
      resources:
        requests:
          storage: 5Gi
```

这里 PVC 的 storageClassName 设置为了 yy。

可以看到，pvc01 的 storage 的大小和 accessModes 的值与 pv01 完全匹配，但是 storageClassName 的值不一样。

第4步 创建 PVC 并查看。

```
[root@vms10 chap6]# kubectl apply -f pvc01.yaml
persistentvolumeclaim/pvc01 created
[root@vms10 chap6]# kubectl get pvc
NAME     STATUS    VOLUME   CAPACITY   ACCESS MODES   STORAGECLASS   AGE
pvc01    Pending                                      yy             3s
[root@vms10 chap6]#
```

可以看到，此 PVC 无法和 pv01 进行绑定。

第5步 删除此 pvc01，并把 storageClassName 的值改为 xx，与 pv01 的值一样。

```
[root@vms10 chap6]# kubectl delete pvc pvc01
persistentvolumeclaim "pvc01" deleted
[root@vms10 chap6]# cat pvc01.yaml
...
spec:
  storageClassName: xx
  accessModes:
    - ReadWriteOnce
...
    requests:
      storage: 5Gi
[root@vms10 volume]#
```

第6步 创建 PVC 并查看。

```
[root@vms10 chap6]# kubectl apply -f pvc01.yaml
persistentvolumeclaim/pvc01 created
[root@vms10 chap6]# kubectl get pvc
NAME     STATUS   VOLUME   CAPACITY   ACCESS MODES   STORAGECLASS   AGE
pvc01    Bound    pv01     5Gi        RWO            xx             2s
[root@vms10 chap6]#
```

可以看到，现在已经绑定起来了。

6.4.4 使用持久性存储

如果要在 Pod 里使用 PVC，就需要在 Pod 的 YAML 文件里创建一个 PVC 类型的卷，然后在 Pod 的容器里挂载这个卷即可。

第1步 ▶ 创建 Pod 所需要的 YAML 文件 pod4.yaml，内容如下。

```
apiVersion: v1
kind: Pod
metadata:
  creationTimestamp: null
  labels:
    run: pod4
  name: pod4
spec:
  terminationGracePeriodSeconds: 0
  volumes:
  - name: v1
    persistentVolumeClaim:
      claimName: pvc01
  containers:
  - image: nginx
    imagePullPolicy: IfNotPresent
    name: c1
    resources: {}
    volumeMounts:
    - mountPath: /data
      name: v1
  dnsPolicy: ClusterFirst
  restartPolicy: Always
status: {}
```

在这个 YAML 文件里，创建了一个名称为 v1 的卷，此卷使用名称为 pvc01 的 PVC。Pod 里包含一个名称为 c1 的容器，容器使用刚刚定义的 v1 这个卷，并挂载到容器的 /data 目录里。

第2步 ▶ 创建 Pod 并查看。

```
[root@vms10 chap6]# kubectl apply -f pod4.yaml
pod/pod4 created
[root@vms10 chap6]# kubectl get pods
NAME    READY    STATUS     RESTARTS    AGE
pod4    1/1      Running    0           3s
[root@vms10 chap6]#
```

第3步 把物理机里的文件 /etc/issue 拷贝到 pod4 的 /data 目录里。

```
[root@vms10 chap6]# kubectl cp /etc/issue pod4:/data
[root@vms10 chap6]#
```

按照分析，往 Pod 里写东西其实就是往 pv01 里写，即往存储服务器写。

第4步 切换到 vms12 上，查看 /bb 里的内容。

```
[root@vms12 ~]# ls /bb
issue
[root@vms12 ~]#
```

可见，和预期是一样的。

第5步 切换到 Master 上，进入 pod4 里查看挂载情况。

```
[root@vms10 chap6]# kubectl exec -it pod4 -- bash
root@pod4:/# df -hT
Filesystem          Type    Size  Used  Avail  Use% Mounted on
    ... 输出 ...
192.168.26.12:/bb   nfs4    80G   7.5G  73G    10% /data
    ... 输出 ...
root@pod4:/# exit
exit
[root@vms10 chap6]#
```

通过 exit 退出 pod4。

这里看起来是 pod4 里的容器直接挂载了 192.168.26.12:/bb，但其实是 pod4 所在节点挂载了 192.168.26.12:/bb，然后通过 hostPath 的方式挂载到容器里。所以，如果使用不同的后端存储，那么需要在所有的 Worker 节点上安装对应的存储客户端。比如这里后端存储使用的是 NFS，所以所有的 Worker 节点上都要安装 NFS 客户端；如果后端存储使用的是 Ceph，那么所有的 Worker 节点上都要安装 Ceph 客户端。

第6步 删除此 Pod、PVC、PV。

```
[root@vms10 chap6]# kubectl delete pod pod4
pod "pod4" deleted
[root@vms10 chap6]# kubectl delete -f pvc01.yaml
persistentvolumeclaim "pvc01" deleted
[root@vms10 chap6]# kubectl delete -f pv01.yaml
persistentvolume "pv01" deleted
[root@vms10 chap6]#
```

6.4.5 PV回收策略

前面创建PV时，有一句persistentVolumeReclaimPolicy: Recycle，这是用来指定PV回收策略的，即删除PVC之后PV是否会释放。

Recycle：删除PVC之后，会生成一个回收容器回收数据，删除PV里的数据。删除PVC之后，PV可复用，PV状态由Released变为Available。

Retain：不回收数据，删除PVC之后，PV依然不可用，PV状态长期保持Released。需要手动删除PV，然后重新创建。但是，删除PV时PV里的数据并不会被删除。

从上面看我们要创建PVC，必须先有PV才可以，那可不可以让系统根据需要自动创建PV呢？这可以通过动态卷供应来实现。

6.5 动态卷供应

【必知必会】配置动态卷供应。

前面讲持久性存储时，要先创建PV，然后才能创建PVC。如果不同的命名空间里要同时创建不同的PVC，那么就需要提前把PV创建好，这样才能为PVC提供存储。这种操作方式过于麻烦，可以通过动态卷来解决这个问题。我们需要先了解一下制备器（Provisioner）和存储类（StorageClass）的作用。

6.5.1 了解制备器和存储类

不同的制备器指定了不同类型的后端存储，我们完全可以把制备器理解为访问不存储的驱动。

有的制备器是Kubernetes自带的，比如kubernetes.io/aws-ebs，有的制备器不是Kubernetes自带的。Kubernetes自带的制备器包括如下几种。

（1）kubernetes.io/aws-ebs。

（2）kubernetes.io/gce-pd。

（3）kubernetes.io/glusterfs。

（4）kubernetes.io/cinder。

（5）kubernetes.io/vsphere-volume。

（6）kubernetes.io/rbd。

（7）kubernetes.io/quobyte。

（8）kubernetes.io/azure-disk。

（9）kubernetes.io/azure-file。

（10）kubernetes.io/portworx-volume。

（11）kubernetes.io/scaleio。

（12）kubernetes.io/storageos。

（13）kubernetes.io/no-provisioner。

存储类的作用在于自动创建PV，新建的PV使用什么存储在于这个存储类需要指定使用哪个制备器，因为不同的存储类对应不同的后端存储。整个流程就是，管理员在创建存储类时会通过Provisioner字段指定使用哪个制备器。创建好存储类之后，用户在定义PVC时需要通过spec.storageClassName字段指定使用哪个存储类，如图6-9所示。

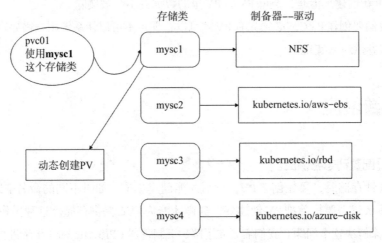

图6-9　PVC使用哪个StorageClass

比如图6-9中pvc01里使用的是mysc1这个存储类，当创建pvc01时，Kubernetes会调用mysc1这个存储类动态地创建一个PV，这个PV的后端存储为存储类mysc1所关联的制备器所对应的存储。

6.5.2　利用NFS创建动态卷供应

前面已经用NFS配置过共享文件夹了，因为配置起来相对简单，所以这里以NFS作为后端存储来配置动态卷供应。

第1步 ▶ 在存储服务器192.168.26.12上创建一个目录/cc，并共享这个目录。

```
[root@vms12 ~]# mkdir /cc
[root@vms12 ~]# cat /etc/exports
/aa *(rw,no_root_squash)
/bb *(rw,no_root_squash)
/cc *(rw,no_root_squash)
[root@vms12 ~]# exportfs -arv
exporting *:/cc
exporting *:/bb
exporting *:/aa
```

```
[root@vms12 ~]#
```

因为在Kubernetes里，NFS没有内置制备器，所以需要下载相关插件来创建NFS外部制备器。

第2步 ▶ 下载最新版插件。

下载地址为https://github.com/kubernetes-sigs/nfs-subdir-external-provisioner/tags，选择一个版本下载，这里下载的是4.02版本，下载下来传到vms10上之后，解压会得到一个目录，然后cd到这个目录里。

```
[root@vms10 chap6]# tar zxf nfs-subdir-external*.tar.gz
[root@vms10 chap6]#
[root@vms10 chap6]# cd nfs-subdir-*/deploy/
[root@vms10 deploy]#
```

第3步 ▶ 部署RBAC权限。

要让deployment.yaml文件里的应用正常运行，需要对应的RBAC权限，关于权限的设置后面章节会讲解，这里先部署。

```
[root@vms10 deploy]# kubectl apply -f rbac.yaml
    ... 输出 ...
[root@vms10 deploy]#
```

6.5.3 部署NFS制备器

因为NFS制备器不是自带的，所以需要先把NFS制备器创建出来。先修改deployment.yaml文件的内容。

第1步 ▶ 修改镜像。

```
containers:
  - name: nfs-client-provisioner
    # image: k8s.gcr.io/sig-storage/nfs-subdir-external-provisioner:v4.0.2
    image: docker.io/eipwork/nfs-subdir-external-provisioner:v4.0.2
    imagePullPolicy: IfNotPresent
```

image后面的镜像最好提前在所有节点上pull下来，并修改镜像下载策略。

第2步 ▶ 修改deploy.yaml文件里env和volumes字段里的内容。

```
apiVersion: apps/v1
kind: Deployment
metadata:
    ... 输出 ...
        env:
```

```
              - name: PROVISIONER_NAME
                value: k8s-sigs.io/nfs-subdir-external-provisioner
              - name: NFS_SERVER
                value: 192.168.26.12
              - name: NFS_PATH
                value: /cc
      volumes:
        - name: nfs-client-root
          nfs:
            server: 192.168.26.12
            path: /cc
```

修改的内容都用粗体字标记出来了。在 env 字段里，PROVISIONER_NAME 用于指定制备器的名称，这里是 k8s-sigs.io/nfs-subdir-external-provisioner，NFS_SERVER 和 NFS_PATH 分别指定这个制备器所使用的存储信息，在 volumes 字段的 server 和 path 里指定共享服务器和目录。

第3步 ▶ 部署 NFS 制备器。

```
[root@vms10 deploy]# kubectl apply -f deployment.yaml
deployment.apps/nfs-client-provisioner created
[root@vms10 deploy]#
```

第4步 ▶ 查看 Pod 的运行情况。

```
[root@vms10 deploy]# kubectl get pods -n default
NAME                                     READY   STATUS    RESTARTS   AGE
nfs-client-provisioner-5ddd94d9c9-95zwq  1/1     Running   0          3s
[root@vms10 deploy]#
```

这样 NFS 制备器就部署完成了。

6.5.4 部署 StorageClass

创建了 NFS 制备器之后，再创建一个使用这个制备器的 StorageClass。

第1步 ▶ 创建 StorageClass。

先查看当前是否存在 StorageClass（简称 SC）。

```
[root@vms10 deploy]# kubectl get sc
No resources found
[root@vms10 deploy]#
```

当前目录里有一个名为 class.yaml 的文件，用于创建 StorageClass，内容如下。

```
[root@vms10 deploy]# cat class.yaml
```

```
allowVolumeExpansion: true
apiVersion: storage.k8s.io/v1
kind: StorageClass
metadata:
  name: mysc
provisioner: k8s-sigs.io/nfs-subdir-external-provisioner
parameters:
  archiveOnDelete: "false"
[root@vms10 deploy]#
```

第一行的allowVolumeExpansion: true是后来添加上的，意思是当后期通过"kubectl edit pvc PVC名"命令修改PVC的大小时，它所关联的PV的大小也跟着改变。有哪些参数可以写，可以通过kubectl explain sc命令来查看。metadata.name的值也是后期修改的，大家可以自行修改。

provisioner的值k8s-sigs.io/nfs-subdir-external-provisioner是在deployment.yaml文件里指定的制备器的名称，这个YAML文件的意思是创建一个名称为mysc的StorageClass，使用名称为k8s-sigs.io/nfs-subdir-external-provisioner的制备器。

第2步 ▶ 部署并查看StorageClass。

```
[root@vms10 deploy]# kubectl apply -f class.yaml
storageclass.storage.k8s.io/mysc created
[root@vms10 deploy]#
[root@vms10 deploy]# kubectl get sc
NAME    PROVISIONER                                     RECLAIMPOLICY    ...
mysc    k8s-sigs.io/nfs-subdir-external-provisioner     Delete           ...
[root@vms10 deploy]#
```

第3步 ▶ 查看当前是否存在PVC和PV。

```
[root@vms10 deploy]# kubectl get pvc
No resources found in nsvolume namespace.
[root@vms10 deploy]# kubectl get pv
No resources found
[root@vms10 deploy]#
```

可以看到，当前不存在任何PVC和PV。

第4步 ▶ 下面开始创建PVC。

先退回到chap6目录里。

```
cd /root/chap6
```

修改pvc01.yaml文件，内容如下。

```
kind: PersistentVolumeClaim
```

```
apiVersion: v1
metadata:
  name: pvc01
spec:
  storageClassName: mysc
  accessModes:
    - ReadWriteOnce
  volumeMode: Filesystem
  resources:
    requests:
      storage: 500Mi
```

这里 PVC 里 storage 的大小指定为 500Mi，且 StorageClass 指定为刚刚创建的 mysc。

第5步 ▶ 下面开始创建 PVC。

```
[root@vms10 chap6]# kubectl apply -f pvc01.yaml
persistentvolumeclaim/pvc01 created
[root@vms10 chap6]#
```

第6步 ▶ 查看是否创建了 PVC。

```
[root@vms10 chap6]# kubectl get pvc
NAME      STATUS   VOLUME                                     CAPACITY   ACCESS MODES
STORAGECLASS   AGE
pvc01     Bound    pvc-55a9b4a4-64aa-479a-8587-0e31c5efbe7b   500Mi      RWO
mysc           3s
[root@vms10 chap6]#
```

可以看到，这里自动创建了一个 PV，名称为 pvc-55a9b4a4-64aa-479a-8587-0e31c5efbe7b。

第7步 ▶ 查看这个 PV 的属性。

```
[root@vms10 chap6]# kubectl describe pv pvc-55a9b4a4-64aa-479a-8587-0e31c5efbe7b
    ... 输出 ...
Source:
    Type:     NFS (an NFS mount that lasts the lifetime of a pod)
    Server:   192.168.26.12
    Path:     /cc/chap6-pvc01-pvc-55a9b4a4-64aa-479a-8587-0e31c5efbe7b
    ReadOnly: false
Events:       <none>
[root@vms10 chap6]#
```

可以看到，这个 PV 所使用的存储类型为 NFS。

第8步 ▶ 删除 pvc01。

```
[root@vms10 chap6]# kubectl delete -f pvc01.yaml
persistentvolumeclaim "pvc01" deleted
[root@vms10 chap6]#
```

模拟考题

（1）创建含有初始化容器的Pod，满足如下要求。

①Pod名为pod1，镜像为Nginx。

②创建一个名称为v1的卷，这个卷的数据不能永久存储。

③初始化容器的名称为initc1，镜像使用BusyBox，挂载此卷v1到/data目录。

④在初始化容器里，创建文件/data/aa.txt。

⑤普通容器的名称为c1，镜像为Nginx。

⑥把卷v1挂载到/data目录里。

⑦当此Pod运行起来之后，在pod1的c1容器里查看是不是存在/data/aa.txt。

（2）创建一个持久性存储，满足如下要求。

①持久性存储的名称为pv10。

②容量大小设置为2Gi。

③访问模式为ReadWriteOnce。

④存储类型为hostPath，对应目录/pv10。

⑤storageClassName设置为cka。

（3）创建PVC，满足如下要求。

①名称为pvc10。

②让此PVC和pv10进行关联。

③所在的命名空间为default。

（4）创建Pod，满足如下要求。

①名称为pod-pvc。

②创建名称为v1的卷，让其使用pvc10作为后端存储。

③容器所使用的镜像为Nginx。

④把卷v1挂载到/data目录里。

（5）删除pod-pvc、pvc10、pv10。

第 7 章
密码管理

考试大纲

了解如何创建及删除 Secret,在 Pod 里通过卷及变量的方式使用 Secret;了解如何创建及删除 ConfigMap,在 Pod 里通过卷及变量的方式使用 ConfigMap。

本章要点

考点1:创建及删除 Secret。

考点2:在 Pod 里以卷的方式使用 Secret。

考点3:在 Pod 里以变量的方式使用 Secret。

考点4:创建及删除 ConfigMap。

考点5:在 Pod 里以卷的方式使用 ConfigMap。

考点6:在 Pod 里以变量的方式使用 ConfigMap。

在创建 Pod 时不少情况下是需要密码的,比如使用 MySQL 镜像需要使用 MYSQL_ROOT_PASSWORD 来指定密码,使用 WordPress 镜像需要使用 WORDPRESS_DB_PASSWORD 来指定密码等。

如果直接把密码信息保存在创建 Pod 的 YAML 文件里,创建好 Pod 之后,通过 kubectl describe pod podname 命令就很容易看到我们设置的密码,但存在一定的安全隐患。

可以用一个东西专门来存储密码,这个东西就是 Secret 及 ConfigMap。

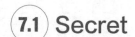

Secret

【必知必会】创建 Secret,以卷的方式和变量的方式使用 Secret。

Secret 的主要作用是存储密码信息,以及往 Pod 里传递文件。Secret 以键值对的方式存储,格式如下。

```
键 = 值 或 key=value
```

这里的 "值" 不是以明文的方式存储的，而是通过 base64 编码过的。

7.1.1 创建 Secret

创建 Secret 的方法很多，可以直接指定 key 和 value，也可以把一个文件的内容作为 value，还可以直接写 YAML 文件，下面分别用不同的方法来创建。

为了区分前面章节创建的文件，这里单独创建一个目录 chap7，本章所涉及的文件全部在目录 chap7 里创建。

```
[root@vms10 ~]# mkdir chap7
[root@vms10 ~]# cd chap7/
[root@vms10 chap7]#
```

创建一个命名空间 chap7，本章所有的实验均在这个命名空间里操作。

```
[root@vms10 chap7]# kubectl create ns chap7
namespace/chap7 created
[root@vms10 chap7]# kubens chap7
Context "kubernetes-admin@kubernetes" modified.
Active namespace is "chap7".
[root@vms10 chap7]#
```

查看当前命名空间里现存的 Secret。

```
[root@vms10 chap7]# kubectl get secret
No resources found in chap7 namespace.
[root@vms10 chap7]#
```

创建 Secret 有以下多种方法。

方法 1: 命令行的方式。

语法:

```
kubectl create secret generic 名称 --from-literal=k1=v1 --from-literal=k2=v2 ...
```

这里 k1 的值为 v1，k2 的值为 v2，如果需要多个变量，就写多个 --from-literal。

第1步 ● 创建一个名称为 mysecret1 的 Secret。

```
[root@vms10 chap7]# kubectl create secret generic mysecret1 --from-literal=xx=tom
--from-literal=yy=haha001
```

```
secret/mysecret1 created
[root@vms10 chap7]#
```

第2步 ▶ 查看现有Secret。

```
[root@vms10 chap7]# kubectl get secrets
NAME         TYPE      DATA   AGE
mysecret1    Opaque    2      36s
[root@vms10 chap7]#
```

Secret有以下三种类型。

（1）Opaque：base64编码格式的Secret，用来存储密码、密钥等，但编码后的数据也能通过base64 –d解码得到原始数据，加密性很弱。

（2）kubernetes.io/dockerconfigjson：用来存储私有Docker Registry的认证信息。

（3）kubernetes.io/service-account-token：用于被ServiceAccount引用。

第3步 ▶ 查看mysecret1的具体属性。

```
[root@vms10 chap7]# kubectl describe secrets mysecret1
Name:          mysecret1
   ... 输出 ...
Data
====
xx:  3 bytes
yy:  7 bytes
[root@vms10 chap7]#
```

可以看到，mysecret1里有两个变量，分别是xx和yy，xx的值有3个字符，yy的值有7个字符，具体是什么这里看不出来。

第4步 ▶ 查看mysecret1的键值对。

```
[root@vms10 chap7]# kubectl get secret mysecret1 -o yaml
apiVersion: v1
data:
  xx: dG9t
  yy: aGFoYTAwMQ==
kind: Secret
   ... 输出 ...
[root@vms10 chap7]#
```

上面data字段里列出来的就是mysecret1的键值对，其中xx和yy的值都是经过base64编码的，需要解码才能看到具体值。

第5步 ▶ 解码。

```
[root@vms10 chap7]# echo dG9t | base64 -d
tom[root@vms10 chap7]#
[root@vms10 chap7]# echo aGFoYTAwMQ== | base64 -d
haha001[root@vms10 chap7]#
[root@vms10 chap7]#
```

方法 2：创建文件的方式。

也可以把一个文件创建为 Secret，此文件的名称为 key，文件的内容为 value，如果要把一个文件创建为 Secret，使用的命令如下。

```
kubectl create secret generic mysecret2 --from-file=/path1/file1 --from-file=/path2
/file2 ...
```

如果 Secret 里需要包括多个文件，就写多个 --from-file。

这里 file1 是第一个键的名称，file1 的内容作为键的值；file2 是第二个键的名称，file2 的内容作为键的值。

把文件写入 Secret 里时，还可以指定键的名称，语法如下。

```
kubectl create secret generic mysecret2 --from-file=aa=/path1/file1 --from-file=bb=
/path2/file2 ...
```

这里 aa 是第一个键的名称，file1 的内容作为键的值；bb 是第二个键的名称，file2 的内容作为键的值。

--from-file 后面的等号可以换成空格，即可以写成 --from-file aa=/path1/file1。

第1步 ▶ 查看 /etc/hosts 的内容。

```
[root@vms10 chap7]# cat /etc/hosts
127.0.0.1    localhost localhost.localdomain localhost4 localhost4.localdomain4
::1          localhost localhost.localdomain localhost6 localhost6.localdomain6
192.168.26.10 vms10.rhce.cc   vms10
192.168.26.11 vms11.rhce.cc   vms11
192.168.26.12 vms12.rhce.cc   vms12
[root@vms10 chap7]#
```

这里文件名为 hosts，现在要把这个文件创建为一个 Secret。

第2步 ▶ 创建 Secret。

```
[root@vms10 chap7]# kubectl create secret generic mysecret2 --from-file=aa=/etc/hosts
secret/mysecret2 created
[root@vms10 chap7]#
```

这里创建的 Secret 里面含有一个键值对，键名为 aa，值为 /etc/hosts 的内容。

第3步 ▶ 下面查看这个Secret的内容。

```
[root@vms10 chap7]# kubectl get secrets mysecret2 -o yaml
apiVersion: v1
data:
  aa: MTI3LjAuMC4xICAgbG9jYWxob3N0IGxvY2FsaG9zdC5sb2NhbGRvWFpbiBsb2NhbGhvc3Q0IGxv
Y2Fsa
G9zdDQubG9jYWxkb21haW40Cjo6MSAgICAgICAgIGxvY2FsaG9zdCBsb2NhbGhvc3QubG9jYWxkb21haW4
gbG9jYWxob3N0IBsb2NhbGhvc3Q2LmxvY2FsZG9tYWluNgoxOTIuMTY4LjI2LjEwIHZtczEwLnJoY2UuY
2MgIHZtczEwCjE5Mi4xNjguMjYuMTEgdm1zMTEucmhjZS5jYyAgdm1zMTEKMTkyLjE2OC4yNi4xMiB2bXM
xMi5yaGNlLmNjIICB2bXMxMgo=
... 大量输出 ...
[root@vms10 chap7]#
```

这里data字段里存储的就是键值对，aa是键名，下面的值是hosts文件里的内容。这段内容也可以直接通过如下命令来获取。

```
[root@vms10 chap7]# kubectl get secrets mysecret2 -o jsonpath='{.data.aa}'
MTI3LjAuMC4xICAgbG9jYWxob3N0IGxvY2FsaG9zdC5sb2NhbGRvWFpbiBsb2NhbGhvc3Q0IGxvY2FsaG9
zdDQubG9jYWxkb21haW40Cjo6MSAgICAgICAgIGxvY2FsaG9zdCBsb2NhbGhvc3QubG9jYWxkb21haW4g
bG9jYWxob3N0IBsb2NhbGhvc3Q2LmxvY2FsZG9tYWluNgoxOTIuMTY4LjI2LjEwIHZtczEwLnJoY2UuY2
MgIHZtczEwCjE5Mi4xNjguMjYuMTEgdm1zMTEucmhjZS5jYyAgdm1zMTEKMTkyLjE2OC4yNi4xMiB2bXMx
Mi5yaGNlLmNjICB2bXMxMgo=
[root@vms10 chap7]#
```

-o指的是输出的格式，这里以JSON格式输出，.data.aa的意思是获取data字段下aa键的值。

第4步 ▶ 解码。

上面这段输出通过管道传递给base64 -d后的结果如下。

```
[root@vms10 chap7]# kubectl get secrets mysecret2 -o jsonpath='{.data.aa}' | base64
-d
127.0.0.1   localhost localhost.localdomain localhost4 localhost4.localdomain4
::1         localhost localhost.localdomain localhost6 localhost6.localdomain6
192.168.26.10 vms10.rhce.cc  vms10
192.168.26.11 vms11.rhce.cc  vms11
192.168.26.12 vms12.rhce.cc  vms12
[root@vms10 chap7]#
```

可以看到，这个就是hosts文件里的内容。

第5步 ▶ 创建一个包含两个文件的Secret mysecret3。

```
[root@vms10 chap7]# kubectl create secret generic mysecret3 --from-file=/etc/hosts
--from-file=/etc/issue
```

```
secret/mysecret3 created
[root@vms10 chap7]#
```

这里没有单独指定键的名称，所以这两个键分别以文件名作为键名。这个Secret里包含了两个文件：/etc/hosts和/etc/issue。即mysecret3里有两个键，分别是hosts和issue，它们的值分别是/etc/hosts和/etc/issue的内容。

第6步 ▶ 获取mysecret3的键值对。

```
[root@vms10 chap7]# kubectl get secrets mysecret3 -o yaml
apiVersion: v1
data:
  hosts: MTI3LjAuMC4xICAgbG9jYWxob3N0IGxvY2FsaG9zdC5sb2NhbGRvWFpbiBsb2NhbGhvc3Q0I
GxvY2FsaG
9zdDQubG9jYWxob21haW40Cjo6MSAgICAgICAgIGxvY2FsaG9zdCBsb2NhbGhvc3QubG9jYWxob21haW4g
bG9jYWxob3N0NiBsb2NhbGhvc3Q2LmxvY2FsZG9tYWluNgoxOTIuMTY4LjI2LjEwIHZtczEwLnJoY2UuY2
MgIHZtczEwIHCjE5Mi4xNjguMjYuMTEgdm1zMTEucmhjZS5jYyAgdm1zMTEKMTkyLjE2OC4yNi4xMiB2bXMx
Mi5yaGNlLmNjIB2bXMxMgo=
  issue: XFMKS2VybmVsIFxyIG9uIGFuIFxtCgoxOTIuMTY4LjI2LjEwCg==
kind: Secret
```

可以看到，两个键hosts和issue，以及它们对应的值，还可以通过如下命令来分别获取其键的值。

```
kubectl get secrets mysecret3 -o jsonpath='{.data.hosts}'
kubectl get secrets mysecret3 -o jsonpath='{.data.issue}'
```

这种方法一般用在创建Pod时给Pod传递文件，后面讲解如何使用Secret时会详细描述。

方法3：创建变量文件的方式。

第3种创建Secret的方法是，通过创建变量文件的方式创建一个文件，其格式如下。

```
变量1=值1
变量2=值2
```

等号前面的为key，等号后面的为value，看下面的例子。

第1步 ▶ 创建变量文件env.txt。

```
[root@vms10 chap7]# cat env.txt
xx=tom
yy=haha001
[root@vms10 chap7]#
```

env.txt里定义了两个变量xx和yy，其值分别为tom和haha001。

第2步 ▶ 创建Secret。

```
[root@vms10 chap7]# kubectl create secret generic mysecret4 --from-env-file=env.txt
secret/mysecret4 created
[root@vms10 chap7]#
```

方法4：写YAML文件的方式。

如同创建Pod一样，可以写一个Secret的YAML文件，然后通过kubectl apply命令来创建Secret。下面的例子里将会创建一个名称为mysecret5的Secret，里面包含两个键值对：xx=tom 和 yy=haha001。

第1步 ▶ 求出两个值tom和haha001对应的base64编码之后的值。

```
[root@vms10 chap7]# echo -n 'tom' | base64
dG9t
[root@vms10 chap7]# echo -n 'haha001' | base64
aGFoYTAwMQ==
[root@vms10 chap7]#
```

第2步 ▶ 创建YAML文件。

```
[root@vms10 chap7]# cat secret5.yaml
apiVersion: v1
kind: Secret
metadata:
  name: mysecret5
type: Opaque
data:
  xx: dG9t
  yy: aGFoYTAwMQ==
[root@vms10 chap7]#
```

第3步 ▶ 创建Secret。

```
[root@vms10 chap7]# kubectl apply -f secret5.yaml
secret/mysecret4 created
[root@vms10 chap7]# kubectl get secrets
NAME           TYPE          DATA    AGE
mysecret1      Opaque        2       16m
mysecret2      Opaque        1       8m40s
mysecret3      Opaque        2       2m59s
mysecret4      Opaque        2       2m
mysecret5      Opaque        2       3s
[root@vms10 chap7]#
```

第4步 ▶ 删除某Secret。

```
[root@vms10 chap7]# kubectl delete secrets mysecret5
secret "mysecret5" deleted
[root@vms10 chap7]#
```

7.1.2 使用 Secret

上面已经把 Secret 创建出来了，那么如何在 Pod 里使用这些 Secret 呢？主要有两种方式来使用 Secret，即以卷的方式和以变量的方式。

方法1：以卷的方式。

这种方式主要是在 Pod 的 YAML 文件里，创建一个类型为 Secret 的卷，然后把它挂载到容器指定的目录里。容器创建好之后，会在容器的挂载目录里创建一个文件，此文件的名称为 Secret 里的 key，文件的内容为对应 key 的 value。通过这种方式使用 Secret 可以往 Pod 里传递文件。

下面创建一个名称为 pod1 的 Pod，以卷的方式挂载 mysecret2 到容器的 /etc/test 目录里。

第1步 ▶ 创建 pod1 的 YAML 文件。

```
apiVersion: v1
kind: Pod
metadata:
  creationTimestamp: null
  labels:
    run: pod1
  name: pod1
spec:
  terminationGracePeriodSeconds: 0
  volumes:
  - name: xx
    secret:
      secretName: mysecret2
  containers:
  - image: nginx
    imagePullPolicy: IfNotPresent
    name: pod1
    volumeMounts:
    - name: xx
      mountPath: "/etc/test"
status: {}
```

在这个 YAML 文件里，创建了一个名称为 xx、类型为 Secret 的卷，使用 mysecret2，在 pod1 的容器里把 xx 这个卷挂载到 /etc/test 目录里。因为 mysecret2 有一个键 aa，值为 /etc/hosts 的内容（前面演示过），所以在容器的 /etc/test 目录里有一个文件 aa，内容就是 /etc/hosts 的内容。

第2步 ● 创建此 Pod，并查看 Pod 的运行状态。

```
[root@vms10 chap7]# kubectl apply -f pod1.yaml
pod/pod1 created
[root@vms10 chap7]# kubectl get pods
NAME     READY    STATUS       RESTARTS      AGE
pod1     1/1      Running      0             7s
```

第3步 ● 查看此 Pod 里的 /etc/test 有什么文件。

```
[root@vms10 chap7]# kubectl exec pod1 -- ls /etc/test
aa
[root@vms10 chap7]#
```

可以看到，里面有一个文件 aa。

第4步 ● 查看这个文件的内容。

```
[root@vms10 chap7]# kubectl exec pod1 -- cat /etc/test/aa
127.0.0.1    localhost localhost.localdomain localhost4 localhost4.localdomain4
::1          localhost localhost.localdomain localhost6 localhost6.localdomain6
192.168.26.10 vms10.rhce.cc  vms10
192.168.26.11 vms11.rhce.cc  vms11
192.168.26.12 vms12.rhce.cc  vms12
[root@vms10 chap7]#
```

可以看到，这个就是 /etc/hosts 的内容，自行删除 pod1。

如果在 pod1 里定义 volumes 时引用的是 mysecret3（mysecret3 里使用了两个文件），则在容器的 /etc/test 里会创建两个文件：hosts 和 issue。但是，如果使用 mysecret3 时，不想把两个文件全部写入挂载点，只想使用一个文件，那怎么办？此时可以用 subPath 来解决这个问题。

第5步 ● 修改 pod1.yaml 文件，内容如下。

```
apiVersion: v1
kind: Pod
metadata:
  creationTimestamp: null
  labels:
    run: pod1
  name: pod1
spec:
  terminationGracePeriodSeconds: 0
  volumes:
  - name: xx
```

```
    secret:
      secretName: mysecret3
  containers:
  - image: nginx
    imagePullPolicy: IfNotPresent
    name: pod1
    volumeMounts:
    - name: xx
      mountPath: "/etc/test/xxx"
      subPath: issue
status: {}
```

　　这里创建一个卷xx，里面使用的是mysecret3，在容器里引用卷xx，比刚才多了一个subPath，即只引用issue这个键。

　　subPath后面跟的是所引用的Secret里的键的名称，这里引用的是mysecret3里的issue这个键。只要使用了subPath，那么mountPath后面就不再是一个目录而是一个文件，这个文件名可以随意写，比如mountPath后面写的是/etc/test或/etc/test/，那么这个/etc/test就是一个文件而不是一个目录。这里mountPath后面写的是/etc/test/xxx，那么/etc/test是一个目录，xxx就是一个文件，内容为issue这个键的值。

　　第6步 ▶　查看容器里/etc/test的内容。

```
[root@vms10 chap7]# kubectl exec pod1 -- ls /etc/test
xxx
[root@vms10 chap7]#
```

　　可以看到，此容器里只有一个文件xxx。

　　第7步 ▶　查看/etc/test/xxx的内容。

```
[root@vms10 chap7]# kubectl exec pod1 -- cat /etc/test/xxx
\S
Kernel \r on an \m

192.168.26.10
[root@vms10 chap7]#
```

　　可以看到，把/etc/issue这个文件的内容写入容器的/etc/text/xxx文件里了。

　　如果要修改服务的配置文件，比如Nginx的配置文件，可以不重新编译镜像，只要把写好的nginx.conf创建为一个Secret，然后在创建Pod时，通过卷的方式就可以把新的配置文件写入Pod里了。但一般不这样使用，因为Secret里存储的值都是经过base64编码的，不方便修改。

方法2：以变量的方式。

前面讲了，在定义 Pod 的 YAML 文件时，如果想使用变量，格式如下。

```
env:
- name: 变量名
  value: 值
```

但是，如果想从 Secret 引用值，此处就不再写 value 了，而是写 valueFrom，即从什么地方来引用这个变量的值，如下所示。

```
env:
- name: 变量名
  valueFrom:
    secretKeyRef:
      name: secretX
      key: keyX
```

意思是，变量的值将会使用 secretX 里的 keyX 这个键所对应的值。

前面创建 mysecret1 时，通过 --from-literal=xx=tom --from-literal=yy=haha001 创建了两个键值对，即 xx=tom 和 yy=haha001。

下面创建一个 MySQL 的 Pod，MYSQL_ROOT_PASSWORD 这个变量的值不直接写在 YAML 文件里，而是引用 mysecret1 里的 yy 这个键的值。

第1步 ▶ 创建 Pod 的 YAML 文件 pod2.yaml，内容如下。

```
apiVersion: v1
kind: Pod
metadata:
  creationTimestamp: null
  labels:
    run: pod2
  name: pod2
spec:
  terminationGracePeriodSeconds: 0
  containers:
  - image: hub.c.163.com/library/mysql:latest
    imagePullPolicy: IfNotPresent
    name: pod2
    env:
    - name: MYSQL_ROOT_PASSWORD
      valueFrom:
        secretKeyRef:
          name: mysecret1
          key: yy
```

此YAML文件用于创建一个名称为pod2的MySQL的Pod，在创建容器时，需要指定一个变量MYSQL_ROOT_PASSWORD（由env下的name指定），这个变量的值并没有直接用value写出来，而是用valueFrom从其他地方引用过来。这里通过secretKeyRef里的name引用mysecret1，然后通过key引用mysecret1里的yy这个键，整体的意思就是，MYSQL_ROOT_PASSWORD的值使用的是mysecret1里的yy这个键对应的值（为haha001）。

第2步 创建Pod并验证。

```
[root@vms10 chap7]# kubectl apply -f pod2.yaml
pod/pod2 created
[root@vms10 chap7]# kubectl get pods
NAME    READY    STATUS    RESTARTS    AGE
pod2    1/1      Running   0           14s
[root@vms10 chap7]#
```

第3步 获取Pod的IP。

```
[root@vms10 chap7]# kubectl get pods -o wide
NAME    READY    STATUS    RESTARTS    AGE    IP             ...
pod2    1/1      Running   0           18s    10.244.3.39    ...
[root@vms10 chap7]#
```

可以看到，pod2的IP是10.244.3.39。

第4步 在vms10上安装MariaDB。

```
[root@vms10 chap7]# yum install mariadb -y
```

第5步 用root和密码haha001登录验证。

```
[root@vms10 chap7]# mysql -uroot -phaha001 -h10.244.3.39
Welcome to the MariaDB monitor. Commands end with ; or \g.
Your MySQL connection id is 3
Type 'help;' or '\h' for help. Type '\c' to clear the current input statement.

MySQL [(none)]> quit
[root@vms10 chap7]#
```

登录成功，说明密码引用成功。

第6步 自行删除此Pod及刚创建的Secret。

```
[root@vms10 chap7]# kubectl delete -f pod2.yaml
[root@vms10 chap7]# kubectl delete secrets mysecret{1..4}
```

7.2 ConfigMap

【必知必会】用多种方法创建ConfigMap,以卷的方式和变量的方式使用ConfigMap。

ConfigMap(简称CM)的作用和Secret一样,可以存储密码或往Pod里传递文件。ConfigMap也是以键值对的方式存储数据,格式为:键=值或key=value。

ConfigMap可以用多种方式来创建。Secret和ConfigMap的主要区别在于,Secret里的值使用了base64进行编码,而ConfigMap是不需要的。

查看现有多少个ConfigMap。

```
[root@vms10 chap7]# kubectl get configmaps
kube-root-ca.crt    1        31h
[root@vms10 chap7]#
```

这里kube-root-ca.crt是系统自带的,并没有其他任何ConfigMap。

7.2.1 创建 ConfigMap

创建ConfigMap的方法也很多,可以直接指定key和value,也可以把一个文件的内容作为value,还可以直接写YAML文件,下面分别用不同的方法来创建。

方法1: 命令行的方式。

语法:

```
kubectl create cm 名称 --from-literal=k1=v1 --from-literal=k2=v2 ...
```

这里k1的值为v1,k2的值为v2,如果需要多个变量,就写多个--from-literal。

下面创建一个名称为mycm1的ConfigMap,里面有两个变量xx和yy,它们的值分别是tom和haha001。

第1步▶ 创建ConfigMap。

```
[root@vms10 chap7]# kubectl create configmap mycm1 --from-literal=xx=tom --from-
literal=yy=haha001
configmap/mycm1 created
[root@vms10 chap7]#
```

第2步▶ 查看已经创建的mycm1。

```
[root@vms10 chap7]# kubectl get configmaps
NAME                 DATA        AGE
kube-root-ca.crt     1          31h
```

```
mycm1                    2              26s
[root@vms10 chap7]# kubectl describe configmaps mycm1
Name:          mycm1
... 输出 ...
Data
====
xx:
----
tom
yy:
----
haha001
Events:  <none>
[root@vms10 secret]
```

在 Data 里可以直接看到，xx 的值为 tom，yy 的值为 haha001。

方法2：创建文件的方式。

也可以把一个文件创建为 ConfigMap，此文件的名称为 key，文件的内容为 value，如果要把一个文件创建为 ConfigMap，使用的命令如下。

```
kubectl create configmap mycm2 --from-file=/path1/file1 --from-file=/path2/file2 ...
```

如果 ConfigMap 里需要包括多个文件，就写多个 --from-file。

这里 file1 是第一个键的名称，file1 的内容作为键的值；file2 是第二个键的名称，file2 的内容作为键的值。

把文件写入 ConfigMap 里时，还可以指定键的名称，语法如下。

```
kubectl create cm mycm2 --from-file=aa=/path1/file1 --from-file=bb=/path2/file2 ...
```

这里 aa 是第一个键的名称，file1 的内容作为键的值；bb 是第二个键的名称，file2 的内容作为键的值。

--from-file 后面的等号可以换成空格，即可以写成 --from-file aa=/path1/file1。

通过这种方式创建 ConfigMap，可以把一个文件的内容写入 ConfigMap 里，后面通过卷的方式来引用这个 ConfigMap，就可以把此文件写入 Pod 里了。

下面把 /etc/hosts 和 /etc/issue 这两个文件创建到 mycm2 里。

第1步 创建 ConfigMap。

```
[root@vms10 chap7]# kubectl create configmap mycm2 --from-file=/etc/hosts --from-file=/etc/issue
configmap/mycm2 created
[root@vms10 chap7]#
```

第2步 ▶ 查看现有 ConfigMap。

```
[root@vms10 chap7]# kubectl get cm
NAME                DATA    AGE
kube-root-ca.crt    1       31h
mycm1               2       17m
mycm2               2       63s
[root@vms10 chap7]#
```

第3步 ▶ 查看 mycm2 的内容。

```
[root@vms10 chap7]# kubectl describe cm mycm2
    ... 输出 ...
Data
====
hosts:
----
127.0.0.1    localhost localhost.localdomain localhost4 localhost4.localdomain4
::1          localhost localhost.localdomain localhost6 localhost6.localdomain6
192.168.26.10 vms10.rhce.cc   vms10
192.168.26.11 vms11.rhce.cc   vms11
192.168.26.12 vms12.rhce.cc   vms12


issue:
----
\S
Kernel \r on an \m


192.168.26.10


Events:  <none>
[root@vms10 chap7]#
```

第4步 ▶ 也可以使用如下命令查看。

```
[root@vms10 chap7]# kubectl get cm mycm2 -o yaml
apiVersion: v1
data:
  hosts: |
    127.0.0.1    localhost localhost.localdomain localhost4 localhost4.localdomain4
    ::1          localhost localhost.localdomain localhost6 localhost6.localdomain6
    192.168.26.10 vms10.rhce.cc   vms10
    192.168.26.11 vms11.rhce.cc   vms11
    192.168.26.12 vms12.rhce.cc   vms12
```

```
  issue: |
    \S
    Kernel \r on an \m

    192.168.26.10
    ... 输出 ...
[root@vms10 chap7]#
```

可以看到，两个键hosts和issue，以及它们对应的值，还可以通过如下命令来分别获取其键的值。

```
kubectl get cm mycm2 -o jsonpath='{.data.hosts}'
kubectl get cm mycm2 -o jsonpath='{.data.issue}'
```

这种把文件创建为ConfigMap的方式与Secret类似，主要用于给Pod传递文件。

7.2.2 使用ConfigMap

使用ConfigMap有两种方式，分别是以卷的方式和以变量的方式。

方法1：以卷的方式。

这种用法和Secret一致。这种方式主要是在Pod里创建一个类型为ConfigMap的卷，然后把它挂载到容器指定的目录里。容器创建好之后，会在容器的挂载目录里创建一个文件，此文件的名称为ConfigMap里的key，文件的内容为对应key的value。

第1步 ▶ 创建Pod的YAML文件pod3.yaml，内容如下。

```
apiVersion: v1
kind: Pod
metadata:
  creationTimestamp: null
  labels:
    run: pod3
  name: pod3
spec:
  terminationGracePeriodSeconds: 0
  volumes:
  - name: v1
    configMap:
      name: mycm2
  containers:
  - image: nginx
    imagePullPolicy: IfNotPresent
```

```
      name: pod3
      resources: {}
      volumeMounts:
      - name: v1
        mountPath: "/etc/test"
```

在这个YAML文件里，创建了一个名称为v1、类型为ConfigMap的卷，关联到ConfigMap mycm2上，在创建的容器里挂载卷v1到目录/etc/test，此时容器的目录/etc/test里有两个文件：hosts和issue，它们的值分别是/etc/hosts和/etc/issue的内容。

第2步 ● 创建Pod。

```
[root@vms10 chap7]# kubectl apply -f pod3.yaml
pod/pod3 created
[root@vms10 chap7]# kubectl get pods
NAME    READY    STATUS     RESTARTS    AGE
pod3    1/1      Running    0           2s
[root@vms10 chap7]#
```

第3步 ● 到Pod里查询是否把ConfigMap指定的文件写入目录。

```
[root@vms10 chap7]# kubectl exec pod3 -- ls /etc/test
hosts
issue
[root@vms10 chap7]#
```

第4步 ● 查看某一文件的内容。

```
[root@vms10 chap7]# kubectl exec pod3 -- cat /etc/test/hosts
127.0.0.1    localhost localhost.localdomain localhost4 localhost4.localdomain4
::1          localhost localhost.localdomain localhost6 localhost6.localdomain6
192.168.26.10 vms10.rhce.cc   vms10
192.168.26.11 vms11.rhce.cc   vms11
192.168.26.12 vms12.rhce.cc   vms12
[root@vms10 chap7]#
```

第5步 ● 删除pod3。

```
[root@vms10 chap7]# kubectl delete pod pod3
pod "pod3" deleted
[root@vms10 chap7]#
```

类似地，ConfigMap里有多个文件，但是只想挂载一个文件，则使用subPath，这里不再赘述。

方法2：以变量的方式。

与介绍Secret时所讲的通过变量的方式引用一样，只是这里的关键字由secretKeyRef变成了configMapKeyRef。

第1步 ● 创建Pod的YAML文件pod4.yaml，内容如下。

```
apiVersion: v1
kind: Pod
metadata:
  creationTimestamp: null
  labels:
    run: pod4
  name: pod4
spec:
  terminationGracePeriodSeconds: 0
  containers:
  - image: hub.c.163.com/library/mysql:latest
    imagePullPolicy: IfNotPresent
    name: pod4
    env:
    - name: MYSQL_ROOT_PASSWORD
      valueFrom:
        configMapKeyRef:
          name: mycm1
          key: yy
```

此YAML文件用于创建一个名称为pod4的MySQL的Pod，在创建容器时，需要指定一个变量MYSQL_ROOT_PASSWORD（由env下的name指定），这个变量的值并没有直接用value写出来，而是用valueFrom从其他地方引用过来。这里通过configMapKeyRef里的name引用mycm1，然后通过key引用mycm1里的yy这个键，整体的意思就是，MYSQL_ROOT_PASSWORD的值使用的是mycm1里的yy这个键对应的值（为haha001）。

第2步 ● 创建Pod。

```
[root@vms10 chap7]# kubectl apply -f pod4.yaml
pod/pod4 created
[root@vms10 chap7]#
```

第3步 ● 获取此Pod的IP。

```
[root@vms10 chap7]# kubectl get pods -o wide
NAME    READY     STATUS      RESTARTS    AGE     IP              ...
pod4    1/1       Running     0           9s      10.244.3.41     ...
[root@vms10 chap7]#
```

第4步 ● 登录验证。

```
[root@vms10 chap7]# mysql -uroot -phaha001 -h10.244.3.41
Welcome to the MariaDB monitor. Commands end with ; or \g.
...
MySQL [(none)]> exit
Bye
[root@vms10 chap7]#
```

第5步 ● 删除pod4。

```
[root@vms10 chap7]# kubectl delete pod pod4
pod "pod4" deleted
[root@vms10 chap7]#
```

模拟考题

（1）创建Secret，并以变量的方式在Pod里使用。

①创建Secret，名称为s1，键值对为name1/tom1。

②创建一个名称为nginx的Pod，镜像为Nginx。此Pod里定义一个名称为MYENV的变量，变量的值为s1里的name1对应的值。

③当Pod运行起来之后，进入Pod里查看变量MYENV的值。

（2）创建ConfigMap，并以卷的方式使用这个ConfigMap。

①创建ConfigMap，名称为cm1，键值对为name2/tom2。

②创建一个名称为nginx2的Pod，镜像为Nginx。

此Pod里把cm1挂载到/also/data目录里。

（3）删除nginx和nginx2这两个Pod。

第 8 章
Deployment

考试大纲

了解 Deployment 的作用，创建及删除 Deployment，扩展 Pod 的副本数，了解 Deployment 的 YAML 文件的结构及修改 Deployment。

本章要点

考点 1：创建及删除 Deployment。

考点 2：伸缩 Pod 的副本数。

考点 3：更新及回滚容器所使用的镜像。

考点 4：在线修改 Deployment 的设置。

前面我们讲了如何创建 Pod，但是这种直接创建出来的 Pod 是不稳定、不健壮的，挂掉之后不会自动重启，这样运行在容器里的应用也就无法正常运行了。可以利用 Deployment 来提高 Pod 的健壮性，如图 8-1 所示。

Deployment（简称 Deploy）是一个控制器，它含有创建 Pod 的模板，我们只要告诉这个 Deployment 需要创建几个 Pod 即

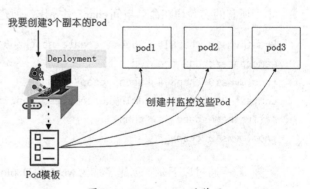

图 8-1　Deployment 的作用

可，图 8-1 中是 3 个。这样 Deployment 就会根据 Pod 模板把这 3 个 Pod 创建出来，并始终监测这 3 个 Pod。如果某个 Pod 挂掉了，则 Deployment 会马上重新创建出 1 个新的 Pod，保证环境里有 3 个 Pod。

因为 Deployment 是通过模板创建这些 Pod 的，所以这 3 个 Pod 的配置都是一样的。

8.1 创建和删除 Deployment

【必知必会】创建 Deployment，删除 Deployment。

本节主要讲的是如何生成 Deployment 所需要的 YAML 文件，以及这个 YAML 文件里字段的意义，然后根据自己的需要来修改此 YAML 文件。

8.1.1 通过 YAML 文件的方式创建 Deployment

可以通过命令行的方式，也可以通过 YAML 文件的方式来创建 Deployment。不过，不建议通过命令行的方式创建，因为从 K8s v1.18.x 开始，命令行里除了 --image，能用的其他选项很少。建议通过 YAML 文件的方式来创建 Deployment，因为这样可以在 YAML 文件里指定各种各样的参数。可以通过命令行的方式来生成 YAML 文件，然后在此基础上进行修改。

用命令行生成 Deployment 的 YAML 文件，语法如下。

```
kubectl create deployment 名称 --image= 镜像 --dry-run=client -o yaml > web1.yaml
```

本章所涉及的文件全部放在一个目录 chap8 里。

第1步 ● 创建 chap8 目录，并进入此目录。

```
[root@vms10 ~]# mkdir chap8
[root@vms10 ~]# cd chap8
[root@vms10 chap8]#
```

本章所有的实验均在命名空间 chap8 里操作，创建并切换到命名空间 chap8。

```
[root@vms10 chap8]# kubectl create ns chap8
namespace/chap8 created
[root@vms10 chap8]# kubens chap8
Context "kubernetes-admin@kubernetes" modified.
Active namespace is "chap8".
[root@vms10 chap8]#
```

第2步 ● 通过以下命令创建名称为 web1 的 Deployment 的 YAML 文件。

```
[root@vms10 chap8]# kubectl create deployment web1 --image=nginx --dry-run=client
-o yaml > web1.yaml
[root@vms10 chap8]#
```

这个 YAML 文件的结构如图 8-2 所示，下面我们来分析一下这个 YAML 文件。

在 Deployment 的 YAML 文件里，标记 1 的位置是这个 Deployment 本身的属性，设置的是其名称、标签等属性。这里的标签和后面标记3与标记5处的标签没有任何关系。

标记4定义的是Pod的模板，Deployment就是通过这个模板来创建Pod的，前面讲过的Pod的参数都在这个位置定义。

标记2的replicas用于告诉此Deployment要创建的Pod副本的数目，因为Deployment是通过模板创建Pod的，所以创建出来的这些副本的配置都是一样的，故这些Pod所具备的标签也都是一样的，这个标签是app=web1（在Pod模板里定义，即图8-2中标记5的位置定义）。

前面讲到Deployment创建出来的Pod它都要进行监测，图8-2中标记3的位置selector，指定的是Deployment要监测含有哪些标签的Pod，这里定义的是要监测标签为app=web1的那些Pod，这个值必须和Pod里的标签（标记5）一致。当然Pod里可以设置多个标签，selector至少要和这多个标签里的一个一致。

请自行把副本数改为3，设置镜像下载策略为IfNotPresent，并把Pod的宽限期设置为0，最终的代码如图8-3所示，修改的部分做了标记。

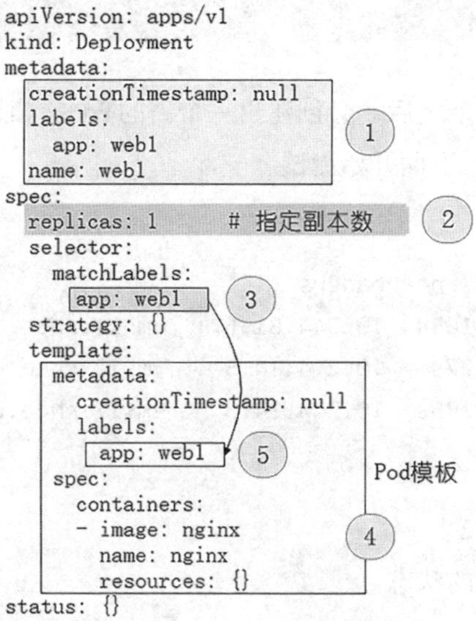

```
apiVersion: apps/v1
kind: Deployment
metadata:
  creationTimestamp: null
  labels:
    app: web1
  name: web1
spec:
  replicas: 1    # 指定副本数      2
  selector:
    matchLabels:
      app: web1            3
  strategy: {}
  template:
    metadata:
      creationTimestamp: null
      labels:
        app: web1          5
    spec:
      containers:
      - image: nginx
        name: nginx        4
        resources: {}
status: {}
```
1

图 8-2　Deployment 的 YAML 文件结构

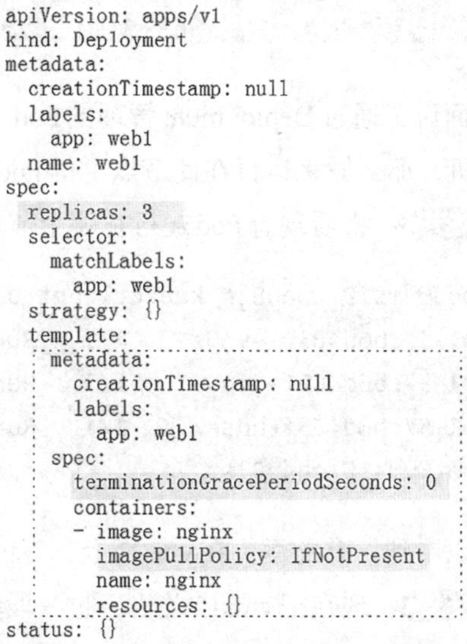

```
apiVersion: apps/v1
kind: Deployment
metadata:
  creationTimestamp: null
  labels:
    app: web1
  name: web1
spec:
  replicas: 3
  selector:
    matchLabels:
      app: web1
  strategy: {}
  template:
    metadata:
      creationTimestamp: null
      labels:
        app: web1
    spec:
      terminationGracePeriodSeconds: 0
      containers:
      - image: nginx
        imagePullPolicy: IfNotPresent
        name: nginx
        resources: {}
status: {}
```

图 8-3　修改副本数为 3

第3步 ▶ 创建此 Deployment。

```
[root@vms10 chap8]# kubectl apply -f web1.yaml
deployment.apps/web1 created
[root@vms10 chap8]#
[root@vms10 chap8]# kubectl get pods -o wide --no-headers
web1-57cb6d465f-4vm9z   1/1    Running   0   3s   10.244.81.67   vms11.rhce.cc
web1-57cb6d465f-gwsfc   1/1    Running   0   3s   10.244.14.4    vms12.rhce.cc
web1-57cb6d465f-ndsnw   1/1    Running   0   3s   10.244.14.3    vms12.rhce.cc
[root@vms10 chap8]#
```

第4步 ▶ 删除一个Pod，验证是否能自动创建新的Pod。

删除web1-57cb6d465f-gwsfc测试。

```
[root@vms10 chap8]# kubectl delete pod web1-57cb6d465f-gwsfc
pod "web1-57cb6d465f-gwsfc" deleted
[root@vms10 chap8]#
[root@vms10 chap8]# kubectl get pods -o wide --no-headers
web1-57cb6d465f-4vm9z    1/1    Running    0    85s    10.244.81.67    vms11.rhce.cc
web1-57cb6d465f-jln59    1/1    Running    0    7s     10.244.14.5     vms12.rhce.cc
web1-57cb6d465f-ndsnw    1/1    Running    0    85s    10.244.14.3     vms12.rhce.cc
[root@vms10 chap8]#
```

因为Deployment要设置3个Pod，所以删除一个之后，Deployment会马上生成一个新的Pod，保证环境里有3个Pod。

8.1.2 Deployment健壮性测试

前面讲了通过Deployment管理的Pod，如果删除一个之后，会创建出一个新的Pod。如果一个节点关机，那么原来运行在此节点上的Pod会怎么样呢？下面开始测试。

第1步 ▶ 查看现有Pod运行在哪个节点上。

```
[root@vms10 chap8]# kubectl get pods -o wide --no-headers
web1-57cb6d465f-4vm9z    1/1    Running    0    105s    10.244.81.67    vms11.rhce.cc
web1-57cb6d465f-jln59    1/1    Running    0    27s     10.244.14.5     vms12.rhce.cc
web1-57cb6d465f-ndsnw    1/1    Running    0    105s    10.244.14.3     vms12.rhce.cc
[root@vms10 chap8]#
```

可以看到，有的运行在vms11上，有的运行在vms12上。

第2步 ▶ 现在把vms12关机，过一段时间查看Pod的状态。

```
[root@vms10 chap8]# kubectl get pods -o wide --no-headers
web1-57cb6d465f-4vm9z    1/1    Running             0    9m32s    10.244.81.67    vms11.rhce.cc
web1-57cb6d465f-jln59    1/1    Terminating         0    8m14s    10.244.14.5     vms12.rhce.cc
web1-57cb6d465f-ndsnw    1/1    Terminating         0    9m32s    10.244.14.3     vms12.rhce.cc
web1-57cb6d465f-pllcc    0/1    ContainerCreating   0    1s       <none>          vms11.rhce.cc
web1-57cb6d465f-wxh2p    0/1    ContainerCreating   0    1s       <none>          vms11.rhce.cc
[root@vms10 chap8]#
```

可以看到，Pod都会到vms11上运行。在故障的几分钟内，Master仍会等待Pod恢复，若等几分钟还没有恢复，会执行删除，删除完成后，Master会重新调度新Pod替代。但是，vms12处于关机状态，Master无法和vms12通信，所以vms12上的Pod就处于"失联"状态，才会看到删除的两个Pod的状态为Terminating。

但是，切换的速度是有些慢的，请参考如下文章：https://www.rhce.cc/4036.html。

第3步 当vms12开机之后，被标记为删除的Pod会被删除。

```
[root@vms10 chap8]# kubectl get pods -o wide --no-headers
web1-57cb6d465f-4vm9z   1/1   Running   0   14m     10.244.81.67   vms11.rhce.cc
web1-57cb6d465f-pllcc   1/1   Running   0   4m39s   10.244.81.68   vms11.rhce.cc
web1-57cb6d465f-wxh2p   1/1   Running   0   4m39s   10.244.81.69   vms11.rhce.cc
[root@vms10 chap8]#
```

但是，在vms12恢复之后，已经运行在vms11上的Pod并不会再次调度到vms12上运行。

删除Deployment的方法有如下两种。

（1）kubectl delete -f web1.yaml。

（2）kubectl delete deploy 名称。

第4步 删除此Deployment。

```
[root@vms10 chap8]# kubectl delete -f web1.yaml
deployment.apps "web1" deleted
[root@vms10 chap8]#
```

8.2 修改 Deployment 副本数

【必知必会】命令行修改副本数，在线修改副本数，通过YAML文件修改副本数。

这里讲一下为什么要修改副本数。后面会讲到Service（简称SVC），它类似于一个负载均衡器，用户把请求发送给它，它会把请求转发给后端的Pod，如图8-4所示。

这样Deployment创建出来的多个副本Pod就会被分布到不同的Worker上，访问到SVC的请求后会转发到后端的Pod上，从而实现了由多个Worker来分摊负载压力。

有3种方式可以修改Deployment的副本数。

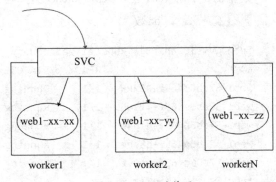

图8-4 SVC的作用

8.2.1 通过命令行的方式修改

第1种修改Deployment副本数的方法是使用kubectl scale命令，语法如下。

```
kubectl scale deployment 名称 --replicas= 新的副本数
```

第1步 ● 创建一个名称为web1的Deployment，副本数为3。

```
[root@vms10 chap8]# kubectl apply -f web1.yaml
deployment.apps/web1 created
[root@vms10 chap8]#
[root@vms10 chap8]# kubectl get pods
NAME                      READY    STATUS     RESTARTS     AGE
web1-57cb6d465f-4t7qh     1/1      Running    0            40s
web1-57cb6d465f-nlp4m     1/1      Running    0            40s
web1-57cb6d465f-qt6vt     1/1      Running    0            40s
[root@vms10 chap8]#
```

第2步 ● 把web1的副本数修改为5。

```
[root@vms10 chap8]# kubectl scale deployment web1 --replicas=5
deployment.apps/web1 scaled
[root@vms10 chap8]#
```

第3步 ● 查看Deployment的相关信息。

```
[root@vms10 chap8]# kubectl get deploy
NAME    READY    UP-TO-DATE    AVAILABLE    AGE
web1    5/5      5             5            98s
[root@vms10 chap8]#
```

这里也显示了web1这个Deployment里有5个Pod在运行。

第4步 ● 查看Pod数。

```
[root@vms10 chap8]# kubectl get pods
NAME                      READY    STATUS     RESTARTS     AGE
web1-57cb6d465f-45xxk     1/1      Running    0            44s
web1-57cb6d465f-4t7qh     1/1      Running    0            93s
web1-57cb6d465f-nlp4m     1/1      Running    0            93s
web1-57cb6d465f-q8sbg     1/1      Running    0            44s
web1-57cb6d465f-qt6vt     1/1      Running    0            93s
[root@vms10 chap8]#
```

8.2.2 通过编辑Deployment的方式修改

第2种修改Deployment副本数的方法是通过kubectl edit命令在线修改Deployment的配置。现在web1的副本数为5，将其修改为3，操作步骤如下。

第1步 ▶ 执行 kubectl edit deployments web1 命令，打开 web1 的配置。

```
[root@vms10 chap8]# kubectl edit deployments web1
...
```

第2步 ▶ 找到 replicas 字段，把 5 改为 3。

```
spec:
  progressDeadlineSeconds:600
  replicas: 3
  revisionHistoryLimit: 10
...
```

第3步 ▶ 保存退出，查看 Pod 数。

```
[root@vms10 chap8]# kubectl get pods
NAME                        READY     STATUS      RESTARTS      AGE
web1-57cb6d465f-4t7qh       1/1       Running     0             2m56s
web1-57cb6d465f-nlp4m       1/1       Running     0             2m56s
web1-57cb6d465f-q8sbg       1/1       Running     0             2m7s
[root@vms10 chap8]#
```

8.2.3 通过修改 YAML 文件的方式修改

第 3 种修改 Deployment 副本数的方法是修改创建 Deployment 的 YAML 文件，然后让其生效即可。现在 web1 的副本数为 3，将其修改为 5，操作步骤如下。

第1步 ▶ 修改 web1.yaml 文件，把副本数改为 5。

```
[root@vms10 chap8]# cat web1.yaml
...
spec:
  replicas: 5
  selector:
...
```

第2步 ▶ 让 web1.yaml 文件所做的修改生效。

```
[root@vms10 chap8]# kubectl apply -f web1.yaml
deployment.apps/web1 configured
[root@vms10 chap8]#
```

第3步 ▶ 查看 Pod 数。

```
[root@vms10 chap8]# kubectl get pods
```

```
NAME                       READY    STATUS     RESTARTS    AGE
web1-57cb6d465f-4t7qh      1/1      Running    0           4m9s
web1-57cb6d465f-5dst4      1/1      Running    0           3s
web1-57cb6d465f-zzbjj      1/1      Running    0           3s
web1-57cb6d465f-nlp4m      1/1      Running    0           4m9s
web1-57cb6d465f-q8sbg      1/1      Running    0           3m20s
[root@vms10 chap8]#
```

可以看到，已经有5个副本了。

8.3 水平自动更新HPA

对于Deployment来说，管理员告诉它要创建几个Pod，它才会创建几个Pod。如果现在Pod负载比较大，需要更多Pod来分摊负载，就需要管理员手动去调整Pod的副本数。那么，是否可以设置，让K8s根据Pod负载情况，自动去调整Deployment里Pod的副本数呢？这可以通过水平自动更新（Horizontal Pod Autoscalers，HPA）来实现。HPA通过检测Pod的CPU负载来通知Deployment，让其更新Pod数以减轻Pod的负载，如图8-5所示。

假设一开始Deployment管理1个Pod web1-xx-xx，用户通过访问名称为svc1的SVC，从而访问到web1-xx-xx。假设访问量突增，此时所有的负载都落在这个Pod上，这个Pod的CPU负载就会剧增，web-xx-xx所在节点的CPU负载就会很重。此时HPA检测到之后，会通知Deployment增加Pod数，如图8-6所示。

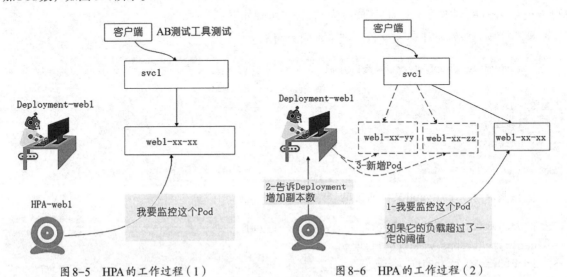

图8-5　HPA的工作过程（1）　　　　　图8-6　HPA的工作过程（2）

Deployment就会增加Pod的副本数，如图8-6中增加了两个Pod：web1-xx-yy和web1-xx-zz。这样来自svc1的访问量就被转发到后端的三个Pod上了，因为Pod会分布到不同的节点上，所以来自svc1的访问量其实被不同的节点分摊了。当访问量降下来之后，每个Pod的负载降低了，HPA检测到每个Pod的负载很低，就会通知Deployment修改Pod的副本数。

8.3.1 配置HPA

可以直接通过命令行的方式来创建HPA，语法如下。

```
kubectl autoscale deployment 名称 --min=M --max=N --cpu-percent=X
```

意思是此Deployment最少运行M个Pod，确保每个Pod的CPU的使用率最大不超过X%，否则就扩展Pod的副本数，最大扩展到N。如果不写--cpu-percent，默认是80。

第1步 ▶ 把web1的副本数设置为1（前面的练习里把副本数设置为了5）。

```
[root@vms10 chap8]# kubectl scale deployment web1 --replicas=1
deployment.apps/web1 scaled
[root@vms10 chap8]#
```

第2步 ▶ 查看Pod的运行情况。

```
[root@vms10 chap8]# kubectl get pods
NAME                     READY   STATUS    RESTARTS   AGE
web1-57cb6d465f-zzbjj    1/1     Running   0          6m
[root@vms10 chap8]#
```

第3步 ▶ 修改Deployment的配置，设置每个容器的资源限制。

```
[root@vms10 chap8]# kubectl edit deployments web1
...
    containers:
    - image: nginx
      imagePullPolicy: IfNotPresent
      name: nginx
      resources:
        requests:
          cpu: 400m
      ports:
...
```

把resources: {} 换成上面这样，在Kubernetes里，1核的CPU等于1000m（微核心），后面说Pod的CPU使用率超过80%，指的是这400m的80%即320m。

第4步 ▶ 查看HPA。

```
[root@vms10 chap8]# kubectl get hpa
```

```
No resources found in chap8 namespace.
[root@vms10 chap8]#
```

第5步 创建 HPA，使每个 Pod 的 CPU 最大使用率不超过 80%。

```
[root@vms10 chap8]# kubectl autoscale deployment web1 --min=1 --max=5 --cpu-percent=80
horizontalpodautoscaler.autoscaling/web1 autoscaled
[root@vms10 chap8]#
```

这里创建一个 HPA 监测 web1 的 Pod，如果 Pod 的 CPU 使用率超过 80%，则开始扩展副本数，副本数最高不能超过 5 个，最低不能低于 1 个。

第6步 查看 HPA。

```
[root@vms10 chap8]# kubectl get hpa
NAME      REFERENCE          TARGETS        MINPODS   MAXPODS   REPLICAS   AGE
web1      Deployment/web1    <unknown>/80%  1         5         1          93s
[root@vms10 chap8]#
```

需要等一会，<unknown> 才会变成具体的值。

```
[root@vms10 chap8]# kubectl get hpa
NAME      REFERENCE          TARGETS    MINPODS   MAXPODS   REPLICAS   AGE
web1      Deployment/web1    0%/80%     1         5         1          32s
[root@vms10 chap8]#
```

8.3.2 测试 HPA

本小节的实验是给 Pod 创建负载，然后检测 HPA 是否把 Pod 的副本数增加了。

第1步 确认现在的环境里只有一个 Pod。

```
[root@vms10 chap8]# kubectl get pods
NAME                     READY   STATUS    RESTARTS   AGE
web1-57cb6d465f-zzbjj    1/1     Running   0          2m41s
[root@vms10 chap8]#
```

第2步 为此 Deployment 创建一个服务。

```
[root@vms10 chap8]# kubectl expose --name=svc1 deployment web1 --port=80
service/web1 exposed
[root@vms10 chap8]#
[root@vms10 chap8]# kubectl get svc
NAME          TYPE        CLUSTER-IP      EXTERNAL-IP   PORT(S)       AGE
```

```
svc1        ClusterIP  10.103.125.212  <none>        80/TCP      20s
[root@vms10 chap8]#
```

可以看到，svc1 的 IP 是 10.103.125.212，这样直接访问这个地址时，就能访问到 svc1 这个 SVC 了，然后这个 SVC 会把请求转发给后端的 Pod（web1 创建出来的 Pod），如图 8-7 所示。

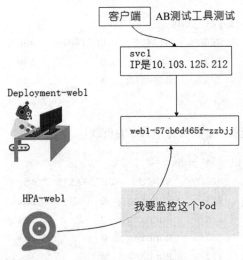

图 8-7 HPA 的工作过程（3）

所以，这个 SVC 接收的访问量越大，后端 Pod 接收的请求也就越大。

第3步 ● 在 vms10 上安装 AB 测试工具。

```
[root@vms10 chap8]# yum install httpd-tools -y
已加载插件: fastestmirror
    ... 输出 ...
作为依赖被安装：
  apr.x86_64 0:1.4.8-7.el7           apr-util.x86_64 0:1.5.2-6.el7

完毕！
[root@vms10 chap8]#
```

第4步 ● 对 10.103.125.212 进行压力测试。

```
[root@vms10 chap8]# ab -t 600 -n 1000000 -c 1000 http://10.103.125.212/
    ... 输出 ...
Benchmarking 192.168.26.10 (be patient)
Completed 100000 requests
Completed 200000 requests
    ... 输出 ...
```

第5步 ● 在 SSH 客户端的另外一个标签里执行如下命令。

```
[root@vms10 ~]# kubectl get hpa
NAME    REFERENCE         TARGETS      MINPODS    MAXPODS    REPLICAS    AGE
web1    Deployment/web1   158%/80%     1          5          2           6m37s
[root@vms10 ~]#
```

可以看到，当前Pod里的CPU负载为158%，已经扩展为2个Pod了，下面查看Pod数。

```
[root@vms10 ~]# kubectl get pods
NAME                      READY    STATUS     RESTARTS    AGE
web1-57cb6d465f-zzbjj     1/1      Running    0           10m
web1-57cb6d465f-m95h7     1/1      Running    0           31s
[root@vms10 ~]#
```

第6步 ▶ 继续等待，查看Pod数及每个Pod的负载。

```
[root@vms10 ~]# kubectl get pods
NAME                      READY    STATUS     RESTARTS    AGE
web1-57cb6d465f-28h6z     1/1      Running    0           2m28s
web1-57cb6d465f-bgzsk     1/1      Running    0           2m43s
web1-57cb6d465f-zzbjj     1/1      Running    0           10m
web1-57cb6d465f-m95h7     1/1      Running    0           3m45s
web1-57cb6d465f-mgp6v     1/1      Running    0           2m43s
[root@vms10 ~]#
```

```
[root@vms10 ~]# kubectl top pods
NAME                      CPU(cores)    MEMORY(bytes)
web1-57cb6d465f-28h6z     342m          1Mi
web1-57cb6d465f-bgzsk     399m          1Mi
web1-57cb6d465f-zzbjj     312m          1Mi
web1-57cb6d465f-m95h7     464m          1Mi
web1-57cb6d465f-mgp6v     350m          1Mi
[root@vms10 ~]#
```

第7步 ▶ 终止AB压力测试之后，等待几分钟再次查看Pod数。

```
[root@vms10 ~]# kubectl get pods
NAME                      READY    STATUS     RESTARTS    AGE
web1-57cb6d465f-zzbjj     1/1      Running    0           15m
[root@vms10 ~]#
[root@vms10 ~]# kubectl get hpa
NAME    REFERENCE         TARGETS     MINPODS    MAXPODS    REPLICAS    AGE
web1    Deployment/web1   0%/80%      1          5          1           14m
[root@vms10 ~]#
```

可以看到，Pod数又恢复到了1个。

注意

并不是Pod负载降低之后，Pod数就会立即减少，要等待一段时间，默认时间是5分钟，目的是防止Pod数的抖动。

第8步 ● 删除此HPA，然后把副本数修改为5。

```
[root@vms10 ~]# kubectl delete hpa web1
horizontalpodautoscaler.autoscaling "web1" deleted
[root@vms10 ~]# kubectl scale deployment web1 --replicas=5
deployment.apps/web1 scaled
[root@vms10 ~]#
```

8.4 Deployment镜像的升级及回滚

【必知必会】更新Deployment所使用的镜像，镜像的回滚。

我们已经知道了如何使用Deployment在环境里部署Pod，如果所使用的镜像有了新的版本，如何把这个新的版本部署到现有Pod里呢？如果发现新版本的镜像有Bug，那么又该如何回滚到升级前的版本呢？本节就来介绍如何升级及回滚镜像。

查看当前Deployment的更多信息。

```
[root@vms10 chap8]# kubectl get deployments -o wide
NAME   READY   UP-TO-DATE   AVAILABLE   AGE       CONTAINERS   IMAGES   ...
web1   5/5     5            5           18m40s    nginx        nginx    ...
[root@vms10 chap8]#
```

从CONTAINERS字段的值能看出来，当前Deployment里创建的Pod里的容器名为nginx；从IMAGES字段的值能看出来，所使用的镜像是Nginx。

8.4.1 镜像的升级

升级镜像可以通过以下3种方式。

（1）kubectl edit deploy。

（2）修改Deployment的YAML文件，然后执行"kubectl apply –f YAML文件"命令。

（3）命令行的方式修改。

这里通过命令行的方式来修改，因为这样可以记录镜像变更的信息。

命令行升级 Deployment 镜像的语法如下。

```
kubectl set image deployment/ 名称 容器名 = 镜像 <--record>
```

或

```
kubectl set image deploy 名称 容器名 = 镜像 <--record>
```

这里 --record 是可选的，可写可不写，这个选项可以把镜像的变更记录下来。该选项已经被弃用了，现在还能用，但是用的时候会有如下提示。

```
Flag --record has been deprecated, --record will be removed in the future
```

第1步 ▶ 现在把 web1 里所有容器的镜像换成 nginx:1.7.9。

```
[root@vms10 chap8]# kubectl set image deploy web1 nginx=nginx:1.7.9
deployment.apps/web1 image updated
[root@vms10 chap8]#
```

第2步 ▶ 查看现在 Deployment 所使用的镜像。

```
[root@vms10 chap8]# kubectl get deployments -o wide
NAME    READY   UP-TO-DATE   AVAILABLE   AGE       CONTAINERS   IMAGES
web1    5/5     5            5           19m38s    nginx        nginx:1.7.9
[root@vms10 chap8]#
```

可以看到，web1 里的容器现在使用的镜像是 nginx:1.7.9 了。更新 Deployment 所用镜像的本质是，Deployment 会删除原有的 Pod，然后重新生成 Pod。

第3步 ▶ 把 Deployment 的镜像改为 nginx:1.9。

```
[root@vms10 chap8]# kubectl set image deployment/web1 nginx=nginx:1.9
deployment.apps/web1 image updated
[root@vms10 chap8]#
```

第4步 ▶ 再次查看 Deployment 所使用的镜像。

```
[root@vms10 chap8]# kubectl get deployments -o wide
NAME    READY   UP-TO-DATE   AVAILABLE   AGE       CONTAINERS   IMAGES
web1    5/5     5            5           20m       nginx        nginx:1.9
[root@vms10 chap8]#
```

可以看到，现在使用的镜像是 nginx:1.9 了。

到现在为止，镜像从 nginx:latest 到 nginx:1.7.9，再到 nginx:1.9。

第5步 ▶ 查看镜像的变化过程。

```
[root@vms10 chap8]# kubectl rollout history deployment web1
deployment.apps/web1
REVISION   CHANGE-CAUSE
1          <none>
2          <none>
3          <none>

[root@vms10 chap8]#
```

此时看不出来每次切换的是哪个版本的镜像，因为我们并没有记录每次的变更。

第6步 ● 再次将镜像切换，切换到nginx:latest，然后到nginx:1.7.9，再到nginx:1.9，每次升级镜像时加上--record选项。

```
[root@vms10 chap8]# kubectl set image deployment/web1 nginx=nginx --record
deployment.apps/web1 image updated
[root@vms10 chap8]# kubectl set image deployment/web1 nginx=nginx:1.7.9 --record
deployment.apps/web1 image updated
[root@vms10 chap8]#
[root@vms10 chap8]# kubectl set image deployment/web1 nginx=nginx:1.9 --record
deployment.apps/web1 image updated
[root@vms10 chap8]#
```

第7步 ● 再次查看Deployment镜像的变更记录。

```
[root@vms10 chap8]# kubectl rollout history deployment/web1
deployment.extensions/web1
REVISION   CHANGE-CAUSE
4          kubectl set image deployment/web1 nginx=nginx --record=true
5          kubectl set image deployment/web1 nginx=nginx:1.7.9 --record=true
6          kubectl set image deployment/web1 nginx=nginx:1.9 --record=true

[root@vms10 chap8]#
```

可以看到，变更镜像的记录前面都会有一个编号。

第8步 ● 查看当前Deployment所使用的镜像。

```
[root@vms10 chap8]# kubectl get deployments -o wide
NAME   READY   UP-TO-DATE   AVAILABLE   AGE    CONTAINERS   IMAGES
web1   5/5     5            5           24m    nginx        nginx:1.9
[root@vms10 chap8]#
```

此时所使用的镜像是nginx:1.9。

8.4.2 镜像的回滚

如果变更后的镜像有问题，我们可以把镜像回滚到变更之前的版本，回滚的语法如下。

```
kubectl rollout undo deployment/名称
```

或

```
kubectl rollout undo deployment/名称 --to-revision=版本
```

这里的版本是通过kubectl rollout history命令查看到的。

第1步 ▶ 回滚到编号为5的那次变更，从前面可以看到编号为5的变更使用的镜像是nginx:1.7.9。

```
[root@vms10 chap8]# kubectl rollout undo deployment/web1 --to-revision=5
deployment.apps/web1 rolled back
[root@vms10 chap8]#
```

第2步 ▶ 查看当前Deployment所用镜像的版本。

```
[root@vms10 chap8]# kubectl get deployments -o wide
NAME    READY   UP-TO-DATE   AVAILABLE   AGE   CONTAINERS   IMAGES
web1    5/5     5            5           27m   nginx        nginx:1.7.9
[root@vms10 chap8]#
```

可以看到，镜像从nginx:1.9切换到nginx:1.7.9了。如果不指定--to-revision选项，则会切换到上一个版本，现在使用的镜像是nginx:1.7.9，上一个使用的镜像版本是nginx:1.9。

第3步 ▶ 再次回滚镜像。

```
[root@vms10 chap8]# kubectl rollout undo deployment/web1
deployment.apps/web1 rolled back
[root@vms10 chap8]#
```

这里没有加--to-revision选项，则回滚到上一个版本，即nginx:1.9版本的镜像。

第4步 ▶ 查看当前Deployment所用镜像的版本。

```
[root@vms10 chap8]# kubectl get deployments -o wide
NAME    READY   UP-TO-DATE   AVAILABLE   AGE   CONTAINERS   IMAGES
web1    5/5     5            5           28m   nginx        nginx:1.9
[root@vms10 chap8]#
```

可以看到，镜像从nginx:1.7.9切换到nginx:1.9了。

8.5 滚动升级

【必知必会】了解滚动更新，执行滚动更新。

对于web1来说里面有5个Pod，要把现在使用的镜像换成另外一个镜像，本质上就是删除旧的Pod，然后用新的镜像创建Pod。这个过程是一次性把5个旧Pod全部删除，同时一次性创建5个新Pod，还是删除部分旧Pod，创建几个新Pod，然后再删除部分旧Pod，创建几个新Pod（滚动）呢？

滚动更新不是一次性把所有Pod的镜像全部更新，而是先更新几个Pod的镜像，更新完成之后，再更新几个Pod的镜像，直到把所有Pod更新完成。

每次更新几个Pod是由以下两个参数决定的。

（1）maxSurge：用来指定最多一次创建几个Pod，可以是百分比，也可以是具体数目。

（2）maxUnavailable：用来指定最多有几个Pod不可用，可以是数字或百分比。

为了更好地看到滚动更新的效果，这里设置在更新镜像时，每次只更新一个Pod。

第1步 ▶ 通过kubectl edit命令打开Deployment的配置，找到如下字段的内容。

```
[root@vms10 chap8]# kubectl edit deployments web1
    ... 输出 ...
  strategy:
    rollingUpdate:
      maxSurge: 25%
      maxUnavailable: 25%
    type: RollingUpdate
    ... 输出 ...
```

maxSurge的值为25%：变更镜像时先创建新Pod，最多创建的个数为Pod总数的25%。

maxUnavailable的值为25%：删除一些Pod，但要确保环境里运行的Pod数为总数的75%（由100 – 25得出结果）。

第2步 ▶ 把这两个参数的值都设置为1。

```
  strategy:
    rollingUpdate:
      maxSurge: 1
      maxUnavailable: 1
    type: RollingUpdate
```

意思就是，变更镜像时先创建1个Pod，然后删除一些Pod。因为Pod的总数为5，最多只能有1个Pod不可用，所以整个过程中要确保有4个Pod的状态为Running。

第3步 ▶ 再次变更镜像，查看变更的情况。

```
[root@vms10 chap8]# kubectl get pods
```

NAME	READY	STATUS	RESTARTS	AGE
web1-57cb6d465f-6rm87	0/1	ContainerCreating	0	0s
web1-57cb6d465f-zzbjj	0/1	Terminating	0	20m
web1-57cb6d465f-7cv54	1/1	Running	0	13s
web1-57cb6d465f-d6474	1/1	Running	0	15s
web1-57cb6d465f-mqnmz	1/1	Running	0	14s
web1-57cb6d465f-q7qg8	1/1	Running	0	15s
[root@vms10 chap8]#				

可以看到，这里正在创建的 Pod 为 1，有 4 个 Pod 的状态为 Running。

➡ 模拟考题

（1）创建一个 Deployment，满足如下要求。

①名称为 web1，镜像为 nginx:1.9。

②此 web1 要有两个副本。

③Pod 的标签为 app-name=web1。

（2）更新此 Deployment，把 maxSurge 和 maxUnavailable 的值都设置为 1。

（3）修改此 Deployment 的副本数为 6。

（4）更新此 Deployment，让其使用镜像 Nginx，并记录此次更新。

（5）回滚此次更新至升级之前的镜像版本 nginx:1.9。

（6）删除此 Deployment。

第9章
DaemonSet 及其他控制器

考试大纲

了解DaemonSet的作用，创建及删除DaemonSet。

本章要点

考点1：创建及删除DaemonSet。
考点2：指定Pod运行在特定的节点上。

DaemonSet（简称DS）和Deployment类似，也是Pod的控制器，这个控制器里也含有Pod的模板，它会通过这个模板来自动创建Pod。DaemonSet和Deployment的区别在于，DaemonSet会在所有节点（包括Master）上创建一个Pod，不用指定副本数，即有几个节点就创建几个Pod，每个节点只创建一个Pod，如果后面增加节点，也会在新的节点上自动创建一个副本，如图9-1所示。

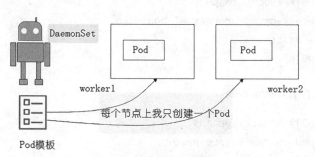

图9-1　DaemonSet

比如K8s中的每个节点都要运行kube-proxy这个Pod，如果我们新增加了节点，则新的节点上也会自动运行一个kube-proxy Pod。这个kube-proxy Pod就是由DaemonSet控制的。

DaemonSet一般用于监控、日志等，每个节点上运行一个Pod，这样可以收集所在主机的监控信息或日志信息，不会在一个节点上创建两个Pod，造成容器冲突。

注意

可以发现，在创建DaemonSet时，Master上并不会产生Pod，因为Master存在污点。

查看vms10上是否存在污点。

```
[root@vms10 ~]# kubectl describe nodes vms10.rhce.cc | grep ^Taints
Taints:          node-role.kubernetes.io/master:NoSchedule
[root@vms10 ~]#
```

可以看到，vms10上有一个污点。

9.1 创建及删除DaemonSet

【必知必会】创建DaemonSet，删除DaemonSet。

本节的主要目的是创建一个DaemonSet，然后验证DaemonSet是否在每个节点上只创建一个Pod，而不会在一个节点上创建多个Pod。本章所涉及的文件全部放在一个目录chap9里。

第1步 ▶ 创建目录chap9并进入。

```
[root@vms10 ~]# mkdir chap9
[root@vms10 ~]# cd chap9
[root@vms10 chap9]#
```

本章所有的实验均在命名空间chap9里操作，创建并切换到命名空间chap9。

```
[root@vms10 chap9]# kubectl create ns chap9
namespace/chap9 created
[root@vms10 chap9]# kubens chap9
Context "kubernetes-admin@kubernetes" modified.
Active namespace is "chap9".
[root@vms10 chap9]#
```

第2步 ▶ 查看是否有DaemonSet。

```
[root@vms10 chap9]# kubectl get ds
No resources found in chap9 namespace.
[root@vms10 chap9]#
```

可以看到，现在并没有。

第3步 ▶ 创建DaemonSet所需要的YAML文件myds1.yaml。

```
[root@vms10 chap9]# kubectl create deploy myds1 --image=nginx --dry-run=client -o
yaml > myds1.yaml
[root@vms10 chap9]#
```

不能通过kubectl create命令来创建DaemonSet，但因为DaemonSet和Deployment所用的YAML

文件非常相似，所以先生成Deployment的YAML文件，然后进行修改。

DaemonSet的YAML文件和Deployment的YAML文件的内容只有4点不同，按如下4步来修改。

（1）把kind字段改为DaemonSet。

（2）Deployment有副本数这个选项，而DaemonSet没有副本数这个选项，删除spec里的replicas字段。

（3）删除.spec下的strategy: {}。

（4）删除最后一行的status: {}。

第4步 ▶ 修改myds1.yaml文件，内容如下。

```yaml
apiVersion: apps/v1
kind: DaemonSet
metadata:
  name: myds1
spec:
  selector:
    matchLabels:
      app: nginx
  template:
    metadata:
      labels:
        app: nginx
    spec:
      terminationGracePeriodSeconds: 0
      containers:
      - image: nginx
        imagePullPolicy: IfNotPresent
        name: nginx
```

这是DaemonSet的YAML文件，可以看到并没有指定副本数，创建的Pod本应该在所有节点上创建一个Pod，但因为在Pod模板里并没有指定tolerations，所以并不会在含有污点的节点上创建Pod。

注意

这里额外添加了terminationGracePeriodSeconds: 0和imagePullPolicy: IfNotPresent两个选项。

第5步 ▶ 运行此YAML文件。

```
[root@vms10 chap9]# kubectl apply -f myds1.yaml
daemonset.apps/myds1 created
[root@vms10 chap9]# kubectl get ds
NAME    DESIRED CURRENT  READY  UP-TO-DATE AVAILABLE  NODE SELECTOR   AGE
myds1   2       2        2      2          2          <none>          7s
```

```
[root@vms10 chap9]#
```

第6步 ▶ 查看 Pod 的运行状态。

```
[root@vms10 chap9]# kubectl get pods -o wide --no-headers
myds1-clxfk      1/1    Running   0   54s   10.244.81.84    vms11.rhce.cc
myds1-qxrmd      1/1    Running   0   54s   10.244.14.33    vms12.rhce.cc
[root@vms10 chap9]#
```

可以看到，Pod 是在所有 Worker 节点上运行的（因为有污点，所以没有在 vms10 上运行）。

第7步 ▶ 删除 DaemonSet。

```
[root@vms10 chap9]# kubectl delete ds myds1
daemonset.apps "myds1" deleted
[root@vms10 chap9]#
[root@vms10 chap9]# kubectl get ds
No resources found in chap9 namespace.
[root@vms10 chap9]#
```

9.2 指定 Pod 所在位置

【必知必会】指定 DaemonSet 里的 Pod 在特定的节点上运行。

类似于前面讲的 Pod，可以通过标签的方式指定 DaemonSet 里的 Pod 在特定的节点上运行。

前面的章节中已经给 vms11 设置了一个标签 xx=xx，如果没有给 vms11 设置这个标签，请自行设置一下。

第1步 ▶ 修改 myds1.yaml 文件，增加 nodeSelector。

```
apiVersion: apps/v1
kind: DaemonSet
metadata:
  name: myds1
spec:
  selector:
    matchLabels:
      app: nginx
  template:
    metadata:
      labels:
        app: nginx
    spec:
```

```
        terminationGracePeriodSeconds: 0
        nodeSelector:
          xx: xx
        containers:
        - image: nginx
          imagePullPolicy: IfNotPresent
          name: nginx
```

这里通过 nodeSelector 来指定 Pod 运行在含有标签 xx=xx 的节点上，在这个环境里只有 vms11 才有 xx=xx 这个标签，所以此 DaemonSet 所产生的 Pod 只会在 vms11 节点上运行。

第2步 ▶ 应用此 YAML 文件。

```
[root@vms10 chap9]# kubectl apply -f myds1.yaml
daemonset.apps/myds1 created
[root@vms10 chap9]#
[root@vms10 chap9]# kubectl get pods -o wide --no-headers
myds1-b44bz       1/1    Running   0    11s    10.244.14.34    vms11.rhce.cc
[root@vms10 chap9]#
```

可以看到，DaemonSet 所产生的 Pod 只在 vms11 上运行，并没有在 vms12 上运行，因为 vms12 没有标签 xx=xx。

第3步 ▶ 删除 DaemonSet。

```
[root@vms10 chap9]# kubectl delete ds myds1
daemonset.apps "myds1" deleted
[root@vms10 chap9]#
```

9.3 其他控制器 ReplicationController

ReplicationController（简称 RC）是一种比较旧的控制器，在早期的 Kubernetes 上使用。ReplicationController 的作用和 Deployment 是一样的，使用方法也是一样的。

第1步 ▶ 查看是否存在 ReplicationController。

```
[root@vms10 chap9]# kubectl get rc
No resources found in chap9 namespace.
[root@vms10 chap9]#
```

第2步 ▶ 创建 ReplicationController 所需要的 YAML 文件 rc1.yaml，内容如下。

```
apiVersion: v1
```

```
kind: ReplicationController
metadata:
  name: myrc
spec:
  replicas: 3
  selector:
    app: nginx
  template:
    metadata:
      labels:
        app: nginx
    spec:
      terminationGracePeriodSeconds: 0
      containers:
      - name: nginx
        image: nginx
        imagePullPolicy: IfNotPresent
        ports:
        - containerPort: 80
```

上面的 YAML 文件用于创建名称为 myrc 的 ReplicationController，里面包含 3 个副本。

第3步 ▶ 创建 ReplicationController。

```
[root@vms10 chap9]# kubectl apply -f rc1.yaml
replicationcontroller/rc1 created
[root@vms10 chap9]# kubectl get rc
NAME    DESIRED    CURRENT    READY    AGE
myrc    3          3          3        8s
[root@vms10 chap9]#
[root@vms10 chap9]# kubectl get pods
NAME          READY    STATUS     RESTARTS    AGE
myrc-grn58    1/1      Running    0           3s
myrc-kddp6    1/1      Running    0           3s
myrc-mbwl9    1/1      Running    0           3s
[root@vms10 chap9]#
```

第4步 ▶ 扩展 Pod 数。

```
[root@vms10 chap9]# kubectl scale rc myrc --replicas=5
replicationcontroller/myrc scaled
[root@vms10 chap9]#
```

第5步 ▶ 查看 Pod 数。

```
[root@vms10 chap9]# kubectl get pods
NAME          READY    STATUS     RESTARTS    AGE
myrc-grn58    1/1      Running    0           31s
myrc-kddp6    1/1      Running    0           31s
myrc-mbwl9    1/1      Running    0           31s
myrc-r98sg    1/1      Running    0           1s
myrc-tc8ws    1/1      Running    0           1s
[root@vms10 chap9]#
```

第6步 ● 查看 ReplicationController 的一些信息。

```
[root@vms10 chap9]# kubectl get rc -o wide
NAME    DESIRED    CURRENT    READY    AGE    CONTAINERS    IMAGES
myrc    5          5          5        79s    nginx         nginx
[root@vms10 chap9]#
```

可以看到，myrc 所使用的镜像是 Nginx。

第7步 ● 更新 ReplicationController 的镜像，方法和更新 Deployment 的镜像是一样的。

```
[root@vms10 chap9]# kubectl set image rc myrc nginx=nginx:1.9
replicationcontroller/myrc image updated
[root@vms10 chap9]#
```

查看是否生效。

```
[root@vms10 chap9]# kubectl get rc -o wide
NAME    DESIRED    CURRENT    READY    AGE      CONTAINERS    IMAGES
myrc    5          5          5        2m23     nginx         nginx :1.9
[root@vms10 chap9]#
```

第8步 ● 删除此 ReplicationController。

```
[root@vms10 chap9]# kubectl delete rc myrc
replicationcontroller "myrc" deleted
[root@vms10 chap9]#
```

9.4 其他控制器 ReplicaSet

ReplicaSet（简称 RS）的作用和 Deployment 是一样的，使用方法也是一样的。

第1步 ● 查看是否存在 ReplicaSet。

```
[root@vms10 chap9]# kubectl get rs
```

```
No resources found in chap9 namespace.
[root@vms10 chap9]#
```

第2步 ▶ 创建 ReplicaSet 所需要的 YAML 文件 rs1.yaml,内容如下。

```
apiVersion: apps/v1
kind: ReplicaSet
metadata:
  name: myrs
  labels:
    app: myrs
spec:
  replicas: 3
  selector:
    matchLabels:
      app myrs
  template:
    metadata:
      labels:
        app: myrs
    spec:
      terminationGracePeriodSeconds: 0
      containers:
      - name: web
        imagePullPolicy: IfNotPresent
        image: nginx
```

上面的 YAML 文件用于创建名称为 myrs 的 ReplicaSet,里面包含 3 个副本。

第3步 ▶ 创建 ReplicaSet。

```
[root@vms10 chap9]# kubectl apply -f rs1.yaml
replicaset.apps/myrs created
[root@vms10 chap9]#
[root@vms10 chap9]# kubectl get rs
NAME    DESIRED   CURRENT   READY   AGE
myrs    3         3         3       20s
[root@vms10 chap9]# kubectl get pods
NAME          READY   STATUS    RESTARTS   AGE
myrs-925sp    1/1     Running   0          57s
myrs-mjsgk    1/1     Running   0          57s
myrs-zdr54    1/1     Running   0          57s
[root@vms10 chap9]#
```

第4步 ▶ 把副本数扩展到5个。

```
[root@vms10 chap9]# kubectl scale rs myrs --replicas=5
replicaset.apps/myrs scaled
[root@vms10 chap9]#
[root@vms10 chap9]# kubectl get pods
NAME          READY   STATUS    RESTARTS   AGE
myrs-925sp    1/1     Running   0          114s
myrs-mjsgk    1/1     Running   0          114s
myrs-s5rck    1/1     Running   0          2s
myrs-tvcrz    1/1     Running   0          2s
myrs-zdr54    1/1     Running   0          114s
[root@vms10 chap9]#
```

第5步 ▶ 删除此ReplicaSet。

```
[root@vms10 chap9]# kubectl delete rs myrs
replicaset.apps "myrs" deleted
[root@vms10 chap9]# kubectl get rs
No resources found in chap9 namespace.
[root@vms10 chap9]#
```

9.5　各控制器之间YAML文件的对比

这些控制器的作用是类似的，只是在YAML文件的语法上有些区别，比如apiVersion的值，以及selector下面是否有matchLabels等。表9-1做了简要的总结。

表9-1　控制器的语法区别

控制器的类型	apiVersion	selector
Deployment	apps/v1	selector: 　matchLabels:
DaemonSet	apps/v1	selector: 　matchLabels:
ReplicationController	v1	selector:
ReplicaSet	apps/v1	selector: 　matchLabels:

模拟考题

（1）创建一个 DaemonSet，满足如下要求。

①名称为 ds-test1。

②使用的镜像为 Nginx。

（2）解释此 DaemonSet 为什么没有在 Master 上创建 Pod。

（3）创建一个 DaemonSet，满足如下要求。

①名称为 ds-test2。

②使用的镜像为 Nginx。

③此 DaemonSet 所创建的 Pod 只在含有标签 disktype=ssd 的 Worker 上运行。

（4）删除这两个 DaemonSet。

10

第 10 章
探针

考试大纲

了解探针的作用，为Pod配置探针从而检测程序是否健康运行。

本章要点

考点1：为Pod配置Liveness探针。
考点2：为Pod配置Readiness探针。

Deployment只确保Pod的状态为Running，如果Pod的状态是Running，但是里面丢失了文件，导致用户访问不到数据，Deployment是不管的。此时就需要用Probe（探针）来检测Pod是否正常工作，如表10-1所示。

表10-1　Pod的状态运行结果

Deployment	只确保Pod的状态为Running，Pod内部缺失文件导致用户无法访问，它不管
Probe	在Pod正常运行的情况下，还要检测Pod内部能否正常对外提供服务

Probe是定义在容器里的，可以理解为是在容器里加的一个装置，来探测容器是不是工作正常。当检测到Pod里有问题时，根据处理问题方式的不同，探针可以分为Liveness Probe和Readiness Probe。不管是Liveness Probe还是Readiness Probe，它们都有三种探测：command探测、httpGet探测和tcpSocket探测。

10.1 Liveness Probe

【必知必会】利用Liveness command的方式探测，利用Liveness httpGet的方式探测，利用Liveness tcpSocket的方式探测。

Liveness探测到某个Pod运行有问题，就会通过重启Pod来解决问题。所谓重启，本质上是删除Pod里原有的容器，然后在Pod里新创建一个容器。

10.1.1　command 探测方式

command 的探测方式是指在 Pod 内部执行一条命令，如果这个命令的返回值为 0，即命令正确执行了，则认为 Pod 是正常的；如果这个命令的返回值为非零，则认为 Pod 出现了问题，然后通过重启 Pod 来解决问题。

本章所涉及的文件全部放在一个目录 chap10 里。

第1步 ▶ 创建目录 chap10 并进入此目录。

```
[root@vms10 ~]# mkdir chap10
[root@vms10 ~]# cd chap10
[root@vms10 chap10]#
```

本章所有的实验均在命名空间 chap10 里操作，创建并切换到命名空间 chap10。

```
[root@vms10 chap10]# kubectl create ns chap10
namespace/chap10 created
[root@vms10 chap10]# kubens chap10
Context "kubernetes-admin@kubernetes" modified.
Active namespace is "chap10".
[root@vms10 chap10]#
```

第2步 ▶ 按前面讲过的知识，使用 kubectl run 命令创建 Pod 所需要的 YAML 文件 pod1.yaml，并做适当的修改之后，内容如下。

```
apiVersion: v1
kind: Pod
metadata:
  labels:
    run: pod1
  name: pod1
spec:
  terminationGracePeriodSeconds: 0
  containers:
  - name: pod1
    image: nginx
    imagePullPolicy: IfNotPresent
    args:
    - /bin/sh
    - -c
    - touch /tmp/healthy; sleep 30; rm -rf /tmp/healthy; sleep 1d
    livenessProbe:
      exec:
```

```
    command:
    - cat
    - /tmp/healthy
  initialDelaySeconds: 5      # 在 Pod 启动的 5 秒内不探测
  periodSeconds: 5            # 每隔 5 秒探测一次
```

Pod 启动之后会创建 /tmp/healthy，30 秒之后删除它，然后执行 sleep 1d 命令，这个命令会运行一天。在没有探针的情况下，此 Pod 在等待一天之后才会终止。

但是，这里定义了 Liveness Probe，探测 /tmp/healthy 是不是存在，如果存在，则认为此 Pod 是正常的；如果不存在，则认为此 Pod 出现了问题，会通过重启 Pod 来解决问题。

探测这个文件的方式是通过 cat /tmp/healthy 命令来判断，如果查看成功，则返回值为 0（注意，这里指的是 Linux 的返回值，命令正确执行，则返回值为 0；命令没有正确执行，则返回值为非零），认为此 Pod 是正常的；如果这个文件不存在，即命令执行失败，则返回值为非零，认为此 Pod 出现了问题。

这里在 Liveness Probe 中写了两个参数。

（1）initialDelaySeconds：在 Pod 启动的多少秒内不探测，因为有的 Pod 启动时间比较久，Pod 都没有启动起来就探测是没有任何意义的，这里设置在 Pod 启动的 5 秒内不探测。

（2）periodSeconds：指的是探测的间隔，每隔多久去探测一次，这里设置每隔 5 秒探测一次。

还有如下两个重要参数。

（1）successThreshold：探测失败后重新探测，最少连续探测成功多少次才被认定为成功，默认值是 1，对于 Liveness 必须是 1，因为它的最小值是 1。

（2）failureThreshold：某次探测失败，不会立即重启 Pod，而是重试，这里指的是重试的次数，默认值是 3。

上面的例子是在 Pod 启动的 5 秒内不探测，然后每隔 5 秒探测一次。

第3步 ● 创建 pod1。

```
[root@vms10 chap10]# kubectl apply -f pod1.yaml
pod/pod1 created
[root@vms10 chap10]#
```

第4步 ● 查看 Pod 的运行状态。

```
[root@vms10 chap10]# kubectl get pods
NAME            READY     STATUS      RESTARTS     AGE
pod1            1/1       Running     0            3s
[root@vms10 chap10]#
```

创建好 Pod 之后，探针开始探测是否能查看 /tmp/healthy，如果能看到（返回值为 0），说明 Pod 里的程序还是正常运行的。在第 30 秒之前，pod1 里的 /tmp/healthy 都会一直存在。

```
[root@vms10 chap10]# kubectl get pods
NAME                 READY     STATUS      RESTARTS    AGE
pod1                 1/1       Running     0           27s
[root@vms10 chap10]#
```

第5步 ▶ 检查pod1里的/tmp/healthy是否存在。

```
[root@vms10 chap10]# kubectl exec pod1 -- ls /tmp/
healthy
[root@vms10 chap10]#
```

可以看到，这个文件现在还存在，因为要等到第30秒才会执行删除操作。

过了30秒之后，/tmp/healthy被删除，探针再次探测时发现/tmp/healthy这个文件不存在了（返回值为非零），认为Pod里的程序出现了问题（此时Pod的状态为Running），就要重启Pod来解决问题。

第6步 ▶ 再次检查Pod里的/tmp/healthy是否存在。

```
[root@vms10 chap10]# kubectl get pods
NAME                 READY     STATUS      RESTARTS    AGE
pod1                 1/1       Running     0           32s
[root@vms10 chap10]# kubectl exec pod1 -- ls /tmp/
[root@vms10 chap10]#
```

可以看到，此时Pod里的/tmp/healthy已经不存在了。

大概在第45秒时，Pod自动重启，此时Pod里又多了这个文件。

```
[root@vms10 chap10]# kubectl get pods
NAME                 READY     STATUS      RESTARTS    AGE
pod1                 1/1       Running     1           47s
[root@vms10 chap10]# kubectl exec pod1 -- ls /tmp/
healthy
[root@vms10 chap10]#
```

按照预测，在第30秒时/tmp/healthy就被删除了，此时第一次探测失败，然后重试3次（每次间隔5秒），在第35秒、第40秒、第45秒时分别重新探测，都探测失败，大概在第45秒时就会重启，大概在第47秒、第48秒时Pod开始正常运行。

第7步 ▶ 删除此Pod。

```
[root@vms10 chap10]# kubectl delete pod pod1
pod "pod1" deleted
[root@vms10 chap10]#
```

10.1.2 httpGet探测方式

httpGet的探测方式是指HTTP的数据包能否通过指定的端口访问到指定的文件，如果能访问到，则认为Pod是正常的；如果访问不到，则认为Pod出现了问题。

第1步 ▶ 按前面讲过的知识，使用kubectl run命令创建Pod所需要的YAML文件pod2.yaml，并做适当的修改之后，内容如下。

```
apiVersion: v1
kind: Pod
metadata:
  labels:
    run: pod2
  name: pod2
spec:
  terminationGracePeriodSeconds: 0
  containers:
  - name: pod2
    image: nginx
    imagePullPolicy: IfNotPresent
    livenessProbe:
      httpGet:
        path: /index.html
        port: 80
        scheme: HTTP
      initialDelaySeconds: 10
      periodSeconds: 10
      successThreshold: 1
```

这里创建一个名称为pod2的Pod，系统通过httpGet的探测方式，查看是否能通过端口80访问到/usr/share/nginx/html/index.html，如果能，则认为此Pod是正常的；如果不能，则认为此Pod出现了问题，就要通过重启Pod来解决问题（所谓重启，就是删除Pod重新创建）。

注意

上述代码path部分的值为/index.html，在容器里指的是/usr/share/nginx/html/index.html。

第2步 ▶ 创建pod2。

```
[root@vms10 chap10]# kubectl apply -f pod2.yaml
pod/pod2 created
[root@vms10 chap10]#
```

第3步 ▶ 查看Pod的运行状态。

```
kubectl get pods
NAME            READY    STATUS     RESTARTS    AGE
pod2            1/1      Running    0           3s
[root@vms10 chap10]#
```

如果没有意外，pod2里的 /usr/share/nginx/html/index.html 会一直存在，那么pod2也会一直正常运行，不会重启。

第4步 ► 在另外的终端里进入此pod2，并删除 /usr/share/nginx/html/index.html。

```
[root@vms10 ~]# kubectl exec -it pod2 -- sh -c "rm /usr/share/nginx/html/index.html"
[root@vms10 ~]#
```

第5步 ► 切换到第一个终端。

```
[root@vms10 chap10]# kubectl get pods
NAME            READY    STATUS     RESTARTS    AGE
pod2            1/1      Running    1           50s
[root@vms10 chap10]#
```

因为探测不到 /usr/share/nginx/html/index.html，所以通过重启pod2来解决问题。

第6步 ► 再次查看此Pod的 /usr/share/nginx/html/ 里的内容。

```
[root@vms10 chap10]# kubectl exec -it pod2 -- ls /usr/share/nginx/html
50x.html   index.html
[root@vms10 chap10]#
```

重启之后也就恢复了index.html，因为重启pod2就是删除并重新生成pod2里的容器，新容器里含有index.html这个文件。

第7步 ► 删除此Pod。

```
[root@vms10 chap10]# kubectl delete pod pod2
pod "pod2" deleted
[root@vms10 chap10]#
```

10.1.3 tcpSocket探测方式

tcpSocket的探测方式是指能否和指定的端口建立TCP三次握手，如果能，则探测通过，认为Pod没有问题，否则认为Pod有问题，这里不会探测某个文件是否存在。下面的例子里，我们把探测的端口设置为808。

第1步 ► 按前面讲过的知识，使用kubectl run命令创建Pod所需要的YAML文件pod3.yaml，并做适当的修改之后，内容如下。

```
apiVersion: v1
kind: Pod
metadata:
  labels:
    run: pod3
  name: pod3
spec:
  terminationGracePeriodSeconds: 0
  containers:
  - name: pod3
    image: nginx
    imagePullPolicy: IfNotPresent
    livenessProbe:
      failureThreshold: 3
      tcpSocket:
        port: 808
      initialDelaySeconds: 5
      periodSeconds: 5
```

Nginx运行的端口为80，但是我们探测的却是808端口，这自然是要探测失败的。从第5秒开始探测，探测会失败，然后每隔5秒探测1次，如果连续探测3次都失败（大概在第15秒），就要开始重启Pod。

第2步▶ 创建此pod3。

```
[root@vms10 chap10]# kubectl apply -f pod3.yaml
pod/pod3 created
[root@vms10 chap10]#
```

第3步▶ 查看Pod的运行状态。

```
[root@vms10 chap10]# kubectl get pods
NAME        READY    STATUS      RESTARTS    AGE
pod3        1/1      Running     0           15s
[root@vms10 chap10]#
```

第4步▶ 再次查看Pod的运行状态。

```
[root@vms10 chap10]# kubectl get pods
NAME        READY    STATUS      RESTARTS    AGE
pod3        1/1      Running     1           17s
[root@vms10 chap10]#
```

可以看到，大概在第16秒时开始重启，在第17秒时已经重启完成。

第5步 ▶ 删除此Pod。

```
[root@vms10 chap10]# kubectl delete pod pod3
pod "pod3" deleted
[root@vms10 chap10]#
```

10.2 Readiness Probe

【必知必会】利用Readiness command的方式探测。

Readiness的探测和Liveness的探测类似，不过Readiness和Liveness探测到问题之后，处理的方式是不一样的。

Liveness：探测到Pod有问题之后，通过重启Pod来解决问题。

Readiness：探测到Pod有问题之后并不重启，只是SVC接收到请求之后，不再转发到此Pod上。SVC的主要作用是接收用户的请求，然后转发给后端的Pod，如图10-1所示。

这里通过Deployment创建了3个Pod，为此Deployment创建一个名称为svc1的服务。当用户把请求发送给svc1时，svc1会把请求转发给后端的Pod，即web1-xx-xx、web1-xx-yy、web1-xx-zz。3个Pod都配置了Readiness Probe，比如当探测到web1-xx-zz有问题时，并不会重启web1-xx-zz，只是svc1不会再把请求转发给web1-xx-zz了，如图10-2所示。

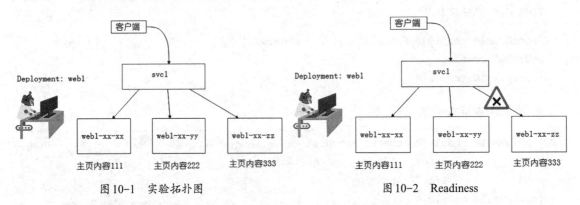

图 10-1　实验拓扑图　　　　　　　　　图 10-2　Readiness

第1步 ▶ 创建Deployment，名称为web1。

YAML文件可以通过wget ftp://ftp.rhce.cc/cka/book/chap10/web1.yaml命令来下载。

```
[root@vms10 chap10]# wget ftp://ftp.rhce.cc/cka/book/chap10/web1.yaml
    ...输出...
[root@vms10 chap10]# kubectl apply -f web1.yaml
deployment.apps/web1 created
[root@vms10 chap10]#
```

此文件里containers部分的内容如下。

```
        containers:
        - image: nginx
          name: nginx
          imagePullPolicy: IfNotPresent
          resources: {}
          lifecycle:
            postStart:
              exec:
                command: ["/bin/sh", "-c", "touch /tmp/healthy"]
          readinessProbe:
            exec:
              command:
              - cat
              - /tmp/healthy
            initialDelaySeconds: 5
            periodSeconds: 5
```

这里通过配置postStart这个钩子进程，让Pod在启动时创建文件/tmp/healthy。然后通过Readiness Probe探测这个文件是否存在，如果存在，则认为Pod是健康的，否则认为Pod出现了问题。

第2步 ● 查看Pod。

```
[root@vms10 chap10]# kubectl apply -f readiness.yaml
[root@vms10 chap10]# kubectl get pods
NAME                      READY   STATUS    RESTARTS   AGE
web1-5999dbb8cc-jscz2     1/1     Running   0          2m11s
web1-5999dbb8cc-p8mq4     1/1     Running   0          2m11s
web1-5999dbb8cc-zbtjx     1/1     Running   0          2m11s
[root@vms10 chap10]#
```

第3步 ● 把3个Pod的主页内容分别修改为111、222、333。
利用已经写好的脚本来修改。

```
[root@vms10 chap10]# wget ftp://ftp.rhce.cc/cka/book/setindex.sh
[root@vms10 chap10]# chmod +x setindex.sh
[root@vms10 chap10]# ./setindex.sh web1
[root@vms10 chap10]#
```

这样就把3个Pod的主页内容修改了。

第4步 ● 为web1创建名称为svc1的SVC。

```
[root@vms10 chap10]# kubectl expose --name=svc1 deploy web1 --port=80
service/svc1 exposed
[root@vms10 chap10]#
```

这样访问 svc1 时就会访问到这 3 个 Pod。

第5步▶ 获取 svc1 的 IP。

```
[root@vms10 chap10]# kubectl get svc svc1
NAME        TYPE        CLUSTER-IP        EXTERNAL-IP    PORT(S)    AGE
svc1        ClusterIP   10.108.119.138    <none>         80/TCP     67s
[root@vms10 chap10]#
```

可以看到，svc1 的 IP 是 10.108.119.138。

第6步▶ 通过这个 IP 访问 SVC。

```
[root@vms10 chap10]# curl 10.108.119.138
222
[root@vms10 chap10]# curl 10.108.119.138
222
[root@vms10 chap10]# curl 10.108.119.138
111
[root@vms10 chap10]# curl 10.108.119.138
333
[root@vms10 chap10]#
```

可以看到，请求分别转发到了 3 个 Pod 上。

现在的拓扑图如图 10-3 所示。

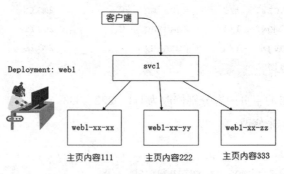

图 10-3　拓扑图

第7步▶ 删除第 3 个 Pod 里的 /tmp/healthy，让探测失败。

```
[root@vms10 chap10]# kubectl exec web1-5999dbb8cc-zbtjx -- ls /tmp/
healthy
[root@vms10 chap10]# kubectl exec web1-5999dbb8cc-zbtjx -- rm /tmp/healthy
```

```
[root@vms10 chap10]# kubectl exec web1-5999dbb8cc-zbtjx -- ls /tmp/
[root@vms10 chap10]#
```

第8步 ▶ 等一会之后查看Pod的运行状态。

```
[root@vms10 chap10]# kubectl get pods
NAME                      READY   STATUS    RESTARTS   AGE
web1-5999dbb8cc-jscz2     1/1     Running   0          11m
web1-5999dbb8cc-p8mq4     1/1     Running   0          11m
web1-5999dbb8cc-zbtjx     0/1     Running   0          11m
[root@vms10 chap10]#
```

可以看到，已经检测到第3个Pod的READY列的内容是0/1，说明Pod是不健康的。

第9步 ▶ 再次访问svc1。

```
[root@vms10 chap10]# curl -s 10.108.119.138
111
[root@vms10 chap10]# curl -s 10.108.119.138
222
[root@vms10 chap10]# curl -s 10.108.119.138
222
[root@vms10 chap10]#
```

多次访问测试，可以看到svc1已经不把SVC转到第3个Pod了，如图10-4所示。

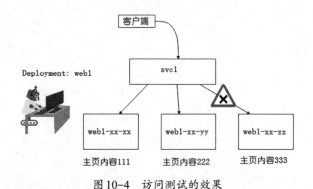

图10-4 访问测试的效果

第10步 ▶ 查看第3个Pod的状态。

查看第3个Pod的IP，并访问这个Pod。

```
[root@vms10 chap10]# kubectl get pods web1-5999dbb8cc-zbtjx -o wide
NAME                      READY   STATUS    RESTARTS   AGE   IP           ...
web1-5999dbb8cc-zbtjx     0/1     Running   0          14m   10.244.14.5  ...
```

可以看到，第3个Pod的IP是10.244.14.5。然后通过curl命令访问这个Pod。

```
[root@vms10 chap10]# curl 10.244.14.5
333
[root@vms10 chap10]#
```

可以看到，是能正常访问的，只是svc1不把请求转发到此Pod上了而已。

第11步 删除这3个Pod和svc1。

```
[root@vms10 chap10]# kubectl delete svc svc1
service "svc1" deleted
[root@vms10 chap10]# kubectl delete -f web1.yaml
deployment.apps "web1" deleted
[root@vms10 chap10]#
```

模拟考题

创建一个Pod，满足如下要求。

（1）Pod名为web-nginx，使用的镜像为Nginx。

（2）用Liveness Probe探测/usr/share/nginx/index.html，如果此文件丢失了，则通过重启Pod来解决问题。

（3）在Pod启动的10秒内不探测，然后每隔5秒探测一次。

（4）等待此Pod运行起来之后，删除Pod里的/usr/share/nginx/index.html，检查Pod是否会重启。

（5）删除此Pod。

第 11 章

Job

考试大纲

了解 Job 及 CronJob 的作用，通过配置 Job 执行一次性任务，通过配置 CronJob 执行周期性任务。

本章要点

考点1：创建及删除 Job。

考点2：创建及删除 CronJob。

前面讲过 Deployment 可以创建 Pod，这些 Pod 里运行的是一个守护进程，比如某个 Pod 里运行的是 Nginx，会一直运行着。但我们在日常的工作中经常会遇到一些进行数据处理、分析、测试、运算等的需求，测试完之后，没有必要让 Pod 一直运行下去。也有可能需要定期去处理一些事情，比如清理临时文件等，到期执行即可，执行完之后 Pod 的任务就算完成了，Pod 的状态变为 Completed。

这些临时用一下，用完就结束的 Pod，可以通过 Job 控制器来创建。

11.1 Job

【必知必会】创建 Job，删除 Job。

Job 也是一种控制器，内含有 Pod 模板，通过创建 Pod 来执行一次性任务，比如计算圆周率小数点后 200 位，运算完成之后就结束了，不用一直运算下去。当创建一个 Job 后，这个 Job 会创建一个 Pod 去完成一个任务，如果 Pod 执行成功，则此 Job 结束；如果 Pod 执行失败，则会新创建一个 Pod 或重启 Pod，再次去执行任务。

为了看起来不那么乱，单独创建一个命名空间 chap11，并切换到此命名空间。

```
[root@vms10 ~]# kubectl create ns chap11
```

```
namespace/chap11 created
[root@vms10 ~]# kubens chap11
Context "kubernetes-admin@kubernetes" modified.
Active namespace is "chap11".
```

本章所涉及的文件全部放在一个目录chap11里，创建目录chap11并进入。

```
[root@vms10 ~]# mkdir chap11
[root@vms10 ~]# cd chap11/
```

11.1.1 创建Job

既可以通过命令行的方式来创建Job，也可以通过YAML文件的方式来创建Job。建议通过命令行的方式来生成YAML文件，然后在此基础上进行修改。

用命令行创建Job的语法如下。

```
kubectl create job 名称 --image=镜像
```

下面创建一个名称为job1的Job，所使用的镜像是BusyBox，此任务里执行的命令为"echo hello ; sleep 10"。

第1步 用命令行生成创建Job的YAML文件job1.yaml。

```
[root@vms10 chap11]# kubectl create job job1 --image=busybox --dry-run=client -o yaml > job1.yaml
[root@vms10 chap11]#
```

由此Job创建出来的Pod，里面运行的是如下命令：先执行echo hello命令，之后等待10秒。整个Pod的运行时间就是10秒。

第2步 对刚刚生成的job1.yaml做适当的修改，内容如下。

```
apiVersion: batch/v1
kind: Job
metadata:
  creationTimestamp: null
  name: job1
spec:
  template:
    metadata:
      creationTimestamp: null
    spec:
      terminationGracePeriodSeconds: 0
      restartPolicy: Never
```

```
      containers:
      - name: job1
        image: busybox
        imagePullPolicy: IfNotPresent
        command: ["sh", "-c", "echo hello && sleep 10"]
        resources: {}
  status: {}
```

spec.template下面的内容就是Pod的模板，我们在Pod章节所讲解的选项都可以在这里使用。terminationGracePeriodSeconds: 0、imagePullPolicy: IfNotPresent及command那行是手动加上去的，要特别注意这里的重启策略。

Job的重启策略只能是以下两种。

（1）Never：只要任务没有完成，则新创建Pod运行，直到Job完成，会产生多个Pod。

（2）OnFailure：只要Pod没有完成任务，就会重启Pod，重新执行任务。

前面讲Pod时，介绍过Pod有3种重启策略，但是在Job里没有Always这种重启策略。

第3步 ▶ 创建Job。

```
[root@vms10 chap11]# kubectl apply -f job1.yaml
job.batch/job1 created
[root@vms10 chap11]#
```

第4步 ▶ 查看Pod的运行状态。

```
[root@vms10 chap11]# kubectl get pods
NAME         READY    STATUS       RESTARTS     AGE
job1-fqrvv   1/1      Running      0            6s
[root@vms10 chap11]#
```

这个Pod里的进程只会运行10秒，到第11秒时进程结束，则Pod也运行完成。

第5步 ▶ 查看Job的运行状态。

```
[root@vms10 chap11]# kubectl get jobs
NAME    COMPLETIONS    DURATION    AGE
job1    0/1            7s          7s
[root@vms10 chap11]#
```

COMPLETIONS列的内容是0/1，说明此Job需要正确地完成一次，因为Pod正在运行，即任务还没有完成，所以看到的是0/1。

第6步 ▶ 再次查看Pod的运行状态。

```
[root@vms10 chap11]# kubectl get pods
NAME          READY    STATUS       RESTARTS     AGE
```

```
job1-fqrvv   0/1      Completed     0              11s
[root@vms10 chap11]#
```

Pod中的进程已经正常运行完成了，状态为 Completed。

第7步 ▶ 查看 Job 的运行状态。

```
[root@vms10 chap11]# kubectl get jobs
NAME    COMPLETIONS    DURATION     AGE
job1    1/1            16s          16s
[root@vms10 chap11]#
```

这里说明，job1需要完成一次，且Pod的任务也正确完成了，所以显示1/1。

第8步 ▶ 删除 job1。

```
[root@vms10 chap11]# kubectl delete -f job1.yaml
job.batch "job1" deleted
[root@vms10 chap11]#
```

11.1.2 在 Job 中指定参数

因为Job所创建的Pod里的进程是一次性任务，执行完之后Pod就结束了，没有必要一直执行。所以，Job正确结束之后所创建的Pod的状态必须是 Completed。

如果Job所创建的Pod里的进程因为种种原因没有正确执行，意味着任务没有正确完成，那么就要重复执行，直到任务完成，即出现状态为 Completed 的 Pod。

如果任务没有正确完成需要重复执行，那么到底是通过重启现有Pod还是新创建Pod的方式来重新执行，就要看在Job里所设置的重启策略了。

对于一些任务而言，测试一次成功了，不能算成功，需要测试多次且都成功了，才算是成功。那么，可以在定义Job时指定相关的参数。

在Job的YAML文件里还可以指定以下几个参数。

（1）parallelism：N，并行运行N个Pod。

（2）completions：M，Job测试多次，要有M次成功才算成功，即要有M个状态为 Completed 的 Pod，如果没有，就重复执行。

parallelism的值指的是一次性运行几个Pod，这个值不能超过completions的值。

（3）activeDeadlineSeconds：N，Job运行的最长时间，单位是秒，超过这个时间不管Job有没有完成都会被终止，没有完成的Pod也会被强制删除，并且不会再产生新的Pod。

先看parallelism和completions两个参数的练习。

第1步 ▶ 修改job1.yaml文件，内容如下。

```
apiVersion: batch/v1
kind: Job
metadata:
  creationTimestamp: null
  name: job1
spec:
  parallelism: 3
  completions: 6
  template:
    metadata:
      creationTimestamp: null
    spec:
      terminationGracePeriodSeconds: 0
      restartPolicy: Never
      containers:
      - name: job1
        image: busybox
        imagePullPolicy: IfNotPresent
        command: ["sh", "-c", "echo hello && sleep 10"]
        resources: {}
status: {}
```

这里将并行设置为3个，要有6个Pod处于完成状态才可以。

第2步 ● 创建job1。

```
[root@vms10 chap11]# kubectl apply -f job1.yaml
job.batch/job1 created
[root@vms10 chap11]#
```

第3步 ● 查看Pod的运行状态。

```
[root@vms10 chap11]# kubectl get pods
NAME          READY     STATUS      RESTARTS     AGE
job1-6d52b    1/1       Running     0            7s
job1-dcmtf    1/1       Running     0            7s
job1-kmmds    1/1       Running     0            7s
[root@vms10 chap11]#
```

这里一共运行了3个Pod，因为我们加了参数parallelism: 3。

第4步 ● 查看Job的运行状态。

```
[root@vms10 chap11]# kubectl get jobs
NAME    COMPLETIONS     DURATION     AGE
```

```
job1          0/6                      9s              9s
[root@vms10 chap11]#
```

因为指定了参数 completions: 6，即需要 Job 完成 6 次，但是现在有 3 个 Pod 正在运行，还没有 Pod 执行完成，所以看到的是 0/6。

第5步 再次查看 Pod 的运行状态。

```
[root@vms10 chap11]# kubectl get pods
NAME            READY      STATUS        RESTARTS      AGE
job1-6d52b      0/1        Completed     0             13s
job1-dcmtf      0/1        Completed     0             13s
job1-kmmds      0/1        Completed     0             13s
job1-xdgkx      1/1        Running       0             1s
job1-xvvlw      1/1        Running       0             1s
job1-zhhsz      1/1        Running       0             1s
[root@vms10 chap11]#
```

因为 Pod 里的运行时间是 10 秒，所以现在有 3 个 Pod 已经运行完成了，然后再次开启 3 个 Pod（因为需要 6 个，每次运行 3 个）。

第6步 再次查看 Job 的运行状态。

```
[root@vms10 chap11]# kubectl get jobs
NAME     COMPLETIONS     DURATION     AGE
job1     3/6             15s          15s
[root@vms10 chap11]#
```

Job 需要完成 6 次，这里已经完成了 3 次，所以显示的是 3/6。

第7步 等一会之后，再次查看 Pod 的运行状态。

```
[root@vms10 chap11]# kubectl get pods
NAME            READY      STATUS        RESTARTS      AGE
job1-6d52b      0/1        Completed     0             26s
job1-dcmtf      0/1        Completed     0             26s
job1-kmmds      0/1        Completed     0             26s
job1-xdgkx      0/1        Completed     0             14s
job1-xvvlw      0/1        Completed     0             14s
job1-zhhsz      0/1        Completed     0             14s
[root@vms10 chap11]#
```

6 个 Pod 已经全部运行完成了，不再产生新的 Pod，因为 completions: 6 这个条件已经满足了。

第8步 查看 Job 的运行状态。

```
[root@vms10 chap11]# kubectl get jobs
```

```
NAME       COMPLETIONS    DURATION      AGE
job1       6/6            27s           27s
[root@vms10 chap11]#
```

已经显示为6/6，意思是此Job需要完成6次，现在也已经正确地完成了。

第9步 删除此Job。

```
[root@vms10 chap11]# kubectl delete -f job1.yaml
job.batch "job1" deleted
[root@vms10 chap11]#
```

下面看一下activeDeadlineSeconds参数的作用。

第10步 修改job1.yaml文件，内容如下。

```
apiVersion: batch/v1
kind: Job
metadata:
  creationTimestamp: null
  name: job1
spec:
  activeDeadlineSeconds: 5
  template:
    metadata:
      creationTimestamp: null
    spec:
      terminationGracePeriodSeconds: 0
      restartPolicy: Never
      containers:
      - command:
        image: busybox
        imagePullPolicy: IfNotPresent
        name: job1
        resources: {}
status: {}
```

在spec下添加了activeDeadlineSeconds: 5，意思是这个Job所创建的Pod最多只能运行5秒，到期之后会强制关闭此Pod。我们在容器里定义的进程运行的时间是10秒，所以Pod还没有运行完就会强制终止。

第11步 创建job1，并查看Pod的运行状态。

```
[root@vms10 chap11]# kubectl apply -f job1.yaml
job.batch/job1 created
[root@vms10 chap11]# kubectl get jobs
```

```
NAME    COMPLETIONS    DURATION    AGE
job1    0/1            2s          2s
[root@vms10 chap11]# kubectl get pods
NAME            READY    STATUS      RESTARTS    AGE
job1-jz8qc      1/1      Running     0           4s
[root@vms10 chap11]# kubectl get pods
No resources found in chap11 namespace.
[root@vms10 chap11]#
```

可以看到，Pod仅运行5秒就被终止了。

练习：计算圆周率小数点后2000位。

前面讲了如何使用Job做一次性任务，那么下面练习一下如何使用Job计算圆周率小数点后2000位。

第1步 ▶ 创建job2的YAML文件job2.yaml，内容如下。

```
apiVersion: batch/v1
kind: Job
metadata:
  creationTimestamp: null
  name: job2
spec:
  template:
    metadata:
      creationTimestamp: null
    spec:
      terminationGracePeriodSeconds: 0
      containers:
      - name: job2
        image: perl
        imagePullPolicy: IfNotPresent
        command: ["perl", "-Mbignum=bpi", "-wle", "print bpi(2000)"]
        resources: {}
      restartPolicy: Never
status: {}
```

这个YAML文件可以通过如下命令来生成，然后修改。

```
kubectl create job job2 --image=perl -- perl -Mbignum=bpi -wle 'print bpi(2000)'
```

注意

perl –Mbignum=bpi –wle 'print bpi(2000)'是perl里的命令，不是K8s的内容，大家知道即可。

第2步 ▶ 运行job2.yaml文件。

```
[root@vms10 chap11]# kubectl apply -f job2.yaml
job.batch/job2 created
[root@vms10 chap11]#
```

第3步 ▶ 查看Pod的运行状态。

```
[root@vms10 chap11]# kubectl get pods
NAME           READY    STATUS       RESTARTS     AGE
job2-7tpnx     1/1      Running      0            14s
[root@vms10 chap11]#
```

现在还是正在运行的，稍等一会之后，再次查看。

```
[root@vms10 chap11]# kubectl get pods
NAME           READY    STATUS       RESTARTS     AGE
job2-7tpnx     0/1      Completed    0            79s
[root@vms10 chap11]#
```

Pod的状态显示为Completed，说明Pod里的进程运行结束了。

第4步 ▶ 查看Pod里的输出。

```
[root@vms10 chap11]# kubectl logs job2-7tpnx
3.1415926535897932384626433832795028841971 6
... 大量输出 ...
459958133904780275901
[root@vms10 chap11]#
```

这里的结果就是圆周率小数点后2000位。

第5步 ▶ 删除job1和job2。

```
[root@vms10 chap11]# kubectl delete job job1 job2
job.batch "job1" deleted
job.batch "job2" deleted
[root@vms10 chap11]#
```

11.2 CronJob

【必知必会】创建CronJob，删除CronJob。

前面讲过Job是一次性的，运行完成之后就没有后续了，比如求圆周率小数点后2000位，并不需要一直去执行运算。CronJob是周期性的、循环性的，比如每周日凌晨2点都需要清理一下临时文件。CronJob（简称CJ）里含有Job模板，通过定期创建Job来完成任务。CronJob的YAML文件结构如图 11-1 所示。

```
apiVersion: batch/v1
kind: CronJob
metadata:
  creationTimestamp: null
  name: mycj1
spec:
  schedule: '*/1 * * * *'
  jobTemplate:
    metadata:
      creationTimestamp: null
      name: mycj1
    spec:
      template:
        metadata:
          creationTimestamp: null
        spec:                                        Job模板
          terminationGracePeriodSeconds: 0
          containers:
          - image: busybox
            imagePullPolicy: IfNotPresent
            command: ["sh","-c","sleep 5 ; date"]
            name: mycj1
            resources: {}
          restartPolicy: OnFailure
  schedule: '*/1 * * * *'
status: {}
```

图 11-1　CronJob 的 YAML 文件结构

在 cronjob.spec 下有字段 schedule，用于指定在哪个时间点创建 Job，这里为了看得清晰，调整了一下 schedule 的位置。

查看是否存在 CronJob。

```
[root@vms10 chap11]# kubectl get cj
No resources found in chap11 namespace.
[root@vms10 chap11]#
```

当前并不存在 CronJob。

既可以通过命令行的方式来创建 CronJob，也可以通过 YAML 文件的方式来创建 CronJob。建议通过命令行的方式来生成 YAML 文件，然后在此基础上进行修改。

用命令行创建 CronJob 的语法如下。

```
kubectl create cj 名称 --image= 镜像 --schedule="*/1 * * * *"
```

--schedule 里定义的是什么时候开始执行指定的命令，格式与 Linux 系统里 crontab 的格式一样，到了时间点之后执行指定的命令。

下面创建一个名称为 mycj1 的 CronJob，每 1 分钟执行一次命令。

第1步 ▶ 用命令行生成创建 CronJob 的 YAML 文件 mycj1.yaml。

```
[root@vms10 chap11]# kubectl create cj mycj1 --image=busybox --schedule="*/1 * * *
*" --dry-run=client -o yaml > mycj1.yaml
```

```
[root@vms10 chap11]#
```

第2步 ● 查看此 YAML 文件的内容，并添加镜像下载策略。

```yaml
apiVersion: batch/v1
kind: CronJob
metadata:
  name: mycj1
spec:
  schedule: '*/1 * * * *'
  jobTemplate:
    metadata:
      name: mycj1
    spec:
      template:
        metadata:
        spec:
          terminationGracePeriodSeconds: 0
          containers:
          - name: mycj1
            image: busybox
            imagePullPolicy: IfNotPresent
            command: ["sh", "-c", "echo hello world"]
            resources: {}
          restartPolicy: OnFailure
```

注意

（1）command 后面的内容用于指定要执行的任务。

（2）schedule 和 jobTemplate 是对齐的，整体的意思是每 1 分钟就创建一个 Pod，里面执行 echo hello world 命令。

第3步 ● 创建 CronJob。

```
[root@vms10 chap11]# kubectl apply -f mycj1.yaml
cronjob.batch/mycj1 created
[root@vms10 chap11]#
```

第4步 ● 查看 CronJob。

```
[root@vms10 chap11]# kubectl get cj
NAME    SCHEDULE      SUSPEND    ACTIVE    LAST SCHEDULE    AGE
mycj1   */1 * * * *   False      0         <none>           5s
[root@vms10 chap11]#
```

每1分钟就会运行一个Pod。

第5步 ▶ 查看现有Pod。

```
[root@vms10 chap11]# kubectl get pods
No resources found in chap11 namespace.
[root@vms10 chap11]#
```

可以看到，现在还没有任何Pod出现。

第6步 ▶ 再次查看Pod。

```
[root@vms10 chap11]# kubectl get pods
NAME                   READY    STATUS       RESTARTS    AGE
mycj1-28113789-pkgzb   0/1      Completed    0           27s
[root@vms10 chap11]#
```

第7步 ▶ 等1分钟之后再次查看Pod。

```
[root@vms10 chap11]# kubectl get pods
NAME                    READY    STATUS            RESTARTS    AGE
mycj1-28113789-pkgzb    0/1      Completed         0           60s
mycj1-28113790-f5cnm    0/1      ContainerCreating 0           0s
[root@vms10 chap11]#
[root@vms10 chap11]# kubectl get pods
NAME                    READY    STATUS       RESTARTS    AGE
mycj1-28113789-pkgzb    0/1      Completed    0           63s
mycj1-28113790-f5cnm    0/1      Completed    0           3s
[root@vms10 chap11]#
```

可以看到，两个Pod的间隔是1分钟。

第8步 ▶ 删除CronJob。

```
[root@vms10 chap11]# kubectl delete cj mycj1
cronjob.batch "mycj1" deleted
[root@vms10 chap11]#
```

注意

在CronJob的YAML文件的spec.jobTemplate.spec字段里，可以写activeDeadlineSeconds参数，指定CronJob所生成的Pod只能运行多久。

这里有个问题，Pod执行完成之后状态为Completed，每1分钟就创建一个Pod，那么1小时就会有60个Pod，经过一段时间之后，会不会有很多状态为Completed的Pod呢？答案是不会。因为默认情况下只会保留3个已经完成的Pod，这个数值是由cj.spec下的参数successfulJobsHistoryLimit

来决定的，默认值是3，即只保留3个已经完成的Pod，多余的Pod都会被删除。cj.spec下还有一个参数failedJobsHistoryLimit，表示保留几个运行失败的Pod，默认值是1。

如果要让CronJob保留5个运行成功的Pod和3个运行失败的Pod，则在CronJob的YAML文件里的spec下面添加参数，写成如下这样。

```
apiVersion: batch/v1
kind: CronJob
metadata:
  name: mycj1
spec:
  successfulJobsHistoryLimit: 5
  failedJobsHistoryLimit: 3
  schedule: '*/1 * * * *'
  jobTemplate:
    metadata:
      name: mycj1
    spec:
    ... 省略 ...
```

模拟考题

（1）创建Job，满足如下要求。

①Job的名称为job1，镜像为BusyBox。

②在Pod里执行echo "hello k8s" && sleep 10命令。

③重启策略为Never，执行此Job时，一次性运行3个Pod。

④此Job只有6个Pod正确运行完成，才算成功。

（2）创建Job，名称为job2，镜像为Perl，计算圆周率小数点后100位。

（3）创建CronJob，满足如下要求。

①CronJob的名称为mycj。

②容器名为c1，镜像为BusyBox。

③每隔2分钟，执行一次date命令。

④保留1个运行成功的Pod和3个运行失败的Pod。

（4）删除job1、mycj。

12

第 12 章
服务管理

考试大纲

了解 Service 的作用，了解 Port、TargetPort、NodePort 的作用，创建 Service 并通过 NodePort 及 Ingress 的方式发布服务。了解 3 种服务发现的方式：ClusterIP、变量、DNS。

本章要点

考点 1：创建及删除 Service。

考点 2：了解 Service 是通过标签的方式定位 Pod。

考点 3：通过 NodePort 发布服务。

考点 4：创建 Ingress 并发布服务。

前面提到过 Pod 是不健壮的，可能随时会挂掉，因为配置了 Deployment，马上会重新生成一个新的 Pod，但是新创建出来的 Pod 的 IP 和原来 Pod 的 IP 是不一样的。

我们一般不会直接访问 Pod 的 IP，因为直接访问 Pod 的 IP 无法实现负载均衡功能，所以我们需要 Service（简称 SVC）。

可以把 SVC 理解为一个负载均衡器，所有发送给 svc1 的请求，都会转发给后端的 Pod，Pod 数越多，每个 Pod 的负载就越低。SVC 之所以能把请求转发给后端的 Pod，是由 kube-proxy 组件来实现的，如图 12-1 所示。

SVC 是通过标签来定位 Pod 的，Deployment 创建出来的 Pod 都具有相同的标签，所以如果某个 Pod 挂掉了，Deployment 会马上生成一个具有相同标签的 Pod，此时 SVC 能立即定位到新的 Pod。如果 Deployment 创建更多个副本，SVC 也能立即定位到这些新的 Pod。

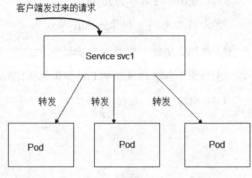

图 12-1　SVC 把所有的请求转发到后端 Pod 上

12.1 服务的基本管理

【必知必会】创建和删除服务。

本节讲解如何创建服务及验证服务的负载均衡功能。

12.1.1 环境准备

本章所涉及的文件全部放在一个目录SVC里，所有实验都在命名空间chap12里操作，然后创建一个副本的Deployment。

第1步 ▶ 创建目录chap12，然后进入此目录。

```
[root@vms10 ~]# mkdir chap12
[root@vms10 ~]# cd chap12/
[root@vms10 chap12]#
```

创建一个名称为chap12的命名空间，并切换到此命名空间。

```
[root@vms10 chap12]# kubectl create ns chap12
namespace/chap12 created
[root@vms10 chap12]# kubens chap12
Context "kubernetes-admin@kubernetes" modified.
Active namespace is "chap12".
[root@vms10 chap12]#
```

第2步 ▶ 下载Pod所需要的文件。

```
[root@vms10 chap12]# wget ftp://ftp.rhce.cc/cka/book/chap12/pod-test.yaml
```

此文件会创建出3个Pod，分别含有2个标签。

实验拓扑图如图12-2所示。

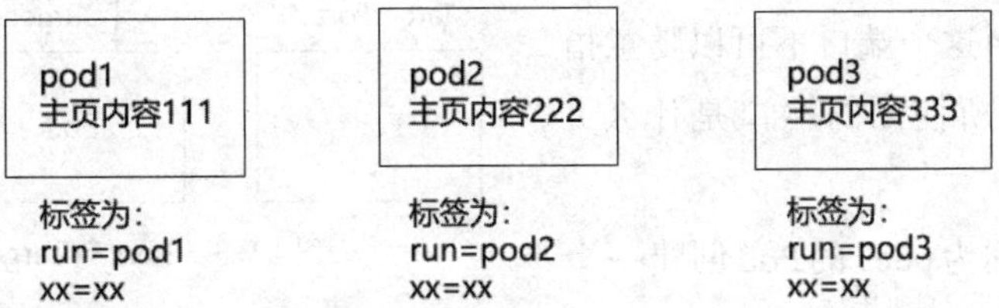

图 12-2 实验拓扑图

第3步 ▶ 运行pod-test.yaml文件。

```
[root@vms10 chap12]# kubectl apply -f pod-test.yaml
```

```
    ...
[root@vms10 chap12]#
```

第4步 ● 查看Pod。

```
[root@vms10 chap12]# kubectl get pods --show-labels
NAME    READY    STATUS    RESTARTS    AGE    LABELS
pod1    1/1      Running   0           83s    run=pod1,xx=xx
pod2    1/1      Running   0           83s    run=pod2,xx=xx
pod3    1/1      Running   0           83s    run=pod3,xx=xx
[root@vms10 chap12]#
```

可以看到，每个Pod都有2个标签。

12.1.2 创建SVC

创建SVC的语法如下。

```
kubectl expose deployment <Deployment 的名称 > --name= 服务名 --port= 端口号 --target-
port= 端口号
```

如果不使用--name选项指定服务名，则保持和Deployment的名称一致。

如果是为Pod创建服务，语法如下。

```
kubectl expose pod <Pod 的名称 > --name= 服务名 --port= 端口号 --target-port= 端口号
```

如果不使用--name选项指定服务名，则
保持和Pod的名称一致。

因为客户端直接访问SVC，所以--port
指的是服务的端口（SVC这个端口可以根据
需要随意指定），SVC会把请求转发给后端的
Pod，所以--target-port指的是后端Pod运行
的端口（--target-port这个端口不可以随意指
定，要看Pod里程序所使用的端口是什么），
如图12-3所示。

第1步 ● 为名称为pod1的Pod创建一个
服务，名称为svc1。

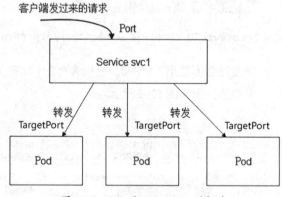

图 12-3　Port 和 TargetPort 的概念

```
[root@vms10 chap12]# kubectl expose pod pod1 --name=svc1 --port=80
service/svc1 exposed
[root@vms10 chap12]#
```

如果没有指定 --target-port 选项，则 --target-port 保持和 --port 选项的值一致。

第2步 ► 查看现有服务。

```
[root@vms10 chap12]# kubectl get svc -o wide
NAME    TYPE        CLUSTER-IP      EXTERNAL-IP    PORT(S)   AGE   SELECTOR
svc1    ClusterIP   10.111.69.212   <none>         80/TCP    23s   run=pod1,xx=xx
[root@vms10 chap12]#
```

可以看到，svc1 是通过标签 run=pod1,xx=xx 来定位 Pod 的。只有 pod1 同时具备这两个标签，所以这个 SVC 是关联到 pod1 的。

第3步 ► 查看 SVC 的详细信息。

```
[root@vms10 chap12]# kubectl describe svc svc1
Name:              svc1
Namespace:         chap12
Labels:            run=pod1
                   xx=xx
Annotations:       <none>
Selector:          run=pod1,xx=xx
Type:              ClusterIP
IP Family Policy:  SingleStack
IP Families:       IPv4
IP:                10.111.69.212
IPs:               10.111.69.212
Port:              <unset>  80/TCP
TargetPort:        80/TCP
Endpoints:         10.244.14.6:80
Session Affinity:  None
Events:            <none>
[root@vms10 chap12]#
```

Endpoints 的 IP 地址就是后端 Pod 的 IP，Labels 字段指定的是 svc1 自身的标签，Selector 字段指定的是 svc1 通过什么标签来定位到 Pod。

第4步 ► 查看 Pod 的 IP。

```
[[root@vms10 chap12]# kubectl get pods pod1 -o wide
NAME    READY   STATUS    RESTARTS   AGE     IP            NODE
pod1    1/1     Running   0          4m40s   10.244.14.6   vms11.rhce.cc
[root@vms10 chap12]#
```

可以看到，IP 列的 IP 与上面步骤里 Endpoints 的 IP 地址一致。

12.1.3 删除SVC

本小节讲的是如何删除SVC。

删除SVC的语法如下。

```
kubectl delete svc 名称
```

或

```
kubectl delete -f SVC 的 YAML 文件
```

第1步 下面删除svc1。

```
[root@vms10 chap12]# kubectl delete svc svc1
service "svc1" deleted
[root@vms10 chap12]#
```

如果Pod有多个标签，在创建SVC时，也可以指定到底根据哪个标签来定位Pod，此时在创建SVC时加上--selector选项。

因为pod1、pod2、pod3同时具备xx=xx标签，比如想让svc1同时关联到pod1、pod2、pod3，可以让svc1通过xx=xx进行关联。

第2步 重新创建svc1，定位到含有xx=xx标签的Pod。

```
[root@vms10 chap12]# kubectl expose pod pod1 --name=svc1 --port=80 --selector xx=xx
service/svc1 exposed
[root@vms10 chap12]#
```

第3步 再次查看svc1的信息。

```
[root@vms10 chap12]# kubectl get svc svc1 -o wide
NAME    TYPE        CLUSTER-IP       EXTERNAL-IP   PORT(S)   AGE   SELECTOR
svc1    ClusterIP   10.109.158.192   <none>        80/TCP    33s   xx=xx
[root@vms10 chap12]#
```

可以看到，SELECTOR列的内容是xx=xx。

第4步 查看含有xx=xx标签的Pod。

```
[root@vms10 chap12]# kubectl get pods -l xx=xx
NAME    READY   STATUS    RESTARTS   AGE
pod1    1/1     Running   0          16m
pod2    1/1     Running   0          16m
pod3    1/1     Running   0          16m
[root@vms10 chap12]#
```

可以看到，含有xx=xx标签的Pod为pod1、pod2、pod3。

第5步 ● 查看svc1的属性。

```
[root@vms10 chap12]# kubectl describe svc svc1
Name:              svc1
Namespace:         chap12
Labels:            run=pod1
                   xx=xx
Annotations:       <none>
Selector:          xx=xx
Type:              ClusterIP
IP Family Policy:  SingleStack
IP Families:       IPv4
IP:                10.109.158.192
IPs:               10.109.158.192
Port:              <unset>  80/TCP
TargetPort:        80/TCP
Endpoints:         10.244.14.6:80,10.244.81.68:80,10.244.81.69:80
Session Affinity:  None
Events:            <none>
[root@vms10 chap12]#
```

在Endpoints那行能看到3个IP，这3个IP就是pod1、pod2、pod3的IP。

12.1.4 验证SVC的负载均衡功能

先查看实验拓扑图，如图12-4所示。

按照刚才所讲的，用户访问svc1时，svc1会把请求转发到后端的Pod上，这样如果有300个请求连接过来，每个Pod大概会承担100个请求，下面开始验证这个负载均衡功能。

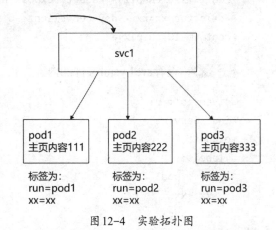

图12-4　实验拓扑图

第1步 ● 查看SVC的IP。

```
[root@vms10 chap12]# kubectl get svc
NAME    TYPE        CLUSTER-IP       EXTERNAL-IP   PORT(S)   AGE
svc1    ClusterIP   10.109.158.192   <none>        80/TCP    8m18s
[root@vms10 chap12]#
```

得到服务的IP是10.109.158.192。

第2步 ▶ 下面开始访问svc1的IP。

```
[root@vms10 chap12]# curl -s 10.109.158.192
1111
[root@vms10 chap12]# curl -s 10.109.158.192
333
[root@vms10 chap12]# curl -s 10.109.158.192
222
[root@vms10 chap12]#
```

可以看到，已经负载均衡到后端的每个Pod了（这里需要多访问几次）。

第3步 ▶ 删除此服务svc1。

```
[root@vms10 chap12]# kubectl delete svc svc1
service "svc1" deleted
[root@vms10 chap12]#
```

12.1.5 通过YAML文件的方式创建SVC

也可以通过YAML文件的方式来创建服务，这样可以根据需要来修改YAML文件。YAML文件可以通过kubectl expose命令来生成。

第1步 ▶ 用命令行生成svc1.yaml文件。

```
[root@vms10 chap12]# kubectl expose pod pod1 --name=svc1 --port=80 --target-port=80
--selector xx=xx --dry-run=client -o yaml > svc1.yaml
[root@vms10 chap12]#
```

第2步 ▶ 查看svc1.yaml文件的内容。

```
apiVersion: v1
kind: Service
metadata:
  labels:
    run: pod1
    xx: xx
  name: svc1
spec:
  ports:
  - port: 80
    protocol: TCP
    targetPort: 80
```

```
    selector:
      xx: xx
```

这里用selector来指定到底要关联哪些标签的Pod，前面创建的3个Pod都具备xx=xx这个标签，所以svc1可以关联到pod1、pod2、pod3。

第3步 ● 创建此SVC。

```
[root@vms10 chap12]# kubectl apply -f svc1.yaml
service/svc1 created
[root@vms10 chap12]#
```

第4步 ● 查看现有SVC。

```
[root@vms10 chap12]# kubectl get svc
NAME        TYPE         CLUSTER-IP      EXTERNAL-IP     PORT(S)     AGE
svc1        ClusterIP    10.96.91.61     <none>          80/TCP      4s
[root@vms10 chap12]#
```

第5步 ● 删除pod2和pod3，只保留pod1。

```
[root@vms10 chap12]# kubectl delete pod pod2 pod3
pod "pod2" deleted
pod "pod3" deleted
[root@vms10 chap12]#
```

12.2 服务发现

【必知必会】通过ClusterIP发现服务，通过变量发现服务，通过DNS发现服务。

有的应用是多个Pod联合使用的，比如使用WordPress+MySQL搭建个人博客。

WordPress要连接到MySQL的Pod，拓扑图如图12-5所示。

WordPress需要连接到MySQL才能正常工作，但是前面讲过，最好不要直接去访问Pod的IP。所以，我们有必要为MySQL的Pod创建一个MySQL的SVC，只要不删除重建SVC，则此SVC的IP是不会变的。

当WordPress的Pod需要连接MySQL的SVC时，MySQL的SVC会把请求转发给MySQL Pod。这样

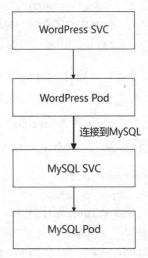

图12-5　搭建个人博客所需要创建的资源

WordPress的Pod就可以访问到MySQL的Pod了。那么，WordPress的Pod如何知道MySQL SVC的IP的呢？这就涉及服务发现。

12.2.1 环境准备

根据图12-5中设定的内容，先创建一个MySQL的Pod，然后创建MySQL的SVC，在创建WordPress的Pod时，让WordPress的Pod连接到MySQL的SVC。

第1步 开始创建MySQL的Pod，Pod名为dbpod对应的dbpod.yaml文件如下。

```
apiVersion: v1
kind: Pod
metadata:
  name: dbpod
  labels:
    name: dbpod
spec:
  terminationGracePeriodSeconds: 0
  containers:
  - image: hub.c.163.com/library/mysql:latest
    imagePullPolicy: IfNotPresent
    name: dbpod
    env:
    - name: MYSQL_ROOT_PASSWORD
      value: haha001
    - name: MYSQL_USER
      value: tom
    - name: MYSQL_PASSWORD
      value: haha001
    - name: MYSQL_DATABASE
      value: blog
```

此文件可以通过wget ftp://ftp.rhce.cc/cka/book/chap12/dbpod.yaml命令来获取。

注意看MySQL里设置的各个变量，把MySQL的root密码设置为haha001，创建一个普通用户tom，且密码被设置为haha001，然后创建一个数据库blog。

第2步 创建MySQL的Pod。

```
[root@vms10 chap12]# kubectl apply -f dbpod.yaml
pod/dbpod created
[root@vms10 chap12]# kubectl get pods
NAME      READY    STATUS      RESTARTS      AGE
dbpod     1/1      Running     0             2s
```

```
pod1        1/1        Running    0              43m41s
[root@vms10 chap12]#
```

此时dbpod这个Pod已经正常运行了。

第3步 ▶ 为MySQL的Pod创建SVC，名称为dbsvc。

```
[root@vms10 chap12]# kubectl expose pod dbpod --name=dbsvc --port=3306
service/dbsvc exposed
[root@vms10 chap12]#
```

第4步 ▶ 下面创建WordPress的Pod，对应的blogpod.yaml文件如下。

```
apiVersion: v1
kind: Pod
metadata:
  name: blogpod
  labels:
    name: blogpod
spec:
  terminationGracePeriodSeconds: 0
  containers:
  - image: hub.c.163.com/library/wordpress:latest
    imagePullPolicy: IfNotPresent
    name: blogpod
    env:
      - name: WORDPRESS_DB_USER
        value: root
      - name: WORDPRESS_DB_PASSWORD
        value: haha001
      - name: WORDPRESS_DB_NAME
        value: blog
      - name: WORDPRESS_DB_HOST
        value: x.x.x.x
```

此文件可以通过wget ftp://ftp.rhce.cc/cka/book/chap12/blogpod.yaml命令来获取。

这里WordPress使用root用户连接到MySQL，密码为haha001，使用的数据库为blog。那么，通过哪个IP能连接MySQL呢？在上面blogpod.yaml文件里变量WORDPRESS_DB_HOST对应的值必须填写一个IP，通过这个IP能访问到MySQL，那么该填写什么呢？（此处用x.x.x.x替代了）

12.2.2 通过ClusterIP的方式访问

每个SVC都有自己的ClusterIP，如果SVC不删除重建，这个ClusterIP就不会发生改变。如果通过ClusterIP的方式访问，需要先查询出 MySQL SVC对应的IP。

第1步 ▶ 获取MySQL的SVC的IP。

```
[root@vms10 chap12]# kubectl get svc
NAME          TYPE        CLUSTER-IP       EXTERNAL-IP    PORT(S)     AGE
svc1          ClusterIP   10.96.91.61      <none>         80/TCP      14m
dbsvc         ClusterIP   10.111.176.72    <none>         3306/TCP    25s
[root@vms10 chap12]#
```

这里对应的IP地址是10.111.176.72，所以在blogpod.yaml文件里变量WORDPRESS_DB_HOST所对应的IP应该填写10.111.176.72。

第2步 ▶ 修改WordPress的YAML文件blogpod.yaml里的WORDPRESS_DB_HOST部分，内容如下。

```
   - name: WORDPRESS_DB_HOST
     value: 10.111.176.72
```

第3步 ▶ 创建WordPress的Pod。

```
[root@vms10 chap12]# kubectl apply -f blogpod.yaml
pod/wordpress created
[root@vms10 chap12]#
```

第4步 ▶ 查看Pod的运行状态。

```
[root@vms10 chap12]# kubectl get pods -o wide --no-headers
pod1       1/1    Running   0    6m6s     10.244.14.6      ...
dbpod      1/1    Running   0    8m53s    10.244.14.38     ...
blogpod    1/1    Running   0    2m20s    10.244.81.101    ...
[root@vms10 chap12]#
```

此时通过WordPress的Pod的IP地址10.244.81.101，就可以访问到WordPress了，但这个地址只能集群内部访问。

第5步 ▶ 为blogpod创建一个SVC。

因为要在集群外的客户端访问到blogpod的SVC，所以要创建一个类型为NodePort的SVC（具体知识点在下一节中讲解）。

```
[root@vms10 chap12]# kubectl expose pod blogpod --name=blogsvc --port=80 --type
NodePort
service/blogsvc exposed
[root@vms10 chap12]#
```

查看blogsvc的相关信息。

```
[root@vms10 chap12]# kubectl get svc blogsvc
NAME       TYPE        CLUSTER-IP      EXTERNAL-IP    PORT(S)       AGE
blogsvc    NodePort    10.105.134.93   <none>         80:30703/TCP  42s
[root@vms10 chap12]#
```

可以看到，blogsvc映射到物理机的端口是30703，那么我们通过访问192.168.26.10的30703端口即可访问到blogsvc，从而访问到blogpod。

第6步 ▶ 在浏览器里输入192.168.26.10:30703，如图12-6和图12-7所示。

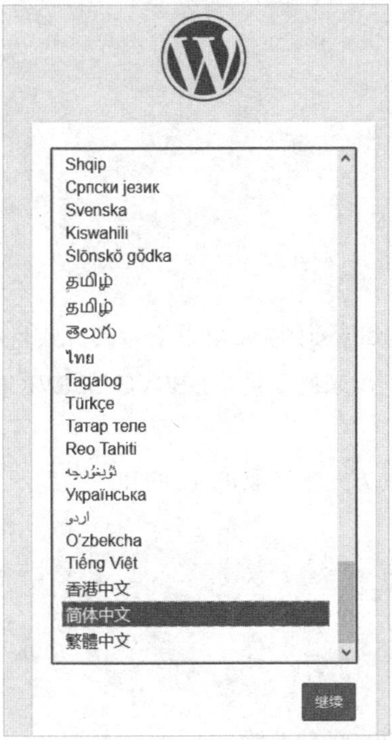

图12-6 WordPress刚准备安装的界面 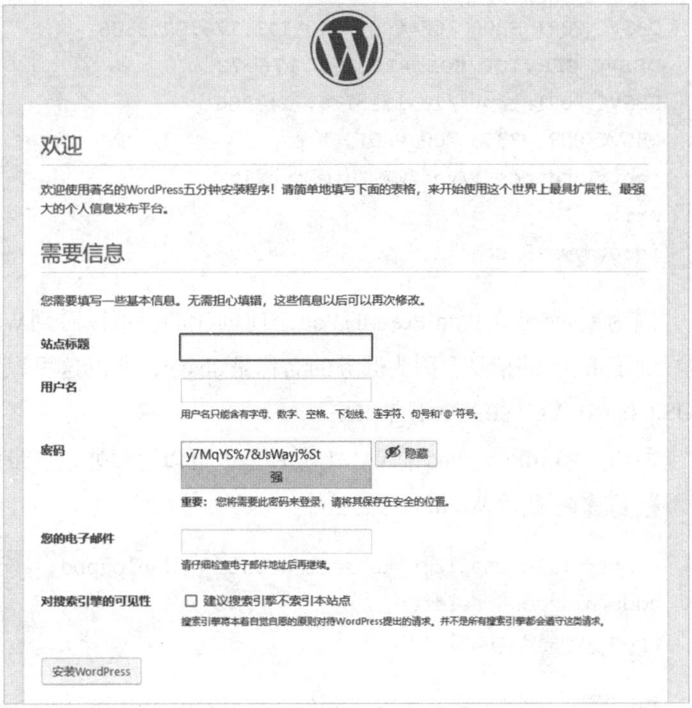   图12-7 自动连接数据库

12.2.3 通过变量的方式访问

在同一个命名空间里，假设已经存在服务svca，则在创建B Pod时，B Pod会自动地学习到和svca相关的一些变量，标记服务IP和端口的格式如下。

```
SVCA_SERVICE_HOST
SVCA_SERVICE_PORT
```

注意

服务名要大写。

在B Pod的YAML文件里要引用关于svca的变量时，用$(变量名)。

比如刚才已经创建了MySQL的Pod和MySQL的服务dbsvc，然后又创建了WordPress的Pod，进入WordPress的Pod里查看相关变量，如下所示。

```
[root@vms10 chap12]# kubectl exec blogpod -it -- bash
root@wordpress:/var/www/html# env | grep DBSVC   # 查看所有和dbsvc相关的变量
DBSVC_PORT_3306_TCP_ADDR=10.111.176.72
DBSVC_SERVICE_PORT=3306
DBSVC_PORT_3306_TCP_PORT=3306
DBSVC_PORT_3306_TCP=tcp://10.111.176.72:3306
DBSVC_SERVICE_HOST=10.111.176.72
DBSVC_PORT=tcp://10.111.176.72:3306
DBSVC_PORT_3306_TCP_PROTO=tcp
root@wordpress:/var/www/html# exit
exit
[root@vms10 chap12]#
```

因为dbsvc是在WordPress的Pod之前创建的，可以看到WordPress的Pod里以变量的方式自动学习到了dbsvc的信息。因为服务的名称是dbsvc，所以这里识别出来的变量是DBSVC_SERVICE_HOST和DBSVC_SERVICE_PORT。

所以，WordPress Pod的YAML文件里，可以直接通过变量的方式来获取dbsvc的IP。

第1步 删除WordPress的Pod。

```
[root@vms10 chap12]# kubectl delete pod blogpod --force
pod "blogpod" deleted
[root@vms10 chap12]#
```

第2步 修改blogpod.yaml文件，把WORDPRESS_DB_HOST的值改为：

```
    - name: WORDPRESS_DB_HOST
      value: $(DBSVC_SERVICE_HOST)
```

注意

这里引用变量使用的是$()，而不是${}；value和name是对齐的。

第3步 创建WordPress的Pod。

```
[root@vms10 chap12]# kubectl apply -f blogpod.yaml
pod/blogpod created
[root@vms10 chap12]# kubectl get pods -o wide --no-headers
pod1      1/1    Running   0    50m6s   10.244.14.6
dbpod     1/1    Running   0    28m     10.244.14.38
```

```
blogpod        1/1      Running   0       22s       10.244.81.102
[root@vms10 chap12]#
```

此时 WordPress 的 Pod 正常运行，下面查看是否能正常访问到 WordPress。

第4步 ▶ 在浏览器里输入 192.168.26.10:30703，如图 12-8 和图 12-9 所示。

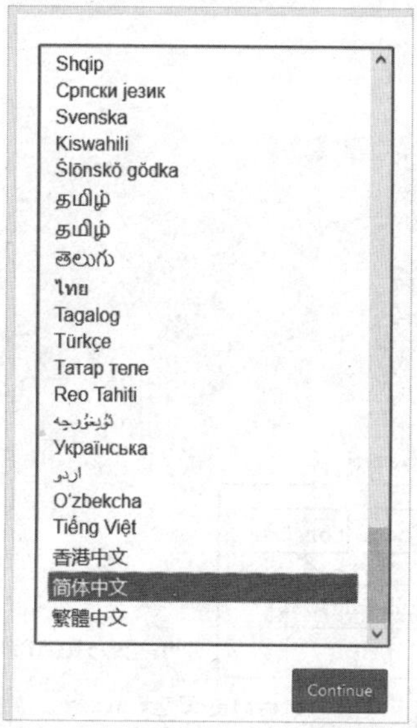

图 12-8　WordPress 刚准备安装的界面 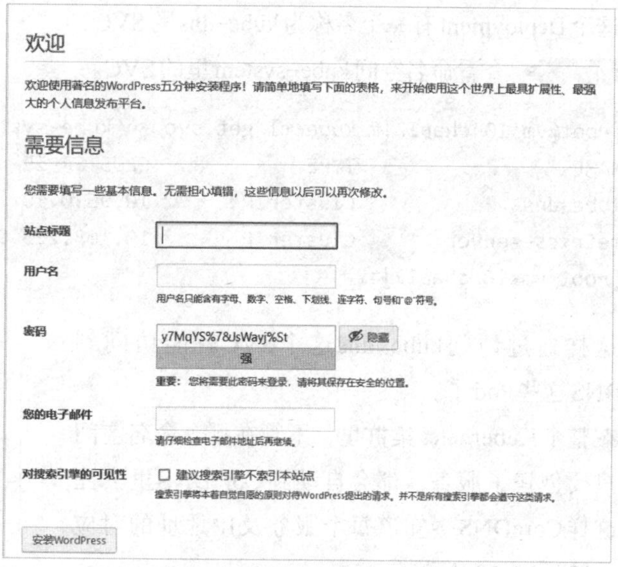　　　　　　图 12-9　自动连接数据库

可以看到，现在跳过了数据库的设置，说明 WordPress 已经自动连接到数据库了。

通过变量的方式发现服务，有以下两个缺点。

（1）变量和服务必须在同一命名空间里。

（2）创建服务时，必须有先后顺序。

第5步 ▶ 删除 WordPress 这个 Pod。

```
[root@vms10 chap12]# kubectl delete pod blogpod
pod "blogpod" deleted
[root@vms10 chap12]#
```

12.2.4　通过 DNS 的方式访问

Kubernetes 安装完成之后，在命名空间 kube-system 里有一个 CoreDNS 的 Deployment，它创建了两个副本的 Pod。

第1步 ▶ 查看命名空间 kube-system 里与 CoreDNS 相关的 Pod。

```
root@vms10 chap12]# kubectl get pods -n kube-system
NAME                                    READY    STATUS      RESTARTS    AGE
```

```
...
coredns-7ff77c879f-725xw                   1/1        Running      1        30d
coredns-7ff77c879f-ht6cr                   1/1        Running      1        30d
...
[root@vms10 chap12]#
```

这个Deployment有一个名称为kube-dns的SVC。

第2步 ● 查看命名空间kube-system里的SVC。

```
[root@vms10 chap12]# kubectl get svc -n kube-system
NAME                TYPE            CLUSTER-IP          ...
kube-dns            ClusterIP       10.96.0.10          ...
metrics-server      ClusterIP       10.108.223.93       ...
[root@vms10 chap12]#
```

这样通过访问kube-dns这个SVC就能访问到
CoreDNS这些Pod了。

在整个Kubernetes集群里，不管在哪个命名空间
里，只要创建了服务，都会自动到CoreDNS里去注
册，这样CoreDNS会知道每个服务及IP地址的对应
关系，如图12-10所示。

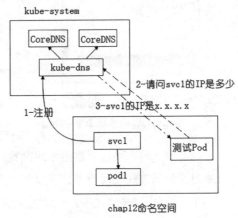

在同一个命名空间里，其他Pod可以直接通过服
务名来访问svc1。比如图12-10中，当测试Pod要访
问svc1时，首先到CoreDNS里问svc1的IP是多少，
CoreDNS查询出来之后告诉测试Pod，测试Pod就可
以直接通过这个IP来访问svc1，表面上看是测试Pod
直接通过svc1这个名称就能访问了。

图12-10 CoreDNS的工作流程

如同我们平时访问百度，在浏览器里输入www.baidu.com，按回车键的一瞬间会通过DNS把
www.baidu.com解析成IP，但是我们却感觉是直接通过主机名访问到百度的。

第3步 ● 查看SVC，这里的svc1是前面实验里创建的。

```
[root@vms10 chap12]# kubectl get svc
NAME        TYPE         CLUSTER-IP        EXTERNAL-IP      PORT(S)          AGE
svc1        ClusterIP    10.96.91.61       <none>           80/TCP           40m
dbsvc       ClusterIP    10.111.176.72     <none>           3306/TCP         36m
blogsvc     NodePort     10.105.134.93     <none>           80:30703/TCP     10m
[root@vms10 chap12]#
```

第4步 ● 创建一个临时容器，在里面直接通过服务名访问前面创建的svc1。

```
[root@vms10 chap12]# kubectl run test --rm -it --image=nginx bash
```

```
If you don't see a command prompt, try pressing enter.
root@test:/# curl svc1
1111
root@test:/#
root@test:/ # exit
[root@vms10 chap12]#
```

这里能看到 1111，说明已经能正常访问 svc1 了。

如果要访问其他命名空间里的服务，则需要在服务名的后面指定命名空间，格式如下。

服务名 . 命名空间

所以，在 WordPress 的 YAML 文件里指定 WORDPRESS_DB_HOST 的具体值时，因为和 MySQL 是在同一个命名空间里的，所以直接写上 MySQL SVC 的服务名即可。

第5步 ▶ 修改 WordPress Pod 的 YAML 文件，把 WORDPRESS_DB_HOST 的值改为 dvsvc。

```
env:
  - name: WORDPRESS_DB_USER
    value: root
  - name: WORDPRESS_DB_PASSWORD
    value: haha001
  - name: WORDPRESS_DB_NAME
    value: blog
  - name: WORDPRESS_DB_HOST
    value: dbsvc
```

这里直接指定的是 MySQL 的 SVC 的服务名。

第6步 ▶ 创建 WordPress 的 Pod。

```
[root@vms10 chap12]# kubectl apply -f blogpod.yaml
pod/blogpod created
[root@vms10 chap12]#
```

前面创建的 blogsvc 并没有被删除，它所对应的端口为 30703，所以这里继续使用此端口进行访问。

第7步 ▶ 在浏览器里输入 192.168.26.10:30703，如图 12-11 所示。

WordPress 依然是可以访问的，说明 WordPress Pod 已经正确地连接到 MySQL 上了。

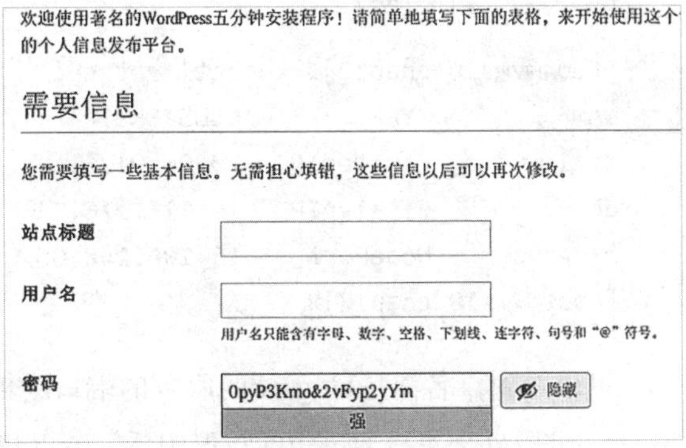

图 12-11 访问 WordPress

12.3 服务发布

【必知必会】通过NodePort发布服务，通过Ingress发布服务。

按前面所述，我们需要为Pod创建一个SVC，但是SVC的IP只有集群内部主机及Pod才可以访问，那么如何才能让外界的其他主机也能访问呢？这时就需要利用服务发布。

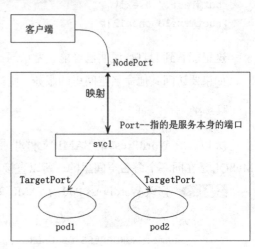

图 12-12 NodePort 的工作流程

12.3.1 NodePort

当我们创建一个服务svc1时，把服务的端口（Port）映射到物理机（Kubernetes集群中的所有节点）的某端口（NodePort）上，以后访问服务器的该端口时，请求就会转发到该svc1上，如图12-12所示。

我们把服务的类型设置为NodePort，就可以实现这种映射了。

前面是通过如下命令创建WordPress的SVC的。

```
[root@vms10 chap12]# kubectl expose pod blogpod --name=blogsvc --port=80 --type
NodePort
service/blogsvc exposed
[root@vms10 chap12]#
```

注意

此命令是前面执行过的，这里不要重复执行。

type指的是服务的类型，这里是NodePort。

第1步 ● 查看服务。

```
[root@vms10 chap12]# kubectl get svc
NAME       TYPE        CLUSTER-IP       EXTERNAL-IP    PORT(S)         AGE
svc1       ClusterIP   10.96.91.61      <none>         80/TCP          85m
dbsvc      ClusterIP   10.111.176.72    <none>         3306/TCP        71m
blogsvc    NodePort    10.106.148.66    <none>         80:30703/TCP    10m
[root@vms10 chap12]#
```

可以看到，名称是blogsvc的服务的端口为80，映射到物理机（集群中的所有节点）的端口为30703，此时外部主机通过访问集群中任一节点IP的30703端口都可以访问到WordPress的服务，如

图 12-13 所示。

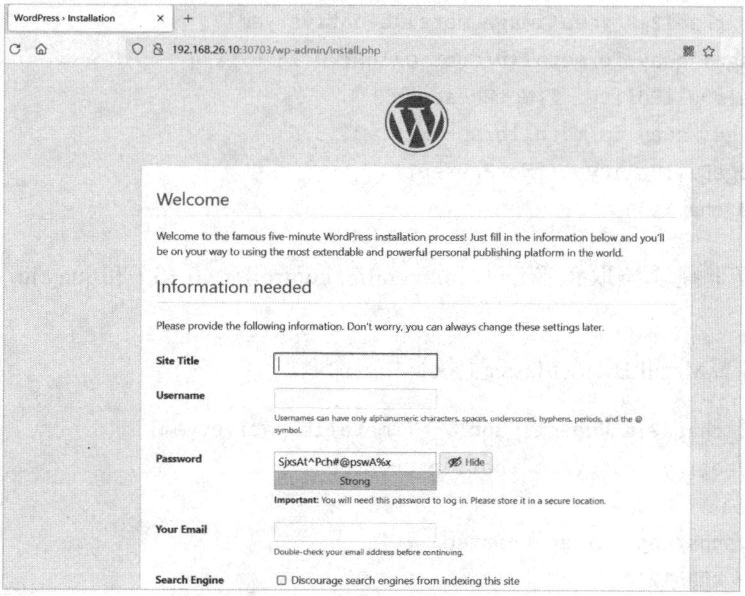

图 12-13 通过 NodePort 访问 WordPress

第2步 删除以上几个 Pod 及对应的 SVC。

```
[root@vms10 chap12]# kubectl delete pod dbpod blogpod
pod "dbpod" deleted
pod "blogpod" deleted
[root@vms10 chap12]# kubectl delete svc dbsvc blogsvc
service "dbsvc" deleted
service "blogsvc" deleted
[root@vms10 chap12]#
```

12.3.2 LoadBalancer

如果通过 LoadBalancer 的方式来发布服务，每个 SVC 都会获取一个 IP。所以，需要部署一个地址池，用于给 SVC 分配 IP。

要部署 LoadBalancer 类型的服务，需要用到第三方工具 MetalLB。

第1步 下载部署 MetalLB 所需要的 YAML 文件。

```
wget https://raw.githubusercontent.com/metallb/metallb/v0.13.6/config/manifests/
metallb-native.yaml
```

如果下载不了，可以通过 wget ftp://ftp.rhce.cc/cka/book/chap12/metallb-native.yaml 命令来获取此文件。

第2步 ▶ 查看其所需要的镜像，并把镜像下载策略由 Always 改为 IfNotPresent。

```
[root@vms10 chap12]# grep image metallb-native.yaml
        image: quay.io/metallb/controller:v0.13.6
        imagePullPolicy: IfNotPresent
        image: quay.io/metallb/speaker:v0.13.6
        imagePullPolicy: IfNotPresent
[root@vms10 chap12]#
```

在所有节点上提前拉取镜像quay.io/metallb/controller:v0.13.6和quay.io/metallb/speaker: v0.13.6。

第3步 ▶ 部署 MetalLB，在 Master 上执行如下命令。

```
[root@vms10 chap12]# kubectl apply -f metallb-native.yaml
podsecuritypolicy.policy/controller created
    ... 输出 ...
deployment.apps/controller created
[root@vms10 chap12]#
```

第4步 ▶ 查看 MetalLB 是否正常运行。

```
[root@vms10 chap12]# kubectl get pods -n metallb-system
NAME                            READY    STATUS     RESTARTS    AGE
controller-b4df945f8-7qn76      1/1      Running    0           38s
speaker-8xqtk                   1/1      Running    0           38s
speaker-qfvdr                   1/1      Running    0           38s
speaker-rxwb5                   1/1      Running    0           38s
[root@vms10 chap12]#
```

所有 Pod 的状态为 Running，且 READY 列的内容都是 1/1，说明 MetalLB 已经部署完成。如果某个 Pod 的状态临时为 CreateContainerConfigError，不要担心，等一会它会自动好起来。

第5步 ▶ 创建地址池所需要的 YAML 文件 pool.yaml，并创建地址池。

```
apiVersion: metallb.io/v1beta1
kind: IPAddressPool
metadata:
  name: cheap
  namespace: metallb-system
spec:
  addresses:
  - 192.168.26.240-192.168.26.250

---
```

```
apiVersion: metallb.io/v1beta1
kind: L2Advertisement
metadata:
  name: example
  namespace: metallb-system
```

192.168.26.240~192.168.26.250是后面将会分配给SVC的IP。

第6步 创建地址池。

```
[root@vms10 chap12]# kubectl apply -f pool.yaml
[root@vms10 chap12]#
```

第7步 删除原来的svc1。

```
[root@vms10 chap12]# kubectl delete svc svc1
service "svc1" deleted
[root@vms10 chap12]#
```

第8步 为pod1创建一个名称为svc1，类型为LoadBalancer的服务。

```
[root@vms10 chap12]# kubectl expose pod pod1 --name=svc1 --port=80 --type=LoadBalancer
service/svc1 exposed
[root@vms10 chap12]#
```

第9步 查看SVC的信息。

```
[root@vms10 chap12]# kubectl get svc
NAME    TYPE           CLUSTER-IP       EXTERNAL-IP      PORT(S)        AGE
svc1    LoadBalancer   10.109.105.150   192.168.26.240   80:30343/TCP   17s
[root@vms10 chap12]#
```

可以看到，svc1已经从我们定义的地址池里获取了一个IP地址192.168.26.240。

在物理机的浏览器里输入192.168.26.240，可以直接访问到pod1了，如图12-14所示。

图12-14　LoadBalance测试

第10步 删除这个svc1和pod1。

```
[root@vms10 chap12]# kubectl delete svc svc1
service "svc1" deleted
[root@vms10 chap12]# kubectl delete pod pod1
```

```
pod "pod1" deleted
[root@vms10 chap12]#
```

12.3.3 Ingress

【必知必会】创建Ingress实现对服务的发布。

通过NodePort的方式把服务发布出去存在一个问题。假设需要发布的服务很多，那么需要在物理机上映射出很多端口，是否可以不用端口映射，就能把服务发布出去呢？答案是可以的，就是利用Ingress来实现。

首先我们需要搭建一个Ingress控制器，这个控制器本质上是通过Nginx的反向代理来实现的。然后用户在所在的命名空间里写Ingress规则，这些规则会"嵌入"ingress-nginx控制器里，如图12-15所示。

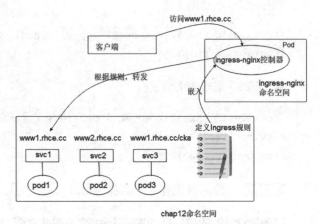

图 12-15　Ingress 的工作流程

用户在自己的命名空间里定义Ingress规则，具体如下。

（1）访问www1.rhce.cc时转发到svc1上。

（2）访问www2.rhce.cc时转发到svc2上。

（3）访问www1.rhce.cc/cka时转发到svc3上。

我们把www1.rhce.cc和www2.rhce.cc都解析为ingress-nginx控制器所在主机的IP。以后客户端访问www1.rhce.cc时访问的就是ingress-nginx控制器，根据规则，控制器会把请求转发到svc1上。

1. 部署Nginx Ingress控制器

下面讲解如何部署Ingress控制器。

第1步 ▶ 下载负载均衡器所需要的镜像，从下面的地址中找到下载链接。

```
http://www.rhce.cc/2748.html
```

下载之后上传到Master上。

```
[root@vms10 chap12]# ls nginx-ingress-controller*
nginx-ingress-controller-img.tar nginx-ingress-controller.yaml
[root@vms10 chap12]#
```

其中，nginx-ingress-controller-img.tar是部署Nginx Ingress Controller所需要的镜像，nginx-ingress-controller.yaml 是部署控制器所需要的 YAML 文件。

第2步 ●▶ 在所有节点上把控制器所需要的镜像提前导入。

```
[root@vms1X chap12]# docker load -i nginx-ingress-controller-img.tar
    ... 大量输出 ...
Loaded image: k8s.gcr.io/ingress-nginx/controller:v0.41.2
[root@vms1X chap12]#
```

第3步 ●▶ 部署负载均衡器。

```
[root@vms10 chap12]# kubectl apply -f nginx-ingress-controller.yaml
namespace/ingress-nginx created
    ... 输出 ...
job.batch/ingress-nginx-admission-patch created
[root@vms10 chap12]#
```

第4步 ●▶ 查看现有命名空间。

```
[root@vms10 chap12]# kubectl get ns
NAME              STATUS    AGE
default           Active    16d
ingress-nginx     Active    11s
... 输出 ...
[root@vms10 chap12]#
```

第5步 ●▶ 查看 ingress-nginx 里的 Deployment。

```
[root@vms10 chap12]# kubectl get deploy -n ingress-nginx
NAME                       READY   UP-TO-DATE   AVAILABLE   AGE
ingress-nginx-controller   1/1     1            1           55s
[root@vms10 chap12]#
```

第6步 ●▶ 查看控制器 Pod 所在节点，这里可以看到是在 192.168.26.11 上运行的，所以后面解析时都解析到 192.168.26.11 这个 IP 上。

```
[root@vms10 chap12]# kubectl get pods -n ingress-nginx -o wide --no-headers
ingress-nginx-admission-create-j2vrj              0/1   Completed   ...
ingress-nginx-admission-patch-dqf8s               0/1   Completed   ...
ingress-nginx-controller-5774fb4dd9-nffwc         1/1   Running   192.168.26.11  ...
[root@vms10 chap12]#
```

因为在练习环境里要通过 www1.rhce.cc 和 www2.rhce.cc 来访问 SVC，不管通过哪个主机名来访问，都要先访问 ingress-nginx 控制器，然后由 ingress-nginx 控制器转发到不同的 SVC 上，所以我们把这两个主机名通过 /etc/hosts 或 DNS 解析为 192.168.26.11。

第7步 ▶ 修改客户端的 /etc/hosts，增加如下内容。

```
192.168.26.11          www1.rhce.cc
192.168.26.11          www2.rhce.cc
```

如图 12-16 所示。

```
[root@server1 ~]# cat /etc/hosts
127.0.0.1   localhost localhost.localdomain localhost4 localhost4.localdomain4
::1         localhost localhost.localdomain localhost6 localhost6.localdomain6
192.168.26.16   server2.rhce.cc server2
192.168.26.11   www1.rhce.cc www1
192.168.26.11   www2.rhce.cc www2
[root@server1 ~]#
```

图 12-16　没有 DNS，用 /etc/hosts 来解析

2. 环境准备

下面准备我们的实验环境。首先创建3个Pod，它们的主页内容各自不同，然后分别为这3个Pod创建SVC，这3个服务直接是ClusterIP类型的。当用户把请求发送给ingress-nginx控制器之后，ingress-nginx控制器会把请求转发到后端相应的SVC上。

第1步 ▶ 分别创建3个Pod。

```
[root@vms101 chap12]# kubectl apply -f pod-test.yaml
    ... 输出 ...
[root@vms101 chap12]#
```

这个文件就是一开始用过的，会创建出来3个Pod，内容分别是111、222、333。

第2步 ▶ 为这3个Pod分别创建一个服务svcX，这里X=1,2,3。

```
kubectl expose pod pod**X** --name=svc**X** --port=80
```

注意

这里没有加--selector选项，分别单独为每个Pod建立SVC。

第3步 ▶ 查看这些SVC的信息。

```
[root@vms10 chap12]# kubectl get svc
NAME    TYPE        CLUSTER-IP      EXTERNAL-IP     PORT(S)     AGE
svc1    ClusterIP   10.102.40.174   <none>          80/TCP      31s
svc2    ClusterIP   10.105.14.186   <none>          80/TCP      26s
svc3    ClusterIP   10.97.122.86    <none>          80/TCP      21s
[root@vms10 chap12]#
```

第4步 ▶ 在pod3里创建一个目录。

在pod3里创建目录/usr/share/nginx/html/cka，将里面index.html的内容设置为333-cka。

```
[root@vms10 chap12]# kubectl exec -it nginx3 -- bash
root@nginx3:/# mkdir /usr/share/nginx/html/cka
root@nginx3:/# echo 333-cka > /usr/share/nginx/html/cka/index.html
root@nginx3:/# exit
exit
[root@vms10 chap12]#
```

3. 定义 Ingress 规则

第1步 ● 创建 Ingress 的 YAML 文件 ingress.yaml，内容如下。

```
[root@vms10 chap12]# cat ingress.yaml
apiVersion: networking.k8s.io/v1
kind: Ingress
metadata:
  name: mying
spec:
  ingressClassName: nginx
  rules:
  - host: www1.rhce.cc
    http:
      paths:
      - path: /
        pathType: Prefix
        backend:
          service:
            name: svc1
            port:
              number: 80
      - path: /cka
        pathType: Prefix
        backend:
          service:
            name: svc3
            port:
              number: 80
  - host: www2.rhce.cc
    http:
      paths:
      - path: /
        pathType: Prefix
        backend:
          service:
```

```
            name: svc2
            port:
              number: 80
[root@vms10 chap12]#
```

此文件可以通过wget ftp://ftp.rhce.cc/cka/book/chap12/mying.yaml命令来获取。

这个文件就是创建转发规则的，如图12-17所示，当用户访问www1.rhce.cc时，控制器会把请求转发到svc1上；当用户访问www2.rhce.cc时，控制器会把请求转发到svc2上；当用户访问www1.rhce.cc/cka时，控制器会把请求转发到svc3上。

第2步 ▶ 创建Ingress。

```
[root@vms10 chap12]# kubectl apply -f ingress.yaml
ingress.extensions/mying created
[root@vms10 chap12]#
```

第3步 ▶ 查看Ingress。

```
[root@vms10 chap12]# kubectl get ing
NAME    CLASS    HOSTS                          ADDRESS         PORTS    AGE
mying   <none>   www1.rhce.cc,www2.rhce.cc      10.99.219.209   80       24s
[root@vms10 chap12]#
```

注意

上面ADDRESS列的值需要稍等一会才会出现。

第4步 ▶ 访问测试。

在客户端的浏览器里输入www1.rhce.cc，如图12-17所示。

可以看到，请求被转发到svc1上了，访问到了pod1里的内容。

图12-17　访问www1.rhce.cc

在客户端的浏览器里输入www2.rhce.cc，如图12-18所示。

可以看到，请求被转发到svc2上了，访问到了pod2里的内容。

在客户端的浏览器里输入www1.rhce.cc/cka，如图12-19所示。

图12-18　访问www2.rhce.cc　　　　图12-19　访问www1.rhce.cc/cka

可以看到，请求被转发到svc3上了，访问到了pod3的/usr/share/nginx/html/cka/里的内容。

第5步 ▶ 删除以上这些 SVC 和 Pod 及 Ingress。

```
[root@vms10 chap12]# kubectl delete -f mying.yaml
ingress.networking.k8s.io "mying" deleted
[root@vms10 chap12]#
[root@vms10 chap12]# kubectl delete svc svc1 svc2 svc3
service "svc1" deleted
service "svc2" deleted
service "svc3" deleted
[root@vms10 chap12]#
[root@vms10 chap12]# kubectl delete pod -f pod-test.yaml
pod "pod1" deleted
pod "pod2" deleted
pod "pod3" deleted
[root@vms10 chap12]#
```

➜ 模拟考题

（1）列出命名空间 kube-system 里名称为 kube-dns 的 SVC 所对应的 Pod 名称。

（2）创建 Deployment，满足如下要求。

①Deployment 的名称为 web2。

②Pod 使用两个标签：app-name1=web1 和 app-name2=web2。

③容器所使用的镜像为 Nginx，端口为 80。

（3）创建 SVC，满足如下要求。

①服务名为 svc-web。

②类型为 NodePort。

（4）查看此 NodePort 映射的物理机端口是多少。

（5）在其他非集群机器上打开浏览器，访问此服务。

（6）删除此服务及 Deployment。

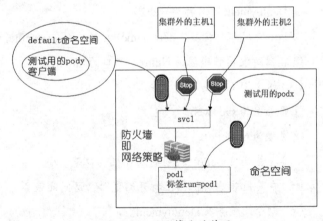

第 13 章
网络管理

■ 考试大纲

了解网络策略的作用及创建网络策略。

本章要点

考点1：创建及删除网络策略。

考点2：创建基于标签的网络策略。

所谓网络策略，其实就是类似于防火墙，允许某些客户端访问，以及阻止某些客户端访问指定的Pod，如图13-1所示。

网络策略主要有两种类型：ingress和egress。

（1）ingress：用来限制"进"的流量。

（2）egress：用来设置Pod的数据是否能出去。

定义的网络策略到底保护哪些

图 13-1　网络策略的作用

Pod，即防火墙保护谁，是由该策略里的podSelector字段来指定的。

哪些客户端能访问是由ipBlock或podSelector字段来指定的，即防火墙允许哪些客户端访问Pod。

13.1 实验准备

本章练习全部在一个新的命名空间chap13里操作，先创建这个命名空间。

第1步 ● 创建一个名称为chap13的命名空间，并切换进去。

```
[root@vms10 ~]# kubectl create ns chap13
namespace/chap13 created
[root@vms10 ~]# kubensns chap13
Context "kubernetes-admin@kubernetes" modified.
Active namespace is "chap13".
[root@vms10 ~]#
```

本章所涉及的文件全部放在一个目录chap13里。

第2步 ● 创建目录chap13并cd进去。

```
[root@vms10 ~]# mkdir chap13 ; cd chap13
[root@vms10 chap13]#
```

本实验的拓扑图如图13-2所示。创建两个Pod：pod1和pod2，它们的标签分别为run=pod1和run=pod2，为这两个Pod分别创建一个服务svc1和svc2。本实验将会创建一个网络策略，应用在pod1上，然后测试不同的客户端是否还能访问到pod1。根据第12章的内容可知，我们访问某个SVC时，就能访问到对应的Pod，所以如果能访问到svc1就是能访问到pod1。

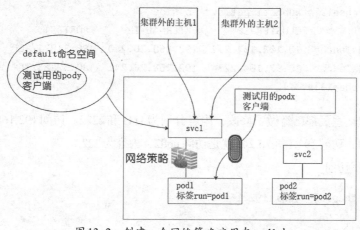

图13-2　创建一个网络策略应用在pod1上

第3步 ● 创建测试用的环境。

按下面的命令拉取pod-test.yaml，并运行此文件。

```
[root@vms10 chap13]# wget ftp://ftp.rhce.cc/cka/book/chap13/pod-test.yaml
[root@vms10 chap13]# kubectl apply -f pod-test.yaml
[root@vms10 chap13]#
```

这个清单文件会在当前命名空间下创建3个Pod。

（1）pod1标签为run=pod1，主页内容为1111。

（2）pod2 标签为 run=pod2，主页内容为 2222。

（3）podx 标签为 run=podx，主页内容为 xxxx。

在 default 命名空间里创建一个 Pod，即 pody 标签为 run=pody。

第4步▶ 查看两个 Pod 的标签。

```
[root@vms10 chap13]# kubectl get pods --show-labels
NAME    READY    STATUS     RESTARTS    AGE      LABELS
pod1    1/1      Running    0           6s       run=pod1
pod2    1/1      Running    0           6s       run=pod2
podx    1/1      Running    0           6s       run=podx
[root@vms10 chap13]# kubectl get pods -n default --show-labels
NAME    READY    STATUS     RESTARTS    AGE      LABELS
pody    1/1      Running    0           35s      run=pody
[root@vms10 chap13]#
```

同时也会为 pod1 创建 svc1，为 pod2 创建 svc2，类型为 LoadBalancer。

svc1 的 IP 是 192.168.26.240，svc2 的 IP 为 192.168.26.241。

第5步▶ 查看现有 SVC 的信息。

```
[root@vms10 chap13]# kubectl get svc -o wide
NAME    TYPE            CLUSTER-IP        EXTERNAL-IP       PORT(S)         AGE      SELECTOR
svc1    LoadBalancer    10.108.102.232    192.168.26.240    80:31831/TCP    2m34s    run=pod1
svc2    LoadBalancer    10.97.104.223     192.168.26.241    80:32283/TCP    2m34s    run=pod2
[root@vms10 chap13]#
```

两个 Pod 的默认主页都已经做了修改，内容分别为 1111 和 2222。访问 192.168.26.240 就是访问 pod1，内容为 1111；访问 192.168.26.241 就是访问 pod2，内容为 2222。

第6步▶ 测试访问。

```
[root@vms10 chap13]# curl 192.168.26.240
1111
[root@vms10 chap13]# curl 192.168.26.241
2222
[root@vms10 chap13]#
```

第7步▶ 查看是否存在网络策略。

```
[root@vms10 ~]# kubectl get networkpolicy
No resources found in chap13 namespace.
[root@vms10 ~]#
```

在没有网络策略的情况下，pod1 和 pod2 的访问是不受限制的。

拓扑图如图 13-3 所示。

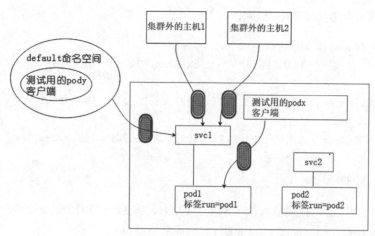

图13-3　没有网络策略时，所有数据包都能通信

第8步 在SSH客户端上再打开两个新标签，进入当前命名空间的podx里。

```
[root@vms10 ~]# kubectl exec -it podx -n default -- bash
root@podx:/#
```

从另外一个新标签进入default命名空间的pody里。

```
[root@vms10 ~]# kubectl exec -it pody -n default -- bash
root@pody:/#
```

第9步 在podx里访问svc1和svc2。

```
root@podx:/# curl svc1
1111
root@podx:/#
root@podx:/# curl svc2
2222
root@podx:/#
```

可以正常访问。

第10步 再到pody里访问svc1和svc2。

```
root@pody:/# curl svc1.chap13
1111
root@pody:/# curl svc2.chap13
2222
root@pody:/#
```

也可以正常访问。

第11步 用集群外的主机测试。

再次确认每个 SVC 的 EXTERNAL-IP。

```
[root@vms10 chap13]# kubectl get svc -o wide
NAME     TYPE           CLUSTER-IP       EXTERNAL-IP       PORT(S)        AGE
SELECTOR
svc1     LoadBalancer   10.108.102.232   192.168.26.240    80:31831/TCP   2m34s
run=pod1
svc2     LoadBalancer   10.97.104.223    192.168.26.241    80:32283/TCP   2m34s
run=pod2
[root@vms10 chap13]#
```

打开物理机的浏览器，分别输入两个 SVC：192.168.26.240 和 192.168.26.241，或者在 Windows 上安装 curl 工具之后来访问，如图 13-4 和图 13-5 所示。

| 图 13-4 在物理机上测试 | 图 13-5 在测试机 vms33 上测试 |

请大家再自己安装一台虚拟机作为测试，这里安装的虚拟机名称为 vms33，IP 为 192.168.26.33，它不是集群的一部分，单纯作为测试用的客户端。

可以看到，均可以正常访问。

13.2 创建 ingress 类型的网络策略

【必知必会】创建网络策略，创建基于命名空间的网络策略，删除网络策略。

前面演示的是在没有网络策略的情况下，任何节点都可以访问到 Pod（直接访问 Pod 或通过 SVC 来访问 Pod），本节演示在有网络策略的情况下，如何能访问到 Pod。

13.2.1 允许特定标签的 Pod 访问

创建网络策略时需要指定这个策略要应用到哪些 Pod 上（保护哪些 Pod），以及指定哪些客户端可以访问。在指定哪些允许客户端访问时，可以通过标签、网段及命名空间来指定。这里先演示通过标签来指定允许访问的客户端。

第1步 ▶ 创建网络策略的 mypolicy1.yaml 文件，内容如下。

```
apiVersion: networking.k8s.io/v1
kind: NetworkPolicy
```

```
metadata:
  name: mypolicy1
spec:
  podSelector:
    matchLabels:
      run: pod1    # 此策略作用在标签为 run=pod1 的 Pod 上
  policyTypes:
  - Ingress
  ingress:
  - from:
    - podSelector:
        matchLabels:
          xx: xx    # 只允许当前命名空间里标签为 xx=xx 的 Pod 来访问
    ports:
    - protocol: TCP
      port: 80
```

spec.podSelector设置策略应用在哪些Pod上，即要保护哪些Pod，这里保护的是含有run=pod1标签的Pod，即pod1。

policyTypes里写的是Ingress，表示此策略限制的是进来的流量。spec.ingress.from设置的是允许哪些客户端来访问，这里设置的是只允许含有xx=xx标签的Pod访问。虽然只指定含有特定标签这一个条件，但是其实包含了两个条件，第一是含有xx=xx标签的Pod，第二是和网络策略相同命名空间里的Pod。

整体的意思就是，只允许当前命名空间里含有xx=xx标签的Pod访问pod1，其他命名空间里的Pod即使有xx=xx标签也不能访问pod1，如图13-6所示。

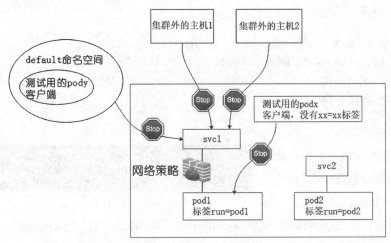

图13-6 网络策略通过标签进行限制

因为还没有含有标签为xx=xx的Pod，所以没有客户端能访问到pod1，测试用的podx也不行，因为它也没有xx=xx标签。

因为网络策略只作用于pod1，不会影响pod2，所以测试Pod是可以继续访问pod2的，但不能访问pod1。

如果要保护当前命名空间里所有的Pod，可以写作：

```
apiVersion: networking.k8s.io/v1
kind: NetworkPolicy
metadata:
  name: mypolicy1
spec:
  podSelector:
    matchLabels:
  policyTypes:
  ...
```

即matchLabels下什么都不写，或者写作：

```
apiVersion: networking.k8s.io/v1
kind: NetworkPolicy
metadata:
  name: mypolicy1
spec:
  podSelector: {}
  policyTypes:
  ...
```

这段代码只是作为演示说明，并没有写入mypolicy1.yaml里。

第2步 ● 创建网络策略。

```
[root@vms10 chap13]# kubectl apply -f mypolicy1.yaml
networkpolicy.networking.k8s.io/mypolicy1 created
[root@vms10 chap13]#
[root@vms10 chap13]#
```

下面开始测试。

第3步 ● 再次在浏览器里测试。

在物理机里访问svc1对应的IP
192.168.26.240，如图13-7所示。

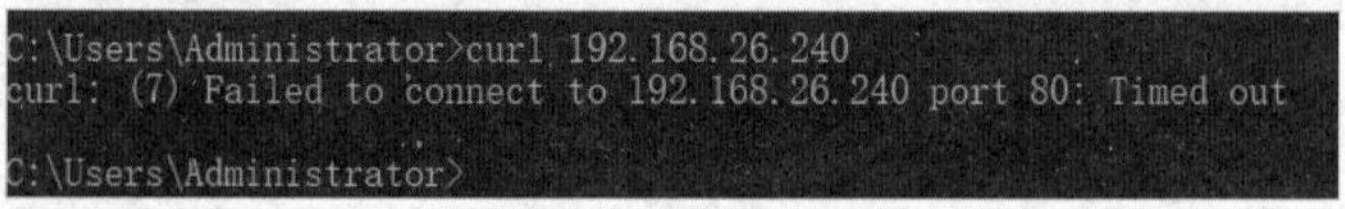

图 13-7　无法访问

结果是访问不到，因为只有标签为xx=xx的Pod才能访问。测试用的podx也不能访问，因为podx没有xx=xx标签，default命名空间里的pody也不能访问，因为它不在当前命名空间里。

第4步 ● 为测试用的podx和pody添加xx=xx标签。

```
[root@vms10 chap13]# kubectl label pod podx xx=xx
pod/podx labeled
[root@vms10 chap13]# kubectl label pod pody xx=xx -n default
pod/pody labeled
[root@vms10 chap13]#
```

第5步 ▶ 到podx里访问svc1。

```
root@podx:/# curl svc1
1111
root@podx:/#
```

通过curl命令能正常访问pod1和pod2，因为测试Pod含有xx=xx标签，如图13-8所示。

第6步 ▶ 到pody里访问svc1和svc2。

```
root@pody:/# curl svc1.chap13   # 访问 chap13 里的 svc1
^C
root@pody:/# curl svc2.chap13   # 访问 chap13 里的 svc2
2222
root@pody:/#
```

访问svc1.chap13时会卡住，按【Ctrl+C】组合键终止命令，可以看到pody虽然具备xx=xx标签，但是它不在chap13命名空间里，所以无法访问svc1即无法访问pod1，但是可以访问pod2，因为没有任何策略应用到pod2上，如图13-8所示。

注意下面的策略。

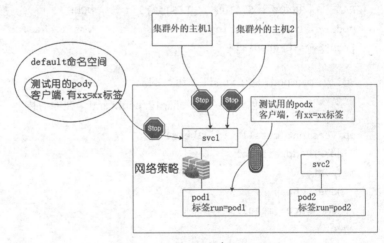

图13-8　测试Pod含有xx=xx标签

```
apiVersion: networking.k8s.io/v1
kind: NetworkPolicy
metadata:
  name: mypolicy1
spec:
  podSelector:
    matchLabels: # matchLabels 下没有指定任何标签，会影响当前命名空间里所有的 Pod
  policyTypes:
```

```
    - Ingress
   ingress:
   - from:
     - podSelector:
         matchLabels: # 这下面也没有指定任何标签, 允许当前命名空间里所有的 Pod 访问
     ports:
     - protocol: TCP
       port: 80
```

这种写法的网络策略保护的是当前命名空间里所有的 Pod, 且只允许当前命名空间里所有的 Pod 访问。如果没有通过 ports 指定端口, 则允许访问所有的端口。

13.2.2 允许特定网段的客户端访问

本小节演示在网络策略里允许特定网段的客户端访问, 注意如果要看出实验效果, 需要做一些设置。

第1步 为了让配置生效, 先查看 pod1 所在节点。

```
[root@vms10 chap13]# kubectl get pods pod1 -o wide
NAME    READY   STATUS    RESTARTS    NODE           ...
pod1    1/1     Running   0           vms11.rhce.cc  ...
[root@vms10 chap13]#
```

可以看到, pod1 是在 vms11 上运行的。

第2步 上一章创建了 /root/chap12/pool.yaml, 在原有内容下添加 4 行。

```
apiVersion: metallb.io/v1beta1
kind: IPAddressPool
metadata:
  name: cheap
  namespace: metallb-system
spec:
  addresses:
  - 192.168.26.240-192.168.26.250
---
apiVersion: metallb.io/v1beta1
kind: L2Advertisement
metadata:
  name: example
  namespace: metallb-system
spec:
  nodeSelectors:
```

```
    - matchLabels:
        kubernetes.io/hostname: vms11.rhce.cc
```

上面的粗体字部分是新增的，确保最后一行是pod1所在节点的节点名。

第3步 ▶ 重新运行此文件。

```
[root@vms10 chap13]# kubectl apply -f pool.yaml
ipaddresspool.metallb.io/cheap unchanged
l2advertisement.metallb.io/example configured
[root@vms10 chap13]#
```

第4步 ▶ 修改mypolicy1.yaml文件，内容如下。

```
apiVersion: networking.k8s.io/v1
kind: NetworkPolicy
metadata:
  name: mypolicy1
spec:
  podSelector:
    matchLabels:
      run: pod1
  policyTypes:
  - Ingress
  ingress:
  - from:
    - ipBlock:
        cidr: 192.168.26.0/24 # 注意，这里和 - ipBlock 之间是 4 个空格的缩进
    ports:
    - protocol: TCP
      port: 80
```

这里允许192.168.26.0/24网段的主机访问pod1（或访问svc1这个服务），其他的不允许。这样Windows和vms33都是可以访问pod1的，如图13-9所示。

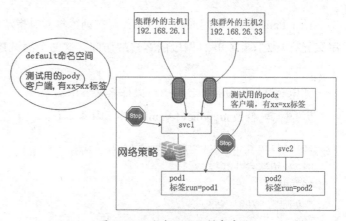

图13-9　通过网段限制客户端

第5步 ▶ 运行此文件。

```
[root@vms10 chap13]# kubectl apply -f mypolicy1.yaml
networkpolicy.networking.k8s.io/mypolicy configured
[root@vms10 chap13]#
```

第6步 ▶ 在物理机里使用 curl 命令访问，如图 13-10 所示。

```
C:\Users\Administrator>curl 192.168.26.240
1111
C:\Users\Administrator>
```

图 13-10　可以正常访问

在 vms33 上访问：

```
[root@vms33 ~]# curl 192.168.26.240
1111
[root@vms33 ~]#
```

可以看到，vms33 和物理机上都能访问，因为它们的 IP 都是在 192.168.26.0/24 网段的，一个 IP 是 192.168.26.33，一个 IP 是 192.168.26.1。

第7步 ▶ 在 podx 这个测试 Pod 里进行测试。

```
/home # curl svc1
^C
/home #
```

在 pody 里进行测试。

```
root@pody:/# curl svc1.chap13
^C
root@pody:/#
```

两个 Pod 都没有访问成功，因为我们在创建集群时指定 Pod 所在的网段为 10.244.0.0/16，而这里只允许 192.168.26.0/24 网段的客户端访问，这两个测试 Pod 的 IP 都不是这个网段的，所以访问不了。

指定允许的网段时，我们也可以排除某个 IP。

第8步 ▶ 修改 mypolicy1.yaml 文件，内容如下。

```
apiVersion: networking.k8s.io/v1
kind: NetworkPolicy
metadata:
  name: mypolicy1
spec:
  podSelector:
```

```
    matchLabels:
      run: pod1
policyTypes:
- Ingress
ingress:
- from:
  - ipBlock:
      cidr: 192.168.26.0/24 # 注意, 这里和 - ipBlock 之间是 4 个空格的缩进
      except:
      - 192.168.26.33/32
  ports:
  - protocol: TCP
    port: 80
```

这里允许192.168.26.0/24网段的客户端访问，但是排除192.168.26.33这个客户端。注意，192.168.26.33后面加上掩码，写成192.168.26.33/32。

第9步 运行此文件。

```
[root@vms10 chap13]# kubectl apply -f mypolicy1.yaml
networkpolicy.networking.k8s.io/mypolicy configured
[root@vms10 chap13]#
```

第10步 分别在Windows和vms33上测试。

在Windows上访问192.168.26.240是可以正常访问的，但是在vms33上访问不了。

```
[root@vms33 ~]# curl 192.168.26.240
^C
[root@vms33 ~]#
```

按【Ctrl+C】组合键终止命令。

注意

如果在网络策略里podSelector和ipBlock都写，它们是"或"的关系，如下所示。

```
ingress:
- from:
  - podSelector:
      matchLabels:
        xx: xx
  - ipBlock:
      cidr: 192.168.26.0/24
```

这里的意思是，既允许当前命名空间里标签为xx=xx的Pod访问，也允许192.168.26.0/24网段里的客户端访问。

删除网络策略的命令很简单, 语法如下。

```
kubectl delete -f YAML 文件
```

或

```
kubectl delete networkpolicies 名称
```

下面删除刚刚创建的网络策略 mypolicy1。

第11步● 查看现有网络策略。

```
[root@vms10 chap13]# kubectl get networkpolicies
NAME          POD-SELECTOR    AGE
mypolicy1     run=pod1        6m23s
[root@vms10 chap13]#
```

第12步● 删除网络策略 mypolicy1。

```
[root@vms10 chap13]# kubectl delete networkpolicies mypolicy1
networkpolicy.networking.k8s.io "mypolicy1" deleted
[root@vms10 chap13]#
```

13.2.3 允许特定命名空间里的 Pod 访问

如果要限制其他某个命名空间里的客户端 Pod 访问当前命名空间里的 Pod, 则可以通过 namespaceSelector 来限制。

本小节的实验要实现的效果是, 允许 default 命名空间里的所有 Pod 访问命名空间 chap13 里的 pod1, 不允许其他客户端访问, 并且不允许当前命名空间 (chap13) 里的其他 Pod 访问 pod1, 如图 13-11 所示。

实验的思路是, 创建一个网络策

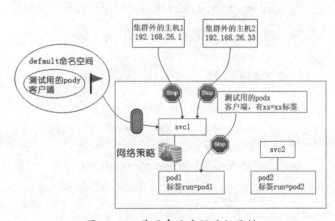

图 13-11　基于命名空间进行限制

略, 这个网络策略只允许 default 命名空间里的 Pod 来访问 chap13 里的 pod1, 其他客户端均不允许访问。

第1步● 查看这两个命名空间的标签。

```
[root@vms10 chap13]# kubectl get ns chap13 --show-labels
NAME      STATUS    AGE    LABELS
chap13    Active    47h    kubernetes.io/metadata.name=chap13
```

```
[root@vms10 chap13]# kubectl get ns default --show-labels
NAME       STATUS    AGE      LABELS
default    Active    6d20h    kubernetes.io/metadata.name=default
[root@vms10 chap13]#
```

第2步 ▶ 修改 mypolicy1.yaml 文件，内容如下。

```
apiVersion: networking.k8s.io/v1
kind: NetworkPolicy
metadata:
  name: mypolicy1
spec:
  podSelector:
    matchLabels:
      run: pod1
  policyTypes:
  - Ingress
  ingress:
  - from:
    - namespaceSelector:
        matchLabels:
          kubernetes.io/metadata.name: default
    ports:
    - protocol: TCP
      port: 80
```

这里的意思是，只允许标签为 kubernetes.io/metadata.name=default（注意，在 YAML 文件里不能写成等号，而要换成冒号再加一个空格）的命名空间里的 Pod 访问当前命名空间（chap13）里的 pod1，其他客户端是无法访问的。当前命名空间里的 Pod 也访问不了自己命名空间里的 pod1。

第3步 ▶ 运行 mypolicy1.yaml 文件。

```
[root@vms10 chap13]# kubectl apply -f mypolicy1.yaml
networkpolicy.networking.k8s.io/mypolicy1 created
[root@vms10 chap13]#
```

第4步 ▶ 在测试用的 podx 里访问 svc1。

```
root@podx:/# curl svc1
^C
root@podx:/#
```

因为测试用的 podx 是在命名空间 chap13 里的，但是网络策略只允许 default 命名空间里的 Pod 访问，所以可以看到测试用的 podx 是访问失败的。

第5步 在 default 命名空间的 pody 里进行测试。

在 default 命名空间的 pody 里访问 chap13 里的 svc1。

```
/home # curl svc1.chap13
111
/home #
```

可以看到，default 命名空间里的 Pod 是可以正常访问的，因为我们设置的 default 命名空间里所有的 Pod 都能访问到 chap13 里的 Pod。

13.2.4 允许特定命名空间里特定的 Pod 访问

前面的练习是允许 default 命名空间里所有的 Pod 访问，如果只想让 default 命名空间里含有 xx=xx 标签的 Pod 能访问呢？

第1步 修改 mypolicy1.yaml 文件，内容如下。

```
apiVersion: networking.k8s.io/v1
kind: NetworkPolicy
metadata:
  name: mypolicy1
spec:
  podSelector:
    matchLabels:
      run: pod1
  policyTypes:
  - Ingress
  ingress:
  - from:
    - namespaceSelector:
        matchLabels:
          kubernetes.io/metadata.name: default
      podSelector:
        matchLabels:
          xx: xx
    ports:
    - protocol: TCP
      port: 80
```

podSelector 前面没有 "-"，所以它和上面的 namespaceSelector 是 "和" 的关系，即既要满足命名空间又要满足 Pod。现在 chap13 里的 podx 和 default 命名空间里的 pody 都具备 xx=xx 标签，下面分别进行测试。

第2步 运行 mypolicy1.yaml 文件。

```
[root@vms10 chap13]# kubectl apply -f mypolicy1.yaml
networkpolicy.networking.k8s.io/mypolicy1 created
[root@vms10 chap13]#
```

第3步 ▶ 在podx里访问svc1。

```
root@podx:/# curl svc1
^C
root@podx:/#
```

可以看到，访问不了，因为podx虽然满足了含有xx=xx标签这个条件（在13.2.1小节里已经给podx也设置了xx=xx标签），但是它是在chap13命名空间里的，不是在default命名空间里，所以不能访问，此处按【Ctrl+C】组合键终止命令。

第4步 ▶ 在pody里访问svc1。

```
root@pody:/# curl svc1.chap13
1111
root@pody:/#
```

pody既在default命名空间里，又含有xx=xx标签，它两个条件都满足，所以pody能访问。

如果想让所有命名空间里含有xx=xx标签的Pod都能访问呢？只要不限定命名空间即可。

第5步 ▶ 再次修改mypolicy1.yaml文件，内容如下。

```
apiVersion: networking.k8s.io/v1
kind: NetworkPolicy
metadata:
  name: mypolicy1
spec:
  podSelector:
    matchLabels:
      run: pod1    # 此策略作用在标签为 run=pod1 的 Pod 上
  policyTypes:
  - Ingress
  ingress:
  - from:
    - namespaceSelector:
        matchLabels:
      podSelector:
        matchLabels:
          xx: xx
    ports:
    - protocol: TCP
      port: 80
```

namespaceSelector下面的matchLabels字段后面什么都没写，表示所有的命名空间，意思是不管是哪个命名空间，只要含有xx=xx标签的Pod都能访问。

第6步 ▶ 运行mypolicy1.yaml文件。

```
[root@vms10 chap13]# kubectl apply -f mypolicy1.yaml
networkpolicy.networking.k8s.io/mypolicy1 created
[root@vms10 chap13]#
```

第7步 ▶ 在podx里访问svc1。

```
root@podx:/# curl svc1
1111
root@podx:/#
```

能访问到，然后到pody里访问svc1。

第8步 ▶ 在pody里访问svc1。

```
root@pody:/# curl svc1.chap13
1111
root@pody:/#
```

也能访问到。

第9步 ▶ 删除此网络策略。

```
[root@vms10 chap13]# kubectl delete -f mypolicy1.yaml
networkpolicy.networking.k8s.io "mypolicy1" deleted
[root@vms10 chap13]#
```

13.3 创建egress类型的网络策略

前面讲过，可以用ingress规则来限制进Pod的流量，本节讲解用egress规则来限制出Pod的流量，如图13-12所示。

可以设置pod1只能访问pod2，不能访问其他的Pod比如podx。

第1步 ▶ 为podx创建服务svcx。

前面的实验准备里已经创建了podx，podx的主页内容为xxxx，但是没有为podx创建服务，所以这里先为podx创建一个服务svcx。

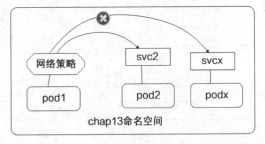

图13-12　基于命名空间进行限制

```
[root@vms10 chap13]# kubectl expose pod podx --name=svcx --port=80
service/svcx exposed
[root@vms10 chap13]#
```

第2步 在当前没有网络策略的情况下，用pod1分别访问svc2和svcx。

```
[root@vms10 chap13]# kubectl exec -it pod1 -- curl -s svc2
2222
[root@vms10 chap13]#
[root@vms10 chap13]# kubectl exec -it pod1 -- curl -s svcx
xxxx
[root@vms10 chap13]#
```

可以看到，现在是正常访问的。

第3步 创建网络策略所需要的YAML文件mypolicy2.yaml，内容如下。

```
apiVersion: networking.k8s.io/v1
kind: NetworkPolicy
metadata:
  name: mypolicy2
spec:
  podSelector:
    matchLabels:
      run: pod1
  policyTypes:
  - Egress
  egress:
  - to:
    - podSelector:
        matchLabels:
          run: pod2
    ports:
    - protocol: TCP
      port: 80
```

spec.podSelector里指定了此策略只应用到pod1上。policyTypes下写的是Egress，表示此策略做的是出口策略。spec.egress.to.podSelector里指定了只能访问pod2（pod2的标签为run=pod2）的端口80。

第4步 创建网络策略。

```
[root@vms10 chap13]# kubectl apply -f mypolicy2.yaml
networkpolicy.networking.k8s.io/mypolicy2 created
[root@vms10 chap13]#
```

第5步 ▶ 再次在 pod1 上访问 svc2。

```
[root@vms10 chap13]# kubectl exec -it pod1 -- curl -s svc2
^Ccommand terminated with exit code 130
[root@vms10 chap13]#
```

这里访问不了，会卡住，按【Ctrl+C】组合键终止命令。

第6步 ▶ 查看 svc2 和 svcx 的 IP。

```
[root@vms10 chap13]# kubectl get svc svc2 svcx
NAME    TYPE          CLUSTER-IP      EXTERNAL-IP     PORT(S)       AGE
svc2    LoadBalancer  10.97.104.223   192.168.26.241  80:30835/TCP  4h14m
svcx    ClusterIP     10.109.41.237   <none>          80/TCP        104s
[root@vms10 chap13]#
```

可以看到，svc2 和 svcx 的 IP 分别是 10.97.104.223 和 10.109.41.237。

第7步 ▶ 用 pod1 访问这两个 SVC 的 IP。

```
[root@vms10 chap13]# kubectl exec -it pod1 -- curl -s 10.97.104.223  # svc2 的 IP
2222
[root@vms10 chap13]# kubectl exec -it pod1 -- curl -s 10.109.41.237  # svcx 的 IP
^Ccommand terminated with exit code 130
[root@vms10 chap13]#
```

根据第 12 章我们知道，访问 svc2 的 IP 时访问的就是 pod2，这里能访问到，但是访问 svcx 的 IP 时访问不到，这是因为网络策略里设置的是让 pod1 只允许访问 pod2，而不能访问其他的 Pod，所以 pod1 自然不能访问 podx 了。

第8步 ▶ 通过服务名的方式来访问 svc1。

```
[root@vms10 chap13]# kubectl exec -it pod1 -- curl -s svc2
^Ccommand terminated with exit code 130
[root@vms10 chap13]#
```

通过 svc2 的 IP 能访问，通过服务名 svc2 却不能访问，这是为何？

我们在 12.2.4 小节里讲服务的 DNS 发现方式时讲过，要想通过服务名访问，需要到命名空间 kube-system 里进行 DNS 解析查询，如图 13-13 所示。

但是，我们的策略只允许访问 pod2 的端口 80，并没有允许访问命名空间 kube-system 里的端口 53，因为无法解析，所以导致无法通过服务名来访问 svc2。这里需要修改网络策略。

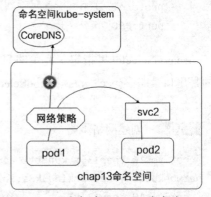

图 13-13　pod1 要先到 CoreDNS 去查询 svc2 的 IP

第9步 ▶ 修改配置。

查看命名空间 kube-system 的标签。

```
[root@vms10 chap13]# kubectl get ns kube-system --show-labels
NAME           STATUS   AGE      LABELS
kube-system    Active   6d10h    kubernetes.io/metadata.name=kube-system
[root@vms10 chap13]#
```

第10步 ▶ 修改 mypolicy2.yaml 文件，内容如下。

```
apiVersion: networking.k8s.io/v1
kind: NetworkPolicy
metadata:
  name: mypolicy2
spec:
  podSelector:
    matchLabels:
      run: pod1
  policyTypes:
  - Egress
  egress:
  - to:
    - namespaceSelector:
        matchLabels:
          kubernetes.io/metadata.name: kube-system
    ports:
    - protocol: UDP
      port: 53
  - to:
    - podSelector:
        matchLabels:
          run: pod2
    ports:
    - protocol: TCP
      port: 80
```

上面的粗体字为增加的部分，意思是允许访问命名空间 kube-system 里端口为53的服务，因为 DNS 查询使用的是 UDP，所以上面 protocol 设置的是 UDP。

第11步 ▶ 使这个修改生效。

```
[root@vms10 chap13]# kubectl apply -f mypolicy2.yaml
networkpolicy.networking.k8s.io/mypolicy2 configured
[root@vms10 chap13]#
```

第12步 再次进行测试。

访问svc2和svcx。

```
[root@vms10 chap13]# kubectl exec -it pod1 -- curl -s svc2
2222
[root@vms10 chap13]# kubectl exec -it pod1 -- curl -s svcx
^Ccommand terminated with exit code 130
[root@vms10 chap13]#
```

可以看到，访问svc2没问题，但是访问不了svcx，因为网络策略里设置pod1只能访问pod2，不能访问podx。

第13步 删除这个网络策略。

```
[root@vms10 chap13]# kubectl delete -f mypolicy2.yaml
networkpolicy.networking.k8s.io "mypolicy2" deleted
[root@vms10 chap13]#
```

13.4 默认的策略

如果在某个命名空间里没有任何策略，则允许所有数据包通过。如果设置了网络策略，但是策略里没有任何规则，则拒绝所有数据包通过。

第1步 创建默认策略的YAML文件mypolicy3.yaml。

```
[root@vms10 chap13]# cat net3.yaml
apiVersion: networking.k8s.io/v1
kind: NetworkPolicy
metadata:
  name: mypolicy3
spec:
  podSelector: {}
  policyTypes:
  - Ingress
[root@vms10 chap13]#
```

在此策略里没有任何规则，则拒绝所有数据包通过。

第2步 创建此策略。

```
[root@vms10 chap13]# kubectl apply -f mypolicy3.yaml
networkpolicy.networking.k8s.io/mypolicy3 created
[root@vms10 chap13]#
```

第3步 ▶ 查看现有网络策略。

```
[root@vms10 chap13]# kubectl get networkpolicies
NAME            POD-SELECTOR    AGE
mypolicy3       <none>          6s
[root@vms10 chap13]#
```

第4步 ▶ 在vms10上通过curl命令分别访问两个SVC的IP。

```
[root@vms10 chap13]# curl 192.168.26.240
^C
[root@vms10 chap13]#
[root@vms10 chap13]# curl 192.168.26.241
^C
[root@vms10 chap13]#
```

可以看到，访问不了，因为默认策略会阻绝所有数据包通过。

第5步 ▶ 删除此策略。

```
[root@vms10 chap13]# kubectl delete networkpolicies default-deny
networkpolicy.networking.k8s.io "default-deny" deleted
[root@vms10 chap13]#
```

第6步 ▶ 再次访问就又能访问到了。

```
[root@vms10 chap13]# curl 192.168.26.240
1111
[root@vms10 chap13]# curl 192.168.26.241
2222
[root@vms10 chap13]#
```

第7步 ▶ 清理一下环境。

```
[root@vms10 chap13]# kubectl delete -f mypolicy3.yaml
```

模拟考题

根据下面的拓扑图（图13-14）进行解答。

（1）创建4个Pod，满足如下要求。

① 名称为c1和c2的Pod使用BusyBox镜像。

② 名称为c3和c4的Pod使用Nginx镜像。

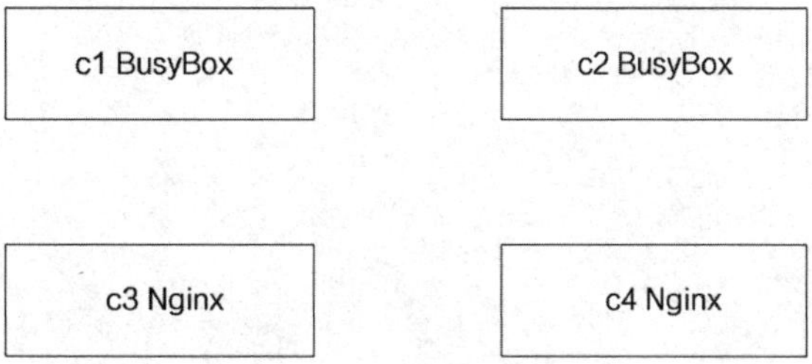

c1 BusyBox	c2 BusyBox
c3 Nginx	c4 Nginx

图13-14　拓扑图

（2）创建网络策略myp1。

①此策略应用在c3 Pod上。

②设置c3 Pod只允许c1 Pod访问。

③只允许访问c3的端口80。

（3）创建网络策略myp2。

①此策略应用在c4 Pod上。

②设置c4 Pod允许所有192.168.26.0/24网段的主机访问。

③只允许访问c4的端口80。

（4）删除这4个Pod，删除这两个网络策略。

14

第 14 章
包管理 Helm3

▌考试大纲

了解 Helm 是如何工作的，从而实现快速部署应用。

▌本章要点

考点1：添加 Helm 源。

考点2：使用 Helm 部署应用。

前面讲到，在使用 WordPress+MySQL 部署博客应用时，需要为每个 Pod 创建 PV 和 PVC，然后分别创建每个应用的 Pod 及 SVC，整个过程非常麻烦。

如果搭建博客的所有步骤写在一个文件里，然后打包放在一个文件夹里（这个文件夹叫作 chart），以后直接使用这个 chart，就可以把所有的操作一次性做完，这样很容易实现一个博客应用（用这个 chart 部署出来的一个实例，叫作 release）。这就类似于用镜像创建一个容器，镜像就是 chart，通过此镜像生成的容器叫作 release。

Helm 实现的就是这样的功能，互联网上存在 chart 仓库（也可以自己搭建），其中包括了各种应用，需要什么应用直接拉取部署即可。

14.1 安装 Helm

【必知必会】安装 Helm3。

Helm3 安装在 Master 上，是一个和 Kubectl 类似的客户端，只是一个在 Kubernetes API 上执行操作的工具。

本章所有的实验均放在一个目录 chap14 里，所在的命名空间为 chap14，先把目录 chap14 创建出来。

第1步 ▶ 创建目录 chap14 并 cd 进去。

```
[root@vms10 ~]# mkdir chap14
```

```
[root@vms10 ~]# cd chap14
[root@vms10 chap14]#
```

创建命名空间chap14并切换到此命名空间。

```
[root@vms10 chap14]# kubectl create ns chap14
namespace/chap14 created
[root@vms10 chap14]# kubens chap14
Context "kubernetes-admin@kubernetes" modified.
Active namespace is "chap14".
[root@vms10 chap14]#
```

第2步 ● 下载最新版的Helm。

下载地址为https://github.com/helm/helm/releases，提前下载所需要的文件https://get.helm.sh/helm-v3.12.0-linux-amd64.tar.gz，如图14-1所示。

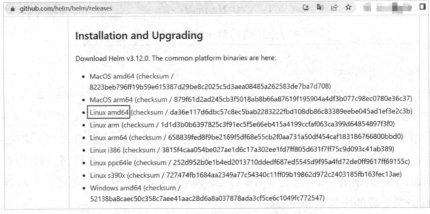

图14-1 下载Helm安装包

注意

如果下载不了，可以到https://www.rhce.cc/2748.html找到此文件。

第3步 ● 解压这个压缩包，之后会多出一个linux-amd64文件夹。

```
[root@vms10 chap14]# tar zxf helm-v3.12.0-linux-amd64.tar.gz
[root@vms10 chap14]# ls
helm-v3.12.0-linux-amd64.tar.gz linux-amd64
[root@vms10 chap14]#
```

第4步 ● 拷贝 linux-amd64 下的Helm应用程序到 /usr/bin 下。

```
[root@vms10 chap14]# cp linux-amd64/helm /usr/bin/
[root@vms10 chap14]#
```

第5步 ● 查看Helm的版本。

```
[root@vms10 chap14]# helm version
version.BuildInfo{Version:"v3.12.0", GitCommit:"c9f554d75773799f72ceef38c51210f184
2a1dea", GitTreeState:"clean", GoVersion:"go1.20.3"}
[root@vms10 chap14]#
```

第6步 ● 为了能使Helm子命令使用Tab键，运行如下命令。

```
[root@vms10 chap14]# echo "source <(helm completion bash)" >> /etc/profile
[root@vms10 chap14]# source /etc/profile
[root@vms10 chap14]#
```

14.2 仓库管理

【必知必会】为Helm添加源。

要安装什么应用，就需要在源里去找对应的应用，所以要先添加源。

第1步 ● 查看现在使用的源。

```
[root@vms10 chap14]# helm repo list
Error: no repositories to show
[root@vms10 chap14]#
```

国内常用的源如下。

```
阿里云的源      https://kubernetes.oss-cn-hangzhou.aliyuncs.com/charts
Azure 的源      http://mirror.azure.cn/kubernetes/charts/
GitHub 的源     https://burdenbear.github.io/kube-charts-mirror/
```

添加源的语法如下。

```
helm repo add 名称 地址
```

第2步 ● 把Azure的源添加过来。

```
[root@vms10 chap14]# helm repo add azure http://mirror.azure.cn/kubernetes/charts/
"azure" has been added to your repositories
[root@vms10 chap14]#
```

第3步 ● 再次查看现在使用的源。

```
[root@vms10 chap14]# helm repo list
```

```
NAME    URL
azure   http://mirror.azure.cn/kubernetes/charts/
[root@vms10 chap14]#
```

删除源的语法如下。

```
helm repo remove 名称
```

第4步 ▶ 把 Azure 的源删除并查看。

```
[root@vms10 chap14]# helm repo remove azure
"azure" has been removed from your repositories
[root@vms10 chap14]#
[root@vms10 chap14]# helm repo list
Error: no repositories to show
[root@vms10 chap14]#
```

可以看到，已经没有任何源了。

第5步 ▶ 把阿里云的源和 Azure 的源都添加过来。

```
[root@vms10 chap14]# helm repo add ali https://kubernetes.oss-cn-hangzhou.aliyuncs.
com/charts
"ali" has been added to your repositories
[root@vms10 chap14]# helm repo add azure http://mirror.azure.cn/kubernetes/charts/
"azure" has been added to your repositories
[root@vms10 chap14]#
```

阿里云的源命名为 ali，Azure 的源命名为 azure。

第6步 ▶ 查看现在使用的源。

```
[root@vms10 chap14]# helm repo list
NAME    URL
ali     https://kubernetes.oss-cn-hangzhou.aliyuncs.com/charts
azure   http://mirror.azure.cn/kubernetes/charts/
[root@vms10 chap14]#
```

14.3 部署一个简单的 MySQL 应用

第1步 ▶ 要部署哪个应用，就到仓库里查询这个应用对应的 chart，假设要查询 redis。

```
[root@vms10 chap14]# helm search repo redis
```

```
NAME                              CHART      VERSION    APP VERSION
DESCRIPTION
ali/prometheus-redis-exporter 3.2.2          1.3.4      Prometheus exporter
for Redis metrics
ali/redis                         10.5.3     5.0.7      Open source
...
[root@vms10 chap14]#
```

如果想查询MySQL对应的chart，则执行helm search repo mysql命令，下面开始部署MySQL。

第2步 ➤ 通过helm pull命令把chart对应的包下载下来，命令如下。

```
[root@vms10 chap14]# helm pull azure/mysql --version=1.6.8
[root@vms10 chap14]# ls
mysql-1.6.8.tgz
[root@vms10 chap14]#
```

注意

如果不加--version选项，则安装的是Helm源里最新的版本。

第3步 ➤ 解压之后会多一个mysql目录，进入mysql目录。

```
[root@vms10 chap14]# tar zxf mysql-1.6.8.tgz
[root@vms10 chap14]# cd mysql/
[root@vms10 mysql]# ls
Chart.yaml  README.md  templates  values.yaml
[root@vms10 mysql]#
```

注意

如果解压时显示"……不可信的旧时间戳……"，直接忽略。

Chart.yaml是chart的描述信息。

README.md是此chart的帮助信息。

templates目录里是各种模板，比如定义SVC、定义PVC等。

values.yaml里记录的是chart的各种信息，比如镜像是什么、root密码是什么、是否使用持久性存储等。

第4步 ➤ 编辑values.yaml文件并进行如下修改。

指定要使用的镜像。

```
4 image: "hub.c.163.com/library/mysql"
5 imageTag: "latest"
```

```
 6
 7 strategy:
 8   type: Recreate
 9
10 busybox:
11   image: "busybox"
12   tag: "latest"
13
14 testFramework:
15   enabled: false
16   image: "bats/bats"
17   tag: "1.2.1"
```

上面代码中最前面的数字表示行数，修改的部分用粗体字标记出来了。

指定 MySQL 的 root 密码，把最前面的 # 去掉，注意前面不能留有空格。

```
24 mysqlRootPassword: haha001
25
```

如果要创建普通用户和密码，就修改如下 28 和 30 两行，这里没有指定。

```
28 # mysqlUser:
29 ## Default: random 10 character string
30 # mysqlPassword:
```

确定是否要使用持久性存储，如果不使用，就把 enabled 的值改为 false。

```
104 persistence:
105   enabled: false
```

注意

可以用 Vim 编辑器搜索 persistence。

关于 values.yaml 文件的其他部分，保持默认值即可，保存退出。

此文件也可以通过 wget ftp://ftp.rhce.cc/cka/book/chap14/values.yaml 命令来获取。

部署应用的语法如下。

```
helm install <名称> <chart 目录>
```

第5步 ● 在当前目录里执行安装操作。

```
[root@vms10 mysql]# helm install db .   # 最后的点，表示当前目录
NAME: db
```

```
NAMESPACE: chap14
STATUS: deployed
... 大量输出 ...
# Execute the following command to route the connection:
    kubectl port-forward svc/db-mysql 3306
    mysql -h ${MYSQL_HOST} -P${MYSQL_PORT} -u root -p${MYSQL_ROOT_PASSWORD}
[root@vms10 mysql]#
```

因为当前就在 chart 目录里，所以最后写的是点，表示当前目录，这里创建的 release 命名为 db。

第6步 ▶ 查看现在已经部署的 release 及 Pod。

```
[root@vms10 mysql]# helm ls
NAME    NAMESPACE    REVISION    STATUS      CHART         APP VERSION
db      chap14       1           deployed    mysql-1.6.8   5.7.30
[root@vms10 mysql]#
[root@vms10 mysql]# kubectl get pods
NAME                         READY    STATUS      RESTARTS    AGE
db-mysql-84f68ddfdc-m6xgq    1/1      Running     0           92s
[root@vms10 mysql]#
```

第7步 ▶ 在 vms10 上安装 MariaDB 客户端。

```
[root@vms10 mysql]# yum install mariadb -y
... 输出 ...
作为依赖被升级：
  mariadb-libs.x86_64 1:5.5.68-1.el7

完毕！
[root@vms10 mysql]#
```

第8步 ▶ 查看 MySQL Pod 的 IP。

```
[root@vms10 mysql]# kubectl get pods -o wide --no-headers
db-mysql-84f68ddfdc-m6xgq    1/1    Running    0    3m18s    10.244.14.41 ...
[root@vms10 mysql]#
```

第9步 ▶ 用 MySQL 命令连接到此 Pod 上。

```
[root@vms10 mysql]# mysql -uroot -phaha001 -h10.244.14.41
Welcome to the MariaDB monitor.  Commands end with ; or \g.
Your MySQL connection id is 48.
... 输出 ...
MySQL [(none)]> quit
```

```
Bye
[root@vms10 mysql]#
```

第10步 ▶ 删除此 release。

```
[root@vms10 mysql]# helm delete db
release "db" uninstalled
[root@vms10 mysql]# helm ls
NAME    NAMESPACE    REVISION    UPDATED STATUS    CHART    APP VERSION
[root@vms10 mysql]#
```

第11步 ▶ 查看当前目录下的内容。

```
[root@vms10 mysql]# ls
Chart.yaml  README.md  templates  values.yaml
[root@vms10 mysql]#
```

第12步 ▶ 用 Vim 编辑器修改 Chart.yaml 里的内容，改第二行和最后一行的内容。

```
description: Fast, cka mysql helm 132132 system.
version: 1.6.9
```

description 修改的是此 chart 的描述信息；version 修改的是 chart 的版本，原来是 1.6.8，这里改为 1.6.9。

第13步 ▶ 保存之后，退回到上一层目录里，即退回到 chap14 目录里。

```
[root@vms10 mysql]# cd ..    # 这里 cd .. 表示退回到上一层目录里
[root@vms10 chap14]#
```

14.4 搭建私有源

前面使用的是互联网的源，但是如果在私网里无法连接到互联网，要使用 Helm 来部署应用程序，可以在私网内部搭建私有源。

第1步 ▶ 在 vms12 上用 Nginx 镜像创建一个容器，名称为 web1。

```
[root@vms12 ~]# mkdir /data
[root@vms12 ~]# nerdctl run -d --name=web1 -p 8080:80 -v /data:/usr/share/nginx/
html/charts nginx
ca08a2ce9b8e910ed71f458fa3c7dd53843bf50e5bb92c089fdacf7cd65a1657
[root@vms12 ~]#
```

这里使用Nginx镜像创建一个名称为web1的容器，端口映射到vms12上的8080端口，然后把vms12上的/data目录挂载到web1容器的/usr/share/nginx/html/charts目录里，这个目录就用于存储chart。以后就可以通过访问192.168.26.12:8080/charts来访问chart。

第2步 删除原有的MySQL压缩文件。

```
[root@vms10 chap14]# rm -rf mysql-1.6.8.tgz
[root@vms10 chap14]# ls
helm-v3.12.0-linux-amd64.tar.gz  linux-amd64  mysql
[root@vms10 chap14]#
```

第3步 对MySQL这个chart重新打包。

```
[root@vms10 chap14]# helm package mysql/
Successfully packaged chart and saved it to: /root/chap14/mysql-1.6.9.tgz
[root@vms10 chap14]#
[root@vms10 chap14]# ls
helm-v3.12.0-linux-amd64.tar.gz  linux-amd64   mysql  mysql-1.6.9.tgz
[root@vms10 chap14]#
```

对MySQL打包之后，在压缩文件上自动显示版本，这个版本就是前面在Chart.yaml里修改的。

第4步 给当前目录下的包建立索引文件，并指定私有仓库地址。

按如下语法建立索引文件。

```
helm repo index 目录 --url http:// 仓库地址
```

目录指的是存放chart压缩文件（后缀是tgz的那些文件）的目录。

因为chart压缩文件都是放在当前目录下的，所以下面为当前目录里的包建立索引文件。

```
[root@vms10 chap14]# helm repo index . --url http://192.168.26.12:8080/charts
[root@vms10 chap14]#
[root@vms10 chap14]# ls
helm-v3.12.0-linux-amd64.tar.gz  index.yaml linux-amd64  mysql  mysql-1.6.9.tgz
[root@vms10 chap14]#
```

上面命令里的点表示为当前目录里的包建立索引文件。可以看到，这里多了一个索引文件index.yaml，里面记录了当前目录里所有包的信息及所在仓库地址。

第5步 把当前目录下的index.yaml和后缀为tgz的包全部拷贝到192.168.26.12的/data目录里（请理解前面web1容器数据卷的设置）。

```
[root@vms10 chap14]# scp index.yaml *.tgz 192.168.26.12:/data
root@192.168.26.12's password:
index.yaml              100%  1192   1.1MB/s   00:00
mysql-1.6.9.tgz         100%  11KB   5.2MB/s   00:00
```

```
[root@vms10 chap14]#
```

第6步 ▶ 切换到 vms12 上进行查看。

```
[root@vms12 ~]# ls /data/
index.yaml    mysql-1.6.9.tgz
[root@vms12 ~]# nerdctl exec -it web1 ls /usr/share/nginx/html/charts
index.yaml    mysql-1.6.9.tgz
[root@vms12 ~]#
```

以后访问 http://192.168.26.12:8080/charts 就能访问到所需要的包了，至此私有仓库就建立完成了。

第7步 ▶ 切换到 Master 上，添加 http://192.168.26.12:8080/charts 作为仓库，仓库名为 myrepo。

```
[root@vms10 chap14]# helm repo add myrepo http://192.168.26.12:8080/charts
"myrepo" has been added to your repositories
[root@vms10 chap14]#
[root@vms10 chap14]# helm repo list
NAME     URL
ali      https://kubernetes.oss-cn-hangzhou.aliyuncs.com/charts
azure    http://mirror.azure.cn/kubernetes/charts/
myrepo   http://192.168.26.12:8080/charts
[root@vms10 chap14]#
```

第8步 ▶ 搜索 MySQL 的 chart。

```
[root@vms10 chap14]# helm search repo mysql
NAME              CHART VERSION    APP VERSION    DESCRIPTION
ali/mysql         6.8.0            8.0.19         Chart to create a
... 输出 ...
myrepo/mysql      1.6.9            5.7.30         Fast, cka mysql helm 132132 system.
[root@vms10 chap14]#
```

这里 CHART VERSION 显示的是 1.6.9，DESCRIPTION 显示的是 "Fast, cka mysql helm 132132 system."，这些都是我们在 mysql 目录的 Chart.yaml 里定义的。

至此，私有仓库配置完成。

如果此时想安装 MySQL，只要使用 helm install db myrepo/mysql 命令即可。

第9步 ▶ 删除本地私有仓库地址。

```
[root@vms10 chap14]# helm repo remove myrepo
"myrepo" has been removed from your repositories
[root@vms10 chap14]#
```

14.5 实战演示

前面讲了 Helm 的使用，这一节主要讲解如何用 Helm 部署 Prometheus 来监控我们的 K8s 集群。

首先看一个简单的架构图，了解一下 Prometheus 的结构，如图 14-2 所示。

Exporter 是用来收集数据的，要监测不同的东西，就需要有不同的 Exporter。比如要监测 MySQL，需要安装 mysqld_exporter；要安装节点信息，需要安装

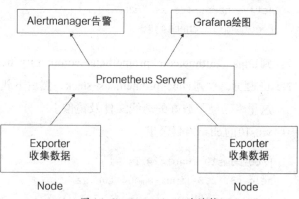

图 14-2　Prometheus 的结构

node_exporter；要监控 Kubernetes，需要安装 kube-state-metrics。

Prometheus Server 会从 Exporter 获取并存储数据，然后通过 Grafana 画图，以图形化的界面展示出当前环境的负载情况，如图 14-3 所示。

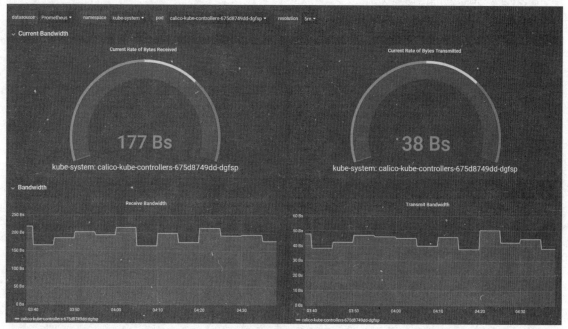

图 14-3　Grafana 的监控界面

因为前面创建了很多 Pod，为了看得清晰一些，单独创建一个命名空间 mon，并进入此命名空间里。

第1步 ▶ 创建命名空间 mon 并切换到此命名空间。

```
[root@vms10 chap14]# kubectl create ns mon
```

```
namespace/mon created
[root@vms10 chap14]# kubens mon
Context "kubernetes-admin@kubernetes" modified.
Active namespace is "mon".
[root@vms10 chap14]#
```

到 https://github.com/prometheus-community/helm-charts/tags 页面，通过单击 "Previous" 和 "Next" 翻页，找到 kube-prometheus-stack，然后下载，如图 14-4 所示。

这里将已经下载好的离线文件及镜像上
传到 vms10 的 chap14 目录里。

```
[root@vms10 chap14]# ls -1
helm-v3.12.0-linux-amd64.tar.gz
kube-prometheus-stack-41.7.3.tgz
linux-amd64
prometheus-img-41.7.tar
[root@vms10 chap14]#
```

图 14-4　下载 kube-prometheus-stack

第2步 ▶ 把下载的镜像导入。

先把 prometheus-img-41.7.tar 传输到
vms11 和 vms12 节点上。

```
scp prometheus-img-41.7.tar vms11:~
scp prometheus-img-41.7.tar vms12:~
```

第3步 ▶ 在所有节点上导入镜像。

在所有节点上通过 nerdctl load –i prometheus-img-41.7.tar 命令提前把所需要的镜像导入。
然后在 vms10 上继续操作。

第4步 ▶ 解压 kube-prometheus-stack-41.7.3.tgz。

```
[root@vms10 chap14]# tar zxf kube-prometheus-stack-41.7.3.tgz
[root@vms10 chap14]#
```

之后得到一个目录 kube-prometheus-stack。

第5步 ▶ 开始安装 Prometheus。

```
[root@vms10 chap14]# helm install mon kube-prometheus-stack
... 先卡一会 ...
... 然后输出 ...
[root@vms10 chap14]#
```

第6步 ▶ 等待一段时间，确保所有 Pod 的状态都是正常运行的。

```
[root@vms10 chap14]# kubectl get pods
NAME                                                         READY   STATUS
alertmanager-mon-kube-prometheus-stack-alertmanager-0        2/2     Running
mon-grafana-676bf44d4f-rmst2                                 3/3     Running
mon-kube-prometheus-stack-operator-694d6c475f-6q5t9          1/1     Running
mon-kube-state-metrics-67df8b957f-7nv7z                      1/1     Running
mon-prometheus-node-exporter-5vklh                           1/1     Running
mon-prometheus-node-exporter-8cp64                           1/1     Running
mon-prometheus-node-exporter-8gwlr                           1/1     Running
prometheus-mon-kube-prometheus-stack-prometheus-0            2/2     Running
[root@vms10 chap14]#
```

因为我们要浏览 Grafana，所以先把 Grafana 的服务类型改为 NodePort。

第7步 ▶ 修改服务 Grafana 的类型为 NodePort。

```
[root@vms10 chap14]# kubectl get svc | grep grafana
mon-grafana       ClusterIP    10.110.245.26    <none>        80/TCP        109s
[root@vms10 chap14]#
```

通过 kubectl edit svc mon-grafana 命令，把 mon-grafana 的服务类型改为 NodePort，获得 NodePort 端口为 31041（这个端口是随机生成的，每个人的不一样）。

```
[[root@vms10 chap14]# kubectl get svc | grep grafana
mon-grafana       NodePort    10.110.245.26    <none>        80:31041/TCP    3m40s
[root@vms10 chap14]#
```

第8步 ▶ 在浏览器里输入 192.168.26.10:31041，如图 14-5 所示。

图 14-5　登录 Grafana

用户名和密码分别是多少呢？我们来查一下。

第9步 ▶ 查看当前命名空间里的 Secret。

```
[root@vms10 chap14]# kubectl get secrets | grep grafana
mon-grafana            Opaque            3        4m51s
[root@vms10 chap14]#
```

第10步 ▶ 查看名称为 mon-grafana 的 Secret 的具体信息。

```
[root@vms10 chap14]#
[root@vms10 chap14]# kubectl get secrets mon-grafana -o yaml | head -5
apiVersion: v1
data:
  admin-password: cHJvbS1vcGVyYXRvcg==
  admin-user: YWRtaW4=
  ldap-toml: ""
[root@vms10 chap14]#
```

粗体字 admin-user 的值是用户名，admin-password 的值是密码，分别是用 base64 编码过的。

第11步 ▶ 对用户名和密码进行解码。

```
[root@vms10 chap14]# echo -n "YWRtaW4=" | base64 -d
admin[root@vms10 chap14]#
[root@vms10 chap14]# echo -n "cHJvbS1vcGVyYXRvcg==" | base64 -d
prom-operator[root@vms10 chap14]#
[root@vms10 chap14]#
```

可以得到，用户名为 admin，密码为 prom-operator。

第12步 ▶ 登录 Grafana，之后单击"设置"图标，选择"Data sources"选项，如图 14-6 所示。

图 14-6 选择"Data sources"选项

可以看到，已经把Prometheus添加到数据源了，如图14-7所示。

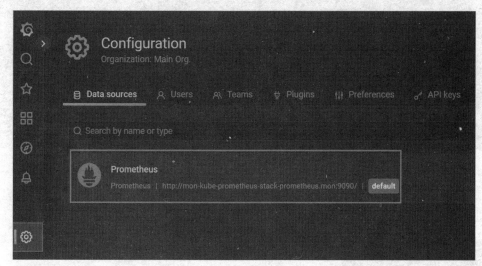

图14-7　数据源包含Prometheus

第13步▶ 单击"Prometheus"按钮，之后选择"Dashboards"选项，单击"Prometheus 2.0 Stats"最后的"Import"按钮，如图14-8和图14-9所示。

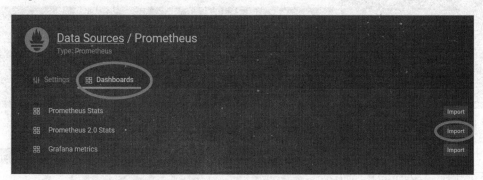

图14-8　导入Dashboard（1）

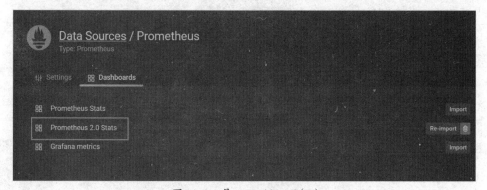

图14-9　导入Dashboard（2）

第14步▶ 单击"Prometheus 2.0 Stats"按钮，如图14-10所示。

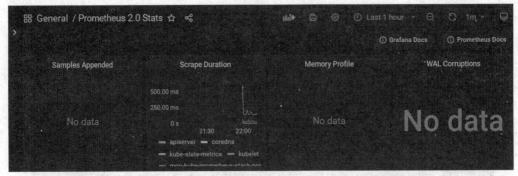

图 14-10　查看监控

第15步● 导入其他可用模板。

单击左侧的"四宫格"图标，选择"+ Import"选项，如图14-11和图14-12所示。

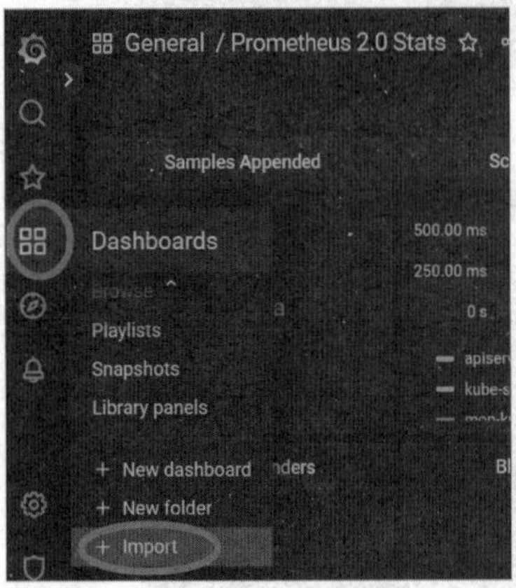

图 14-11　导入模板（1） 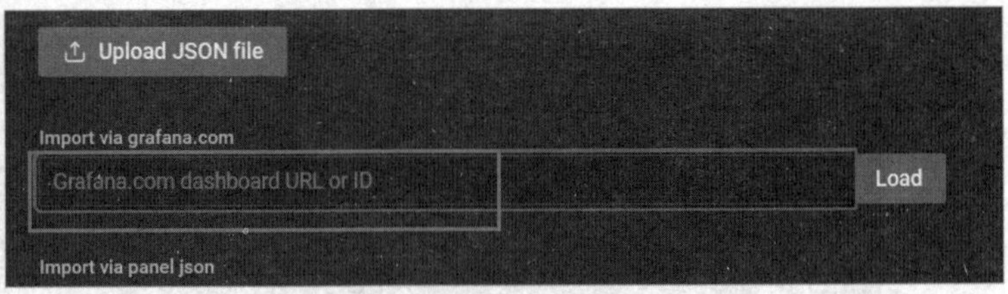　　　　　　　　　　图 14-12　导入模板（2）

在 Import via grafana.com 下面的文本框中输入 Dashboard 的 ID，比如315、8919等。

但是，因为网络问题导致导入不进去。

第16步● 下载模板。

大家可以到 https://grafana.com/grafana/dashboards/ 里找所需要的模板，如图 14-13 所示。

在左侧 Data Source 里单击 "Prometheus" 按钮，在搜索栏里输入 kubernetes，找到 kube-state-metrics-v2 并单击。

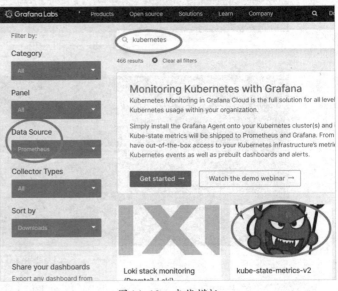

图 14-13　查找模板

第17步▶ 单击"Download JSON"按钮，如图14-14所示。

图14-14　下载JSON文件

第18步▶ 导入模板。

切换到图14-12导入模板的位置，单击"Upload JSON file"按钮，如图14-15所示。
浏览刚刚下载的JSON文件并打开，如图14-16所示。

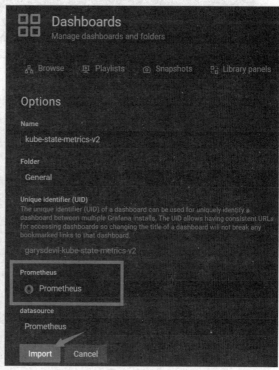

图14-15　导入JSON文件（1）　　　　　图14-16　导入JSON文件（2）

在Prometheus下面选择"Prometheus"选项，然后单击"Import"按钮，之后就可以看到
Kubernetes的监控界面，如图14-17所示。

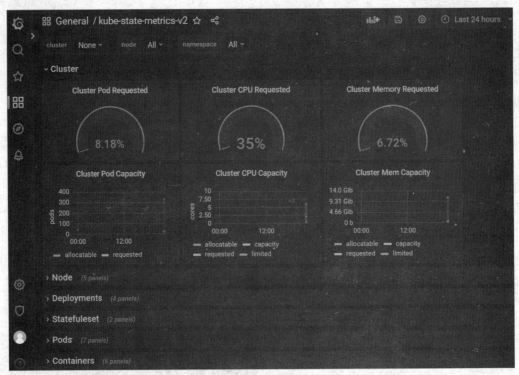

图 14-17 监控Kubernetes

至此，Prometheus配置完成。

第 15 章
安全管理

考试大纲

了解通过Kubernetes的验证方式申请证书及审批，创建Kubeconfig文件，了解基于角色的访问控制（RBAC），并通过配置角色或集群角色给User或SA授权。

本章要点

考点1：创建Kubeconfig文件。

考点2：创建及删除Role。

考点3：创建及删除RoleBinding。

考点4：创建及删除ClusterRole。

考点5：创建及删除ClusterRoleBinding。

考点6：创建及删除SA。

考点7：设置Pod以指定的SA运行。

考点8：限制Pod及容器的资源。

前文讲解在K8s上的操作，只要登录到Master上，就可以直接使用Kubectl的各种命令进行操作了。可能有人会疑惑说，这里使用的是哪个用户登录的呢？其实这里使用的是管理员用户登录的，登录方式是Kubeconfig，大家是否还记得我们刚安装好集群之后提示的一段信息呢？如图15-1所示。

这里的/etc/kubernetes/admin.conf就是系统自动生成的、管理员用的Kubeconfig文件。Kubeconfig文件里包括了CA的证书、访问集群的地址，用户、用户证书和用户的私

```
Your Kubernetes control-plane has initialized successfully!

To start using your cluster, you need to run the following as a regular user:

  mkdir -p $HOME/.kube
  sudo cp -i /etc/kubernetes/admin.conf $HOME/.kube/config
  sudo chown $(id -u):$(id -g) $HOME/.kube/config

Alternatively, if you are the root user, you can run:

  export KUBECONFIG=/etc/kubernetes/admin.conf

You should now deploy a pod network to the cluster.
Run "kubectl apply -f [podnetwork].yaml" with one of the options listed at:
  https://kubernetes.io/docs/concepts/cluster-administration/addons/
```

图 15-1　安装集群后的提示信息

钥，结构如下。

第1步 ▶ 查看Kubeconfig文件的结构。

```
[root@vms10 ~]# kubectl config view
apiVersion: v1
clusters:
- cluster:
    certificate-authority-data: CA 的证书
    server: https://192.168.26.10:6443
  name: kubernetes
contexts:
- context:
    cluster: kubernetes
    namespace: chap14    # 指定用户在哪个命名空间里，后面会切换到 chap15
    user: kubernetes-admin
  name: kubernetes-admin@kubernetes
current-context: kubernetes-admin@kubernetes
kind: Config
preferences: {}
users:
- name: kubernetes-admin
  user:
    client-certificate-data: 用户证书
    client-key-data: 用户私钥
[root@vms10 ~]#
```

创建Kubernetes集群时，这个文件里的kubernetes-admin用户已经被授予最大权限了（权限管理本章后续会讲）。我们说的Kubeconfig文件并非文件的名称为Kubeconfig，而是指上述用于认证的文件，不管这个文件名是什么，可能文件名是aa.txt或bb.txt，但它都是Kubeconfig文件。默认使用的Kubeconfig文件是家目录下的.kube/config。

第2步 ▶ 查看Kubeconfig文件。

```
[root@vms10 ~]# ls ~/.kube/
cache  config  http-cache  kubens
[root@vms10 ~]#
```

所以，只要有了这个文件，就可以在任何机器上对集群进行操作，比如把/etc/kubernetes/admin.conf拷贝到一台Worker vms11上，然后只需要使用--kubeconfig选项来指定Kubeconfig文件即可。

第3步 ▶ 在vms11上执行kubectl get nodes命令。

```
[root@vms11 ~]# kubectl get nodes
```

```
    ...输出...
The connection to the server localhost:8080 was refused - did you specify the right
host or port?
[root@vms11 ~]#
```

现在在vms11这台Worker上是无法执行Kubectl命令的。

第4步 把Master的Kubeconfig文件拷贝到vms11上。

```
[root@vms10 ~]# scp /etc/kubernetes/admin.conf vms11:~
root@vms11's password:
admin.conf                      100% 5449      3.7MB/s   00:00
[root@vms10 ~]#
```

第5步 执行Kubectl命令时，使用--kubeconfig选项来指定Kubeconfig文件。

```
[root@vms11 ~]# kubectl get nodes --kubeconfig=admin.conf
NAME            STATUS   ROLES           AGE     VERSION
vms10.rhce.cc   Ready    control-plane   5d16h   v1.28.1
vms11.rhce.cc   Ready    <none>          5d16h   v1.28.1
vms12.rhce.cc   Ready    <none>          5d16h   v1.28.1
[root@vms11 ~]#
```

可以看到，是正常运行的。

如果不指定则会报错，但是如果每次运行都指定也很麻烦，所以可以使用一个变量来指定
Kubeconfig的路径，这个变量是KUBECONFIG。

第6步 设置KUBECONFIG变量。

```
[root@vms11 ~]# export KUBECONFIG=./admin.conf
[root@vms11 ~]# kubectl get nodes
NAME            STATUS   ROLES           AGE     VERSION
vms10.rhce.cc   Ready    control-plane   5d16h   v1.28.1
vms11.rhce.cc   Ready    <none>          5d16h   v1.28.1
vms12.rhce.cc   Ready    <none>          5d16h   v1.28.1
[root@vms11 ~]#
```

如果既不想通过这个变量指定Kubeconfig文件，又不想通过--kubeconfig=admin.conf选项指定
Kubeconfig文件，那么就把admin.conf放在用户家目录下的.kube隐藏目录里，并命名为config。

第7步 取消KUBECONFIG变量，并设置默认的Kubeconfig文件。

```
[root@vms11 ~]# unset KUBECONFIG
[root@vms11 ~]# mkdir .kube
mkdir: 无法创建目录 ".kube": 文件已存在
[root@vms11 ~]# cp admin.conf .kube/config
```

```
[root@vms11 ~]#
[root@vms11 ~]# kubectl get nodes
NAME            STATUS    ROLES           AGE      VERSION
vms10.rhce.cc   Ready     control-plane   5d16h    v1.28.1
vms11.rhce.cc   Ready     <none>          5d16h    v1.28.1
vms12.rhce.cc   Ready     <none>          5d16h    v1.28.1
[root@vms11 ~]#
```

当然，admin.conf里包含的用户具备管理员权限，但权限太大，并不适用于远程连接，所以我们需要创建普通用户使用的Kubeconfig文件。

第8步 ▶ 在vms11上删除这个Kubeconfig文件。

```
[root@vms11 ~]# rm -rf .kube/config
[root@vms11 ~]#
```

第9步 ▶ 本章所有需要的文件都放在chap15目录里，先把这个目录创建出来并cd进去。

```
[root@vms10 ~]# mkdir chap15
[root@vms10 ~]# cd chap15
[root@vms10 chap15]#
```

第10步 ▶ 本章所创建的Pod都在命名空间chap15里，所以先创建出来这个命名空间并切换进去。

```
[root@vms10 chap15]# kubectl create ns chap15
namespace/chap15 created
[root@vms10 chap15]# kubens chap15
Context "kubernetes-admin@kubernetes" modified.
Active namespace is "chap15".
[root@vms10 chap15]#
```

15.1 创建 Kubeconfig 文件

第1步 ▶ 创建新的Kubeconfig可以用一个脚本来实现。

```
[root@vms10 chap15]# wget ftp://ftp.rhce.cc/cka/book/chap15/create_user.sh
[root@vms10 chap15]# chmod +x create_user.sh
```

第2步 ▶ 开始运行这个脚本。

```
[root@vms10 chap15]# ./create_user.sh
```

```
请输入你要创建的用户名：john    # 填写要创建的用户，输入 john 后按回车键
请输入你的服务器的 IP: 192.168.26.10   # 输入 Master 的 IP 192.168.26.10 后按回车键
    ... 输出 ...
Context "context1" created.
[root@vms10 chap15]#
```

这样john用户就创建出来了，并生成了它所使用的Kubeconfig文件kc1。

第3步 ▶ 查看生成的kc1文件。

```
[root@vms10 chap15]# ls
create_user.sh  kc1
[root@vms10 chap15]#
```

这个kc1里已经设置了namespace: chap15，所以当使用这个kc1时，john就是在chap15这个命名空间里执行命令的。

第4步 ▶ 查看kc1里设置的命名空间。

```
[root@vms10 chap15]# grep namespace kc1
    namespace: chap15
[root@vms10 chap15]#
```

因为john是刚创建出来的用户，是没有任何权限的，所以它的Kubeconfig文件也不会有任何权限。

第5步 ▶ 检查john用户是否具备相关权限。

检查john用户是否具有list当前命名空间里Pod的权限。

```
[root@vms10 chap15]# kubectl auth can-i list pods --as john
no
[root@vms10 chap15]#
```

最后加了--as john选项，意思是使用john用户验证是否具备list pods的权限，这里显示的是no，说明john用户不具备list pods的权限。如果不加--as john选项，则显示的是kubernetes-admin用户的结果。

```
[root@vms10 chap15]# kubectl auth can-i list pods
yes
[root@vms10 chap15]#
```

第6步 ▶ 检查john用户是否具有list命名空间kube-system里Pod的权限。

```
[root@vms10 chap15]# kubectl auth can-i list pods -n kube-system --as john
no
[root@vms10 chap15]#
```

第7步 把这个Kubeconfig文件拷贝到vms11上。

```
[root@vms10 chap15]# scp kc1 vms11:~
kc1                      100% 5506      4.1MB/s     00:00
[root@vms10 chap15]#
```

第8步 在vms11上用此Kubeconfig文件kc1执行集群命令。

```
[root@vms11 ~]# kubectl --kubeconfig=kc1 get nodes
Error from server (Forbidden): nodes is forbidden: User "john" cannot list resource
"nodes" in API group "" at the cluster scope
[root@vms11 ~]#
```

通过--kubeconfig=kc1选项来指定Kubeconfig文件，即使用john用户执行list nodes，这里显示没有权限。

第9步 使用john用户查看Pod。

```
[root@vms11 ~]# kubectl --kubeconfig=kc1 get pods
Error from server (Forbidden): pods is forbidden: User "john" cannot list resource
"pods" in API group "" in the namespace "chap15"
[root@vms11 ~]#
```

john用户也没有list pods的权限。

15.2 Kubernetes 的授权

【必知必会】创建和删除Role，创建和删除RoleBinding，创建和删除ClusterRole，创建和删除ClusterRoleBinding。

授权一般是基于RBAC（Role Based Access Control，基于角色的访问控制）的方式，即并不会直接把权限授权给用户，而是把几个权限放在一个角色里，然后把角色授权给用户，如图15-2所示。

这里把一系列的权限放在角色里，然后把这个角色授权给用户，此时这个用户就会具有这个角色所有的权限。常见的权限包括create（创建）、delete（删除）、list（列出）、update（更新）等，到底有多少个权限可以用，可以通过如下命令来获取。

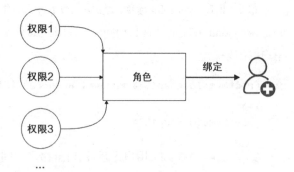

图15-2 权限、角色、用户的关系

```
[root@vms10 chap15]# kubectl describe clusterrole admin
```

把角色绑定给用户，这个绑定叫作RoleBinding，不管是Role还是RoleBinding，都是基于命名空间的，也就是在哪个命名空间里创建，就在哪个命名空间里生效。

15.2.1 Role和RoleBinding

1. 创建Role

创建Role的语法如下。

```
kubectl create role 名称 --verb=权限1,权限2,权限3,... --resource=资源类型1,资源类型2,...
```

这里创建的角色，对资源类型1、资源类型2等具备权限1、权限2、权限3等，比如：

```
kubectl create role role1 --verb=get,list --resource=pod,service
```

这条命令创建一个名称为role1的角色，此角色可以对Pod和Service资源具备get和list权限，如果我们把role1绑定给john用户，那么john用户可以对Pod和Service具备get和list权限。

注意

（1）用户执行kubectl get pods命令时使用的是list权限而非get权限，执行"kubectl logs Pod名"命令时使用的是get权限。

（2）这只是一条演示命令，并没有执行。

第1步 ● 创建role1.yaml文件，内容如下。

```
apiVersion: rbac.authorization.k8s.io/v1
kind: Role
metadata:
  creationTimestamp: null
  name: role1
rules:
- apiGroups:
  - ""
  resources:
  - pods
  verbs:
  - get
  - watch
  - list
```

Role的名称为role1，对Pods（由resources字段指定）具备get、watch、list权限（由verbs字段指定）。

注意

这个文件可以通过

```
kubectl create role role1 --verb=get,watch,list  --resource=pods
--dry-run=client -o yaml > role1.yaml
```

快速获取，然后修改。

第2步 ● 创建角色。

```
[root@vms10 chap15]# kubectl apply -f role1.yaml
role.rbac.authorization.k8s.io/role1 created
[root@vms10 chap15]#
```

这样就创建了一个名称为role1的角色。

第3步 ● 查看角色。

```
[root@vms10 chap15]# kubectl get role
NAME            AGE
role1           7s
[root@vms10 chap15]#
```

第4步 ● 查看角色的属性。

```
[root@vms10 chap15]# kubectl describe role role1 | tail -n +6
  ---------   -----------------   --------------   -----
  pods        []                  []               [get watch list]
[root@vms10 chap15]#
```

可以看到，此角色对Pods具备get、watch、list权限。

创建Role也可以通过命令行来实现，在CKA的考试里如果要创建角色，可以通过命令行来快速实现，语法如下。

```
kubectl create role namex --verb=权限1,权限2,... --resource=pods,deployment,...
```

这句话的意思是创建一个名称为namex的角色，对Pods、Deployment等资源具备权限1、权限2等权限。

2. 创建RoleBinding

把角色授权给用户，由RoleBinding来完成。这里把角色role1授权给john用户，就需要创建一个RoleBinding。

创建 RoleBinding 的语法如下。

```
kubectl create rolebinding 名称 --role 角色 --user 用户
```

这样就把指定的角色绑定给指定的用户了，此用户就可以使用角色里的权限了，比如：

```
kubectl create rolebinding rbind1 --role role1 --user john
```

这样就把 role1 绑定给 john 用户了，那么 john 用户就可以使用 role1 里的权限了。注意，此命令并没有真正执行，只是一条演示命令。

第1步 ● 创建名称为 rbind1 的 RoleBinding。

```
[root@vms10 chap15]# kubectl create rolebinding rbind1 --role=role1 --user=john
```

这里的意思是，创建一个名称为 rbind1 的 RoleBinding，把角色 role1 授权给 john 用户。

第2步 ● 查看现有 RoleBinding。

```
[root@vms10 chap15]# kubectl get rolebindings
NAME        AGE
rbind1      9s
[root@vms10 chap15]#
```

第3步 ● 查看 rbind1 把哪个角色绑定给哪个用户了，加上 -o wide 选项。

```
[root@vms10 chap15]# kubectl get rolebinding rbind1 -o wide
NAME      ROLE          AGE    USERS    GROUPS    SERVICEACCOUNTS
rbind1    Role/role1    23s    john
[root@vms10 chap15]#
```

可以看到，rbind1 把 role1 这个角色绑定给 john 用户了。

第4步 ● 查看 rbind1 的属性。

```
[root@vms10 chap15]# kubectl describe rolebindings rbind1
...
Role:
  Kind:  Role
  Name:  role1
Subjects:
  Kind   Name   Namespace
  ----   ----   ---------
  User   john
[root@vms10 chap15]#
```

可以看到，角色 role1 授权给了 john 用户。

第5步 ▶ 在 vms11 上测试（前面已经把 kc1 拷贝到 vms11 上了）。

```
[root@vms11 ~]# kubectl --kubeconfig=kc1 get pods
No resources found in chap15 namespace.
[root@vms11 ~]#
```

这里已经正确地执行了，只是当前命名空间里不存在任何 Pod。

第6步 ▶ 查看 default 命名空间里的 Pod。

```
[root@vms11 ~]# kubectl --kubeconfig=kc1 get pods -n default
Error from server (Forbidden): pods is forbidden: User "john" cannot list resource
"pods" in API group "" in the namespace "default"
[root@vms11 ~]#
```

因为 rbind1 是在 chap15 里创建的，所以 john 用户只能在当前命名空间（chap15）里执行，在 default 命名空间里并没有权限。

第7步 ▶ 查看 Deployment。

```
[root@vms11 ~]# kubectl --kubeconfig=kc1 get deploy
Error from server (Forbidden): deployments.apps is forbidden: User "john" cannot
list resource "deployments" in API group "apps" in the namespace "chap15"
[root@vms11 ~]#
```

报错，因为角色 role1 里只有对 Pod 的操作权限，并没有对 Deployment 的操作权限，所以 john 用户只能对 Pod 具有相关的权限，而对 Deployment 没有任何权限。

第8步 ▶ 在 Master 上对 role1.yaml 文件进行修改。

```
apiVersion: rbac.authorization.k8s.io/v1
kind: Role
metadata:
  creationTimestamp: null
  name: role1
rules:
- apiGroups:
  - ""
  resources:
  - pods
  - deployments
  verbs:
  - get
  - watch
  - list
```

第9步　运行role1.yaml文件。

```
[root@vms10 chap15]# kubectl apply -f role1.yaml
role.rbac.authorization.k8s.io/role1 configured
[root@vms10 chap15]#
```

这里想表达的意思是，role1对Pods和Deployments都具备get、watch、list权限。

第10步　查看role1的权限。

```
[root@vms10 chap15]# kubectl describe role role1 | tail -n +6
  ---------        ----------------      --------------    -----
  deployments  []                    []                [get watch list]
  pods         []                    []                [get watch list]
[root@vms10 chap15]#
```

这里显示role1对Deployments也具备get、watch、list权限。

第11步　切换到vms11上进行验证。

```
[root@vms11 ~]# kubectl --kubeconfig=kc1 get deploy
Error from server (Forbidden): deployments.apps is forbidden: User "john" cannot
list resource "deployments" in API group "apps" in the namespace "chap15"
[root@vms11 ~]#
```

可以看到，john用户对Deployments仍没有list权限，这是为什么呢？

因为在role1.yaml文件里有个字段apiGroups，我们并没有去修改，它指的是Role的作用范围，即可以作用到哪些资源上。每种资源都有自己的apiVersion，回想一下前面讲过的Pod、Deployment、Service这些资源的YAML文件里的apiVersion字段。下面看一下常见对象的apiVersion的类型。

```
pod:              v1
deployment:       apps/v1
daemonset:        apps/v1
job:              batch/v1
cronjob:          batch/v1
service:          v1
```

第12步　通过如下命令来获取这些资源的apiVersion。

```
[root@vms10 chap15]# kubectl api-resources | egrep 'pods|svc|deploy|ds|job|cj'
pods                    po          v1
serviceaccounts         sa          v1
services                svc         v1
apiservices                         apiregistration.k8s.io/v1
```

```
daemonsets              ds                      apps/v1
deployments             deploy                  apps/v1
cronjobs                cj                      batch/v1
jobs                    batch/v1
[root@vms10 chap15]#
```

这些apiVersion的结构都是xx单级或yy/zz双级的。对于xx这种单级的结构来说，不存在父级，则父级为空；对于yy/zz这种双级的结构来说，父级就是yy。

在定义角色的YAML文件里的apiGroups字段写对应的父级即可，如果没有父级，比如Pod的apiVersion值为v1，则在apiGroups里写""，注意引号里没有空格。

role1.yaml里apiGroups的值是""，意思是可以作用到apiVersion为单级的这些资源上，比如Pod、Service等，因为它们的apiVersion值并不存在父级。到底是Pod还是Service，由下面的resources来指定。所以，角色要对哪个资源类型生效，需要在apiGroups和resources两处都定义才行。

第13步 再看role1.yaml里定义的内容。

```
rules:
- apiGroups:
  - ""
  resources:
  - pods
  - deployments
  verbs:
  - get
  - watch
  - list
```

虽然在resources里定义了Deployments，但是Deployments所对应的apiVersion的父级即apps并没有出现在apiGroups里，所以此角色对Deployments并不生效。

第14步 如果想对Deployments生效，可以把role1.yaml文件的内容修改如下。

```
apiVersion: rbac.authorization.k8s.io/v1
kind: Role
metadata:
  creationTimestamp: null
  name: role1
rules:
- apiGroups:
  - ""
  - "apps"
  resources:
```

```
    - pods
    - deployments
   verbs:
   - get
   - watch
   - list
```

这样定义的角色对Pods和Deployments都具备get、watch、list权限了。

第15步▶ 运行role1.yaml文件。

```
[root@vms10 chap15]# kubectl apply -f role1.yaml
role.rbac.authorization.k8s.io/role1 configured
[root@vms10 chap15]#
```

第16步▶ 切换到vms11上进行验证。

```
[root@vms11 ~]# kubectl --kubeconfig=kc1 get deploy
No resources found in chap15 namespace.
[root@vms11 ~]#
```

可以看到，john用户有对Deployments相关的权限了。

第17步▶ 切换到Master上，查看role1的权限。

```
[root@vms10 chap15]# kubectl describe role role1 | tail -n +6
  ---------          -----------------   --------------   -----
  deployments        []                  []               [get watch list]
  pods               []                  []               [get watch list]
  deployments.apps   []                  []               [get watch list]
  pods.apps          []                  []               [get watch list]
[root@vms10 chap15]#
```

这里有两行Pods和两行Deployments是怎么回事呢？因为apiGroups下有两个类型""和"apps"，resources下有两种资源Pods和Deployments，它们会进行排列组合。正确的组合应该是"资源类型s+apiVersion的父级"，所以我们只要关注上述粗体字部分即可。

这里Pods和Deployments的权限是一样的，如果想让Pods和Deployments的权限不一样，该如何定义呢？可以把Pods和Deployments分开定义。

第18步▶ 修改role1.yaml文件，内容如下。

```
apiVersion: rbac.authorization.k8s.io/v1
kind: Role
metadata:
  creationTimestamp: null
  name: role1
```

```
      rules:
      - apiGroups:
        - ""
        resources:
        - pods
        verbs:
        - get
        - watch
        - list
      - apiGroups:
        - "apps"
        resources:
        - deployments
        verbs:
        - get
        - list
        - create
```

在rules关键字下通过多个apiGroups分别来定义，即可对Pods具备get、watch、list权限，对Deployments具备get、list、create权限。

第19步● 运行role1.yaml文件并查看role1的权限。

```
[root@vms10 chap15]# kubectl apply -f role1.yaml
role.rbac.authorization.k8s.io/role1 configured
[root@vms10 chap15]#
[root@vms10 chap15]# kubectl describe role role1 | tail -n +6
  ---------         ----------------    --------------    -----
  deployments.apps  []                  []                [get list create]
  pods              []                  []                [get watch list]
[root@vms10 chap15]#
```

可以看到，Pods和Deployments已经具备了不同的权限。

第20步● 测试创建一个Deployment，先准备web1.yaml文件。

切换到vms11上，下载web1.yaml，这个文件用于创建一个名称为web1、副本数为1的Deployment。

```
[root@vms11 ~]# wget ftp://ftp.rhce.cc/cka/book/chap15/web1.yaml
[root@vms11 ~]#
```

第21步● 创建这个Deployment。

```
[root@vms11 ~]# kubectl apply -f web1.yaml --kubeconfig=kc1
deployment.apps/web1 created
```

```
[root@vms11 ~]#
[root@vms11 ~]# kubectl get deployment --kubeconfig=kc1
NAME    READY   UP-TO-DATE   AVAILABLE   AGE
web1    1/1     1            1           10s
[root@vms11 ~]#
```

能创建出来，且能看出来副本数是1。

第22步▶ 把副本数修改为2。

```
[root@vms11 ~]# kubectl scale deployment web1 --replicas=2 --kubeconfig=kc1
Error from server (Forbidden): deployments.apps "web1" is forbidden: User "john"
cannot patch resource "deployments/scale" in API group "apps" in the namespace
"chap15"
[root@vms11 ~]#
```

提示失败，仔细分析报错信息可以看到，john用户没有对deployments/scale这个资源的patch
权限。

第23步▶ 返回Master上修改role1.yaml文件，内容如下。

```
apiVersion: rbac.authorization.k8s.io/v1
kind: Role
metadata:
  creationTimestamp: null
  name: role1
rules:
- apiGroups:
  - ""
  resources:
    ... 省略 ...
- apiGroups:
  - "apps"
  resources:
  - deployments
  - deployments/scale
  verbs:
  - get
  - list
  - create
  - patch
```

这里添加了 deployments/scale 和 patch 权限。

第24步▶ 运行role1.yaml文件。

```
[root@vms10 chap15]# kubectl apply -f role1.yaml
role.rbac.authorization.k8s.io/role1 configured
[root@vms10 chap15]#
```

第25步 ► 再次切换到 vms11 上，修改 web1 的副本数。

```
[root@vms11 ~]# kubectl scale deployment web1 --replicas=2 --kubeconfig=kc1
deployment.apps/web1 scaled
[root@vms11 ~]# kubectl get pods --kubeconfig=kc1
NAME                      READY   STATUS    RESTARTS   AGE
web1-6ff7988c7c-rw5zs     1/1     Running   0          4s
web1-6ff7988c7c-wx9k7     1/1     Running   0          6m42s
[root@vms11 ~]#
```

可以看到，已经顺利修改完成了。

第26步 ► 删除 web1 这个 Deployment。

```
[root@vms11 ~]# kubectl delete -f web1.yaml --kubeconfig=kc1
Error from server (Forbidden): error when deleting "web1.yaml": deployments.apps
"web1" is forbidden: User "john" cannot delete resource "deployments" in API group
"apps" in the namespace "chap15"
[root@vms11 ~]#
```

结果发现报错，因为在 role1 里并没有 Deployments 的权限，所以 john 用户自然不能删除。

第27步 ► 切换到 Master 上，对 role1.yaml 文件再次进行修改。

```
apiVersion: rbac.authorization.k8s.io/v1
kind: Role
metadata:
  creationTimestamp: null
  name: role1
rules:
- apiGroups:
  - ""
    ... 省略 ...
- apiGroups:
  - "apps"
  resources:
  - deployments
  - deployments/scale
  verbs:
  - get
  - list
```

```
      - create
      - patch
      - delete
```

在 Deployments 的权限下添加了一个 delete。

第28步▶ 运行 role1.yaml 文件。

```
[root@vms10 chap15]# kubectl apply -f role1.yaml
role.rbac.authorization.k8s.io/role1 configured
[root@vms10 chap15]#
```

第29步▶ 再次切换到 vms11 上，执行删除 web1 的操作。

```
[root@vms11 ~]# kubectl delete -f web1.yaml --kubeconfig=kc1
deployment.apps "web1" deleted
[root@vms11 ~]#
[root@vms11 ~]# kubectl get pods --kubeconfig=kc1
No resources found in chap15 namespace.
[root@vms11 ~]#
```

可以看到，已经删除成功了。

第30步▶ 在 vms11 上使用 john 用户查看一下 default 命名空间里有多少个 Deployments。

```
[root@vms11 ~]# kubectl get deployment --kubeconfig=kc1 -n default
Error from server (Forbidden): deployments.apps is forbidden: User "john" cannot
list resource "deployments" in API group "apps" in the namespace "default"
[root@vms11 ~]#
```

可以看到，john 用户在其他命名空间里是没有权限的，因为 RoleBinding 是在 chap15 命名空间里创建的，所以 john 用户只有在 chap15 里具备相关的权限。

第31步▶ 删除 Role 和 RoleBinding。

```
[root@vms10 chap15]# kubectl delete role role1
role.rbac.authorization.k8s.io "role1" deleted
[root@vms10 chap15]# kubectl delete rolebindings rbind1
rolebinding.rbac.authorization.k8s.io "rbind1" deleted
[root@vms10 chap15]#
```

RoleBinding 如果想同时给多个用户授权可以使用如下命令，语法如下。

```
kubectl create rolebinding 名称 --role= 角色 x --user=user1 --user=user2
```

这里的意思是，把角色 x 授权给 user1 和 user2。

15.2.2 ClusterRole和ClusterRoleBinding

前面创建的Role和RoleBinding只能作用于一个具体的命名空间，如果想在所有命名空间里都生效，需要用到Clusterrole和ClusterRoleBinding。

创建ClusterRole与创建Role的语法及YAML文件基本是一样的，只要把关键字role换成clusterrole即可。

```
kubectl create clusterrole 名称 --verb=权限1,权限2,权限3,... --resource=资源类型1,
资源类型2,...
```

这里创建的集群角色，对资源类型1、资源类型2等具备权限1、权限2、权限3等，比如：

```
kubectl create clusterrole crole1 --verb=get,list --resource=pod,service
```

这条命令创建一个名称为crole1的集群角色，这个角色是全局的，所以在所有命名空间里都能看到这个集群角色。此角色可以对Pod和Service资源具备get和list权限，我们把crole1进行以下修改。

（1）把RoleBinding绑定给john用户，那么john用户在当前命名空间里对Pod和Service具备get和list权限。

（2）把ClusterRoleBinding绑定给john用户，那么john用户在所有命名空间里对Pod和Service具备get和list权限。

如果要查看系统中所有的ClusterRole，可以使用以下代码。

```
kubectl get clusterrole
```

下面创建一个ClusterRole和一个ClusterRoleBinding。

第1步 创建crole1.yaml文件。

直接将刚才创建好的role1.yaml文件拷贝成crole1.yaml文件并做相关的修改。

在Master上拷贝role1.yaml文件到crole1.yaml文件。

```
[root@vms10 chap15]# cp role1.yaml crole1.yaml
[root@vms10 chap15]#
```

第2步 对crole1.yaml文件进行修改，内容如下。

```
apiVersion: rbac.authorization.k8s.io/v1
kind: ClusterRole
metadata:
  creationTimestamp: null
  name: crole1
rules:
- apiGroups:
```

```
      - ""
      resources:
      - pods
      verbs:
      - get
      - watch
      - list
    - apiGroups:
      - "apps"
      resources:
      - deployments
      - deployments/scale
      verbs:
      - get
      - list
      - create
      - patch
      - delete
```

这里把第2行的kind: Role换成了kind: ClusterRole，第5行的name的值可以随意起名，这里改为了crole1。这个YAML文件能够创建一个名称为crole1的ClusterRole，里面字段的意义和前面一样，这里不再赘述。

第3步 ▶ 创建ClusterRole。

```
[root@vms10 chap15]# kubectl apply -f clusterrole1.yaml
clusterrole.rbac.authorization.k8s.io/crole1 created
[root@vms10 chap15]#
```

第4步 ▶ 查看crole1的权限。

```
[root@vms10 chap15]# kubectl describe clusterrole crole1 | tail -n +6
  ---------           -----------   -----------   -----
  deployments.apps/scale  []            []            [get list create patch delete]
  deployments.apps        []            []            [get list create patch delete]
  pods                    []            []            [get watch list]
[root@vms10 chap15]#
```

把这个ClusterRole授权给john用户，下面创建一个ClusterRoleBinding。

第5步 ▶ 创建ClusterRoleBinding。

创建ClusterRoleBinding的语法与创建RoleBinding的语法一致，只要把关键字rolebinding换成clusterrolebinding，--role换成--clusterrole即可。

```
kubectl create clusterrolebinding 名称 --clusterrole 角色 --user 用户
```

这样就把指定的角色绑定给指定的用户了，这个用户就可以使用角色里的权限了，比如：

```
kubectl create clusterrolebinding crbind1 --clusterrole role1 --user john
```

第6步 ▶ 直接通过命令行的方式创建名称为 cbind1 的 ClusterRoleBinding。

```
[root@vms10 chap15]# kubectl create clusterrolebinding cbind1 --clusterrole crole1
--user john
clusterrolebinding.rbac.authorization.k8s.io/cbind1 created
[root@vms10 chap15]#
```

第7步 ▶ 查看 cbind1 把哪个集群角色绑定给哪个用户了。

```
[root@vms10 chap15]# kubectl get clusterrolebinding cbind1 -o wide
NAME        ROLE                 AGE      USERS    GROUPS    SERVICEACCOUNTS
cbind1      ClusterRole/crole1   2m14s    john
[root@vms10 chap15]#
```

可以看到，cbind1 把 crole1 这个集群角色绑定给 john 用户了。

第8步 ▶ 到 vms11 上进行测试。

```
[root@vms11 ~]# kubectl get deploy --kubeconfig=kc1 -n default
NAME                    READY    UP-TO-DATE    AVAILABLE    AGE
nfs-client-provisioner  1/1      1             1            4d4h
[root@vms11 ~]#
[root@vms11 ~]# kubectl get deploy --kubeconfig=kc1 -n kube-system
NAME                     READY    UP-TO-DATE    AVAILABLE    AGE
calico-kube-controllers  1/1      1             1            5d23h
coredns                  2/2      2             2            5d23h
metrics-server           1/1      1             1            5d22h
[root@vms11 ~]#
[root@vms11 ~]# kubectl get deploy --kubeconfig=kc1
No resources found in chap15 namespace.
[root@vms11 ~]#
```

可以看到，john 用户在所有命名空间里都有权限了。

注意

ClusterRole 可以通过 RoleBinding 或 ClusterRoleBinding 绑定给用户。

如果通过 RoleBinding 绑定给用户，在哪个命名空间里创建的 RoleBinding，则用户只能在那个命名空间里具备这个 ClusterRole 里的权限。

如果通过 ClusterRoleBinding 绑定给用户，则用户在所有命名空间里都具备这个 ClusterRole 里的权限。

第9步 ▶ 切换到 Master 上，删除这个 cbind1 和 crole1。

```
[root@vms10 chap15]# kubectl delete clusterrolebinding cbind1
clusterrolebinding.rbac.authorization.k8s.io "cbind1" deleted
[root@vms10 chap15]#
[root@vms10 chap15]# kubectl delete clusterrole crole1
clusterrole.rbac.authorization.k8s.io "crole1" deleted
[root@vms10 chap15]#
```

15.2.3 ServiceAccount

Kubernetes 里存在以下两种账户。

（1）UserAccount（用户账户）：用于登录 Kubernetes 系统，比如前面创建的 john 用户。

（2）ServiceAccount（服务账户）：简称 SA，这种账户一般不用于登录系统，而是指定 Pod 里的进程以什么身份运行，如图 15-3 所示。

举个例子，我们要开发一个应用程序，目的是以 Web 的方式来管理 Kubernetes。这个程序以 Pod 的方式运行，图 15-3 中的 App Pod 里运行了一个进程，可以接收用户发送的各种请求，比如创建或删除 Kubernetes 里的 Pod。

这个 App Pod 以 sa1 的身份运行，则 sa1 会以投射卷（Projected）的方式在 pod1 的 /run/secrets/

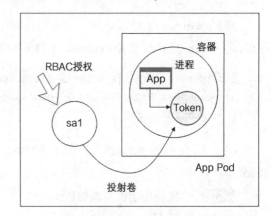

图 15-3　SA 的用途

kubernetes.io/serviceaccount 目录里生成一个 Token（令牌）。这个 Token 绑定了 sa1 的信息，App Pod 里的进程拿着这个 Token 来访问 Kubernetes 里的资源，sa1 具备什么权限，那么这个 Token 就具备什么样的权限。

当用户从浏览器登录管理界面时，其实是登录到了 App Pod，通过图形化界面的方式在某个命名空间里创建一个 podx，这一切实际上都是由 App Pod 里的应用程序来完成的。那么，App Pod 里运行的这个进程是否有权限在这个命名空间里创建 Pod 呢？这就要看 sa1 是否具备相关的权限。

SA 是基于命名空间的，即不同的命名空间可以有相同的 SA 名。下面创建一个 SA，然后指定 Pod 以这个 SA 运行。

以下操作仍然在命名空间 chap15 里进行。

第1步 ▶ 查看当前命名空间里有多少个 SA。

```
[root@vms10 chap15]# kubectl get sa
NAME      SECRETS     AGE
default   0           6h59m
```

```
[root@vms10 chap15]#
```

这里只有一个名称为 default 的 SA，这个 SA 是系统自动生成的，只要创建一个 namespace，那么这个 namespace 里就会自动创建一个名称为 default 的 SA。

第2步 ◉ 创建名称为 sa1 的 SA。

```
[root@vms10 chap15]# kubectl create sa sa1
serviceaccount/sa1 created
[root@vms10 chap15]#
[root@vms10 chap15]# kubectl get sa
NAME       SECRETS     AGE
default    0           7h1m
sa1        0           3s
[root@vms10 chap15]#
```

在 Kubernetes v1.23 及之前的版本里，每创建一个 SA，就会自动为它创建一个 Secret，格式为 "SA 名 –token–xxx"，从 Kubernetes v1.24 开始创建 SA 时，不再为这个 SA 创建 Secret 了。

```
[root@vms10 chap15]# kubectl get secrets
No resources found in chap15 namespace.
[root@vms10 chap15]#
```

关于 SA 在 Kubernetes 的各个版本之间的区别，请大家阅读如下文章 https://www.rhce.cc/3849. html。

第3步 ◉ 创建用于做测试的 Pod。

按如下命令下载 pod1.yaml 文件。

```
[root@vms10 chap15]# wget ftp://ftp.rhce.cc/cka/book/chap15/pod1.yaml
```

然后使用如下命令在 pod.spec 字段下添加 serviceAccount: sa1。

```
[root@vms10 chap15]# sed -i '/^spec/a\ \ serviceAccount: sa1' pod1.yaml
[root@vms10 chap15]#
```

注意

上述命令里的 a\ \ 部分，每个反斜线后面都有一个空格，不是两个空格也不是 0 个空格。最后 pod1.yaml 文件的内容如下。

```
    ...省略...
spec:
  serviceAccount: sa1
  terminationGracePeriodSeconds: 0
  containers:
```

```
    - image: nginx
    ...省略...
```

这样创建出来的pod1里的进程就是以sa1的身份运行的。

第4步 ● 创建pod1。

```
[root@vms10 chap15]# kubectl apply -f pod1.yaml
pod/pod1 created
[root@vms10 chap15]#
```

第5步 ● 查看pod1是以哪个SA身份运行的。

```
[root@vms10 chap15]# kubectl get pods pod1 -o yaml | grep ' serviceAccount: '
  serviceAccount: sa1
[root@vms10 chap15]#
```

可以看到，是以sa1的身份运行的。

第6步 ● 查看pod1里的挂载情况。

```
[root@vms10 chap15]# kubectl exec -it pod1 -- df -hT
Filesystem      Type     Size    Used Avail   Use% Mounted on
...省略...
tmpfs           tmpfs    3.6G    12K  3.6G     1% /run/secrets/kubernetes.io/
serviceaccount
...省略...
[root@vms10 chap15]#
```

第7步 ● 查看挂载点 /run/secrets/kubernetes.io/serviceaccount 里的内容。

```
[root@vms10 chap15]# kubectl exec -it pod1 -- ls /run/secrets/kubernetes.io/
serviceaccount
ca.crt  namespace  token
[root@vms10 chap15]#
```

可以看到，这里有一个Token。

第8步 ● 再次打开一个SSH客户端连接到vms10上，进入pod1里。

```
[root@vms10 ~]# kubectl exec -it pod1 -- bash
root@pod1:/#
```

然后定义几个变量。

```
root@pod1:/# dir=/run/secrets/kubernetes.io/serviceaccount
root@pod1:/# CA_CERT=$dir/ca.crt
```

```
root@pod1:/# TOKEN=$(cat $dir/token)
root@pod1:/# NAMESPACE=$(cat $dir/namespace)
root@pod1:/#
root@pod1:/# cat $dir/namespace
chap15root@pod1:/#
root@pod1:/#
```

这里的 namespace 的值是 chap15，然后按如下命令访问 chap15 里所有的 Pods。

```
root@pod1:/# curl --cacert $CA_CERT -H "Authorization: Bearer $TOKEN" \ "https://
kubernetes.default/api/v1/namespaces/$NAMESPACE/pods/"
{
    ... 输出 ...
  "message": "pods is forbidden: User \"system:serviceaccount:chap15:sa1\" cannot
list resource \"pods\" in API group \"\" in the namespace \"chap15\"",
  "reason": "Forbidden",
  "details": {
    "kind": "pods"
  },
  "code": 403
}root@pod1:/#
```

可以看到，sa1 是没有权限查看 chap15 里的 Pods 的。

下面对 sa1 进行授权，对 SA 授权的语法与前面对用户授权的语法基本一致，只要把 "--user 用户" 换成 "--serviceaccount 命名空间 :SA 名" 即可。

```
kubectl create rolebinding 名称 --role 角色 --serviceaccount 命名空间 :SA 名 -n 命名空间
```

上述语法里写了两个命名空间，第一个命名空间的意思是为哪个命名空间里的 SA 授权，这个命名空间名是必须写的。第二个使用 -n 选项指定的命名空间的意思是，这个 RoleBinding 在哪个命名空间里创建，如果没有使用 -n 选项，则 RoleBinding 在当前命名空间里创建。

把集群角色通过 ClusterRoleBinding 授权给 SA 的用法也类似，只是不用加 "-n 命名空间" 了，这里不再阐述。

第9步 ▶ 把 cluster-admin 这个集群角色通过 ClusterRoleBinding 授权给 sa1，切换到第一个 SSH 标签。

```
[root@vms10 chap15]# kubectl create clusterrolebinding cbind2 --clusterrole
cluster-admin --serviceaccount chap15:sa1
clusterrolebinding.rbac.authorization.k8s.io/cbind2 created
[root@vms10 chap15]#
```

这里创建了一个名称为 cbind2 的 ClusterRoleBinding，这样 sa1 就具备 cluster-admin 的权限了。

第10步● 切换到pod1里再次访问Pods。

```
root@pod1:/# curl --cacert $CA_CERT -H "Authorization: Bearer $TOKEN" "https://
kubernetes.default/api/v1/namespaces/$NAMESPACE/pods/"
{
  "kind": "PodList",
  "apiVersion": "v1",
  "metadata": {
    "resourceVersion": "734262"
  },
  "items": [
    {
      "metadata": {
        "name": "pod1",
    ... 大量输出 ...
    }
  ]
}
}root@pod1:/# exit
[root@vms10 chap15]#
```

可以看到，在pod1里已经可以访问chap15里所有的Pods了，其实不仅可以访问chap15里的Pods，也可以访问其他命名空间里的资源。

如果有一个名称为web1的Deployment管理着几个副本，比如这些副本Pod当前使用的是default这个SA，想把这个default SA换成sa1，可以使用如下命令来做。

```
kubectl set sa deploy web1 sa1
```

这是让名称为web1的Deployment把原来所有的副本全部删除，然后创建新的副本，这些新的副本就都以sa1这个SA来运行了。

15.3 安装 Dashboard

前面所有的操作都是在命令行里进行的，其实也有很多Web界面的工具帮助我们管理Kubernetes，比如KubeSphere、Rancher等。本节主要讲的是如何安装Kubernetes自带的Dashboard。

第1步● 下载并安装Dashboard所需要的YAML文件。

把dashboard-recommended.yaml（下载地址为https://raw.githubusercontent.com/kubernetes/dashboard/v2.0.0/aio/deploy/recommended.yaml，下载下来之后可以命名为dashboard-recommended.yaml，也可以不重命名）上传到Master（vms10）上。

第2步 ▶ 查看此文件所使用的镜像。

```
[root@vms10 ~]# grep image dashboard-recommended.yaml
          # image: kubernetesui/dashboard:v2.0.0-beta8
          image: registry.cn-hangzhou.aliyuncs.com/kube-iamges/dashboard:v2.0.0-
beta8
# 上面这个是显示问题，好像是自动拐弯的，其实是一行内容
          # imagePullPolicy: Always
          imagePullPolicy: IfNotPresent
          # image: kubernetesui/metrics-scraper:v1.0.1
          image: registry.cn-hangzhou.aliyuncs.com/kube-iamges/metrics-
scraper:v1.0.1
          imagePullPolicy: IfNotPresent
[root@vms10 ~]#
```

在所有节点上把这两个镜像下载下来，并把镜像下载策略改为 IfNotPresent。

第3步 ▶ 应用 dashboard-recommended.yaml 文件。

```
[root@vms10 ~]# kubectl apply -f dashboard-recommended.yaml
namespace/kubernetes-dashboard created
serviceaccount/kubernetes-dashboard created
... 大量输出 ...
service/dashboard-metrics-scraper created
deployment.apps/dashboard-metrics-scraper created
[root@vms10 ~]#
```

这个文件会创建出来一个命名空间 kubernetes-dashboard。

第4步 ▶ 查看 kubernetes-dashboard 命名空间里的 SVC。

```
[root@vms10 ~]# kubectl get svc -n kubernetes-dashboard
NAME                        TYPE        CLUSTER-IP      EXTERNAL-IP   PORT(S)    AGE
dashboard-metrics-scraper   ClusterIP   10.102.96.135   <none>        8000/TCP   2m39s
kubernetes-dashboard        ClusterIP   10.111.66.47    <none>        443/TCP    2m39s
```

第5步 ▶ 通过 kubectl edit svc kubernetes-dashboard -n kubernetes-dashboard 命令把 kubernetes-dashboard 的类型改为 NodePort。

```
[root@vms10 ~]# kubectl get svc -n kubernetes-dashboard
NAME                        TYPE        CLUSTER-IP      EXTERNAL-IP   PORT(S)
AGE
dashboard-metrics-scraper   ClusterIP   10.102.96.135   <none>        8000/TCP
5m24s
kubernetes-dashboard        NodePort    10.111.66.47    <none>        443:31112/TCP
5m24s
```

```
[root@vms10 ~]#
```

第6步 通过物理机的31112端口来访问Dashboard，在地址栏里输入https://192.168.26.10:
31112，单击"高级"按钮，如图15-4所示。

图 15-4　访问 Dashboard

单击"接受风险并继续"按钮，如图15-5所示。

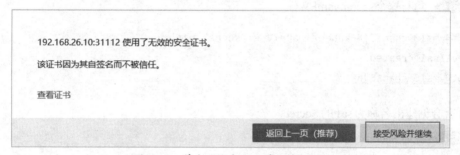

图 15-5　单击"接受风险并继续"按钮

这里可以使用Kubeconfig的方式登录，也可以使用Token的方式登录。此处用Token登录，如
图15-6所示。前面已经给sa1管理员权限了，所以sa1的Token是具备足够大的权限的，这里准备
以sa1的Token登录。

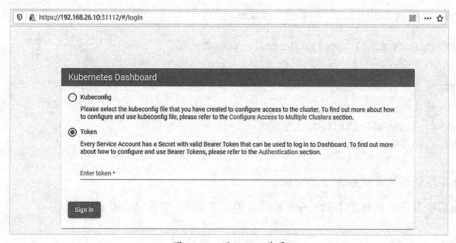

图 15-6　用 Token登录

那么，下面我们为 sa1 创建一个 Token。可以直接通过 kubectl create token sa1 命令来创建，但是这样创建出来的 Token 的有效期仅有 1 小时，所以我们并不使用这种方式来创建。

第7步 ▶ 为 sa1 创建一个 Secret，类型为 kubernetes.io/service-account-token。

创建 secret.yaml 文件，内容如下。

```
apiVersion: v1
kind: Secret
type: kubernetes.io/service-account-token
metadata:
  name: sa1
  annotations:
    kubernetes.io/service-account.name: "sa1"
```

这个文件的作用就是为 sa1 创建一个名称为 sa1 的 Secret，注意最后一行的 sa1 指的是 SA 的名称。

第8步 ▶ 运行这个 secret.yaml 文件。

```
[root@vms10 chap15]# kubectl apply -f secret.yaml
secret/sa1 created
[root@vms10 chap15]#
```

这样就会创建出名称为 sa1 的 Secret。

第9步 ▶ 查看 Secret。

```
[root@vms10 chap15]# kubectl get secrets
NAME    TYPE                                   DATA   AGE
sa1     kubernetes.io/service-account-token    3      95s
[root@vms10 chap15]#
```

这个 Secret 里包含了 Token，查看这个 Token 的值。

```
[root@vms10 chap15]# kubectl describe secrets sa1
Name:         sa1
Namespace:    chap15
    ... 输出 ...
token:        eyJhbGciOiJS... 大量输出 ...-1g
[root@vms10 chap15]#
```

token 字段后面的值就是所需要的 Token。

第10步 ▶ 复制粘贴这个 Token 到浏览器，单击 "登录" 按钮，如图 15-7 所示。

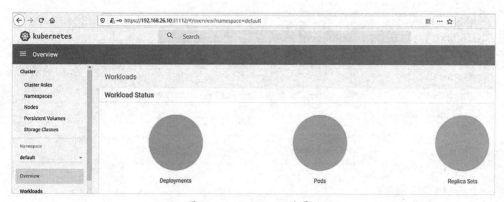

图 15-7 Dashboard 的界面

在 Dashboard 里的具体操作请自行练习。

15.4 资源限制

【必知必会】通过 Pod 里的 resources 字段对资源做限制，创建和删除 LimitRange，创建和删除 ResourceQuota。

前面讲资源限制时讲过，容器会把它所在物理机的所有资源都认为是自己的。Pod 里包含的是容器，所以也会把整个物理机资源（内存、CPU 等）当成是自己的。因此，我们也可以限制 Pod 里容器对资源的使用。

资源限制可以通过 Pod 里的 resources 字段、LimitRange、ResourceQuota 来限制。

15.4.1 通过 Pod 里的 resources 字段来限制

在定义 Pod 的 YAML 文件里，可以通过设置 resources 字段来定义容器需要消耗的最多和最少的 CPU 和内存资源。

第1步 ▶ 创建 Pod 的 YAML 文件 pod1.yaml，按以下内容进行修改。

```
apiVersion: v1
kind: Pod
metadata:
  creationTimestamp: null
  labels:
    run: pod1
  name: pod1
spec:
  terminationGracePeriodSeconds: 0
  containers:
```

```
    - image: nginx
      imagePullPolicy: IfNotPresent
      name: pod1
      resources:
        requests:              # requests 设置的是 Pod 所在 Worker 的最低配置
          cpu: 50m
          memory: 10Gi
        limits:                # limits 设置的是 Pod 所能消耗的最多资源
          cpu: 100m
          memory: 20Gi
```

requests 设置的是，要运行此容器，节点所需要的最低配置。limits 设置的是，此容器最多能消耗多少资源。

对内存的限制很容易理解，那么 CPU 单位为 m 如何理解呢？在 Kubernetes 系统中，一个核心（1 core）CPU 相当于 1000 个微核心（millicores），因此 500m 相当于 0.5 个核心，即二分之一个核心。CPU 的实验不好模拟，下面以内存来演示。

比如这个例子里，requests 里的 memory 设置为 10Gi，即要运行此 Pod 里的这个容器，节点至少要分配出 10Gi 的内存，但是节点上的内存信息如下。

```
[root@vms11 ~]# free -m
              total      used       free      ...
Mem:           3935       835        387      ...
Swap:             0         0          0      ...
[root@vms11 ~]#
```

总共就 4Gi 内存，现在用了 800Mi 左右，不过这里缓存占用了一部分。

第2步 ▶ 创建 Pod，并查看 Pod 的运行状态。

```
[root@vms10 chap15]# kubectl apply -f pod1.yaml
pod/pod1 created
[root@vms10 ~]# kubectl get pods
NAME      READY      STATUS       RESTARTS      AGE
pod1      0/1        Pending      0             3s
[root@vms10 chap15]#
```

可以看到，Pod 的状态为 Pending，因为节点不能满足容器运行的最低要求。

第3步 ▶ 删除此 Pod 并修改 YAML 文件如下。

```
apiVersion: v1
kind: Pod
metadata:
  creationTimestamp: null
```

```
  labels:
    run: pod1
  name: pod1
spec:
  terminationGracePeriodSeconds: 0
  containers:
  - image: nginx
    imagePullPolicy: IfNotPresent
    name: pod1
    resources:
      requests:              # requests 设置的是 Pod 所在 Worker 的最低配置
        cpu: 50m
        memory: 256Mi
      limits:                # limits 设置的是 Pod 所能消耗的最多资源
        cpu: 100m
        memory: 512Mi
```

在 limits 里设置 memory 的大小为 512Mi，即此容器里最多只能消耗 512Mi 的内存，验证一下。

第4步 ● 创建 Pod，并查看 Pod 在哪台机器上运行。

```
[root@vms10 chap15]# kubectl apply -f pod1.yaml
pod/pod1 created
[root@vms10 chap15]# kubectl get pods -o wide --no-headers
pod1   1/1   Running   0   3s   10.244.14.52   vms12.rhce.cc ...
[root@vms10 chap15]#
```

此 Pod 是在 vms12 上运行的。

第5步 ● 把内存测试工具拷贝到 Pod 里，并进入 Pod 里安装此工具。

```
[root@vms10 chap15]# kubectl cp memload-7.0-1.r29766.x86_64.rpm pod1:/opt/
[root@vms10 chap15]# kubectl exec -it pod1 -- bash
[root@pod1 /]# rpm -ivh /opt/memload-7.0-1.r29766.x86_64.rpm
Preparing...                ############################### [100%]
Updating / installing...
   1:memload-7.0-1.r29766    ############################### [100%]
[root@pod1 /]#
```

开始测试，先查看 vms12 的内存使用情况。

第6步 ● 在 vms12 的终端上清除缓存。

```
[root@vms12 ~]# echo 3 > /proc/sys/vm/drop_caches
[root@vms12 ~]# free -m
              total        used        free       ...
```

```
Mem:          3935        724         2593    ...
Swap:         0           0           0
[root@vms12 ~]#
```

可以看到，大概使用了700Mi的内存。

第7步▶ 切换到Pod所在终端，在pod1里消耗400Mi的内存。

```
[root@pod1 /]# memload 400
Attempting to allocate 400 Mebibytes of resident memory...
```

第8步▶ 再次到vms12终端上查看内存使用情况。

```
[root@vms12 ~]# free -m
              total       used        free
Mem:          3935        1132        2191
Swap:         0           0           0
[root@vms12 ~]#
```

可以看到，内存使用了1100Mi左右，说明400Mi的内存分配出去了。

第9步▶ 切换到Pod所在终端，按【Ctrl+C】组合键终止memload，这样内存就会释放。

第10步▶ 继续在pod1里尝试消耗600Mi的内存。

```
[root@pod1 /]# memload 600
Attempting to allocate 600 Mebibytes of resident memory...
Killed
[root@pod1 /]#
```

这里中断了memload的进程，显示为Killed，即申请不到600Mi内存。

第11步▶ 退出并删除此pod1。

```
[root@vms10 chap15]# kubectl delete pod pod1
pod "pod1" deleted
[root@vms10 chap15]#
```

15.4.2 通过LimitRange来限制

LimitRange的主要作用是限制Pod或容器里最多能运行的内存和CPU资源、每个PVC最多只能使用多少空间等。

第1步▶ 创建mylimit.yaml文件，内容如下。

```
apiVersion: v1
kind: LimitRange
```

```
metadata:
  name: mylimit
spec:
  limits:
  - max:
      memory: 512Mi
    min:
      memory: 256Mi
    type: Container
```

LimitRange 的名称为 mylimit，规定每个容器最多只能运行 512Mi 的内存。

第2步 ▶ 创建此 LimitRange 并查看现有 LimitRange。

```
[root@vms10 chap15]# kubectl apply -f mylimit.yaml
limitrange/mylimit created
[root@vms10 chap15]# kubectl get limitrange
NAME                CREATED AT
mylimit             2023-09-10T02:19:53Z
[root@vms10 chap15]#
```

第3步 ▶ 查看此 LimitRange 的具体属性。

```
[root@vms10 chap15]# kubectl describe limitranges mylimit
Name:      mylimit
Namespace: chap15
Type       Resource  Min    Max    Default Request  Default Limit  Max Limit/Request Ratio
----       --------  ---    ---    ---------------  -------------  --------
Container  memory    256Mi  512Mi  512Mi            512Mi          -
[root@vms10 chap15]#
```

下面开始测试。

第4步 ▶ 创建 pod2.yaml 文件，内容如下。

```
apiVersion: v1
kind: Pod
metadata:
  creationTimestamp: null
  labels:
    run: pod2
  name: pod2
spec:
  terminationGracePeriodSeconds: 0
  containers:
```

```
  - image: nginx
    imagePullPolicy: IfNotPresent
    name: pod1
    resources: {}
```

第5步 ▶ 创建 Pod 并查看现有 Pod。

```
[root@vms10 chap15]# kubectl apply -f pod2.yaml
pod/pod2 created
[root@vms10 chap15]# kubectl get pods
NAME    READY    STATUS    RESTARTS    AGE
pod2    1/1      Running   0           2s
[root@vms10 chap15]#
```

第6步 ▶ 把测试包 memload 拷贝到此容器里，然后安装。

```
[root@vms10 chap15]# kubectl cp memload-7.0-1.r29766.x86_64.rpm pod2/opt
[root@vms10 chap15]# kubectl exec pod2 -it bash
[root@pod2 /]# rpm -ivh /opt/memload-7.0-1.r29766.x86_64.rpm
Preparing...          ############################## [100%]
Updating / installing...
   1:memload-7.0-1.r29766    ##################### [100%]
[root@pod2 /]#
```

第7步 ▶ 测试消耗 600Mi 的内存。

```
[root@pod2 /]# memload 600
Attempting to allocate 600 Mebibytes of resident memory...
Killed
[root@pod2 /]#
```

测试失败，因为我们在 LimitRange 里设置容器最多只能消耗 512Mi 的内存。

第8步 ▶ 暂且不用删除 pod2，只需退出即可。

```
[root@pod2 /]# exit
exit
command terminated with exit code 137
[root@vms10 chap15]#
```

第9步 ▶ 删除此 LimitRange。

```
[root@vms10 chap15]# kubectl delete -f mylimit.yaml
limitrange "mylimit" deleted
[root@vms10 chap15]#
```

15.4.3 通过ResourceQuota来限制

ResourceQuota的意思是，限制某个命名空间最多只能调用多少资源，比如最多能运行多少个SVC、多少个Pod等，ResourceQuota简称Quota。

第1步 查看是否有ResourceQuota。

```
[root@vms10 chap15]# kubectl get resourcequotas
No resources found in chap15 namespace.
[root@vms10 chap15]#
```

第2步 创建myquota.yaml文件，内容如下。

```
apiVersion: v1
kind: ResourceQuota
metadata:
  name: myquota
spec:
  hard:
    services: "2"
```

这个YAML文件用于创建一个名称为myquota的ResourceQuota，要求当前命名空间里最多只能创建2个SVC。

第3步 创建ResourceQuota。

```
[root@vms10 chap15]# kubectl apply -f myquota.yaml
resourcequota/myquota created
[root@vms10 chap15]#
```

下面开始测试。

第4步 创建SVC。

```
[root@vms10 chap15]# kubectl expose pod pod2 --name=svc1 --port=80
service/svc1 exposed
[root@vms10 chap15]#
[root@vms10 chap15]# kubectl expose pod pod2 --name=svc2 --port=80
service/svc2 exposed
[root@vms10 chap15]# kubectl expose pod pod2 --name=svc3 --port=80
Error from server (Forbidden): services "svc3" is forbidden: exceeded quota:
myqutoa, requested: services=1, used: services=2, limited: services=2
[root@vms10 chap15]#
```

创建完2个SVC之后，再创建第3个SVC时，已经创建不出来了，因为我们限制在当前命名空间里最多只能创建2个SVC。

第5步 ▶ 删除此 ResourceQuota。

```
[root@vms10 chap15]# kubectl delete -f myquota.yaml
resourcequota "myquota" deleted
[root@vms10 chap15]#
```

模拟考题

（1）创建一个 Role，满足如下需求。

①名称为 role1。

②此角色对 Pods 具备 get 和 create 权限。

③此角色对 Deployments 具备 get 权限。

（2）创建 LimitRange，满足如下要求。

①名称为 mylimit。

②对容器进行限制。

③最多只能消耗 800Mi 的内存。

（3）创建 ResourceQuota，满足如下要求。

①名称为 myquota。

②在命名空间里，最多只能创建6个 Pod、6个 SVC。

（4）创建一个名称为 mysa 的 SA。

（5）创建一个 Deployment，满足如下要求。

①名称为 mydep，副本数为3。

②镜像为 Nginx。

③镜像下载策略为 IfNotPresent。

（6）更新 mydep，要求其管理的 Pod 以 mysa 身份运行。

（7）删除 mylimit、myquota、mydep。

第 16 章
DevOps

考试大纲

本章不是CKA的考试内容，作为综合复习的章节。

前面我们在K8s里部署应用，使用的基本上都是从网络上pull下来的镜像。在生产环境里，公司有自己开发的一套应用程序，可以将其打包成镜像，然后在K8s环境里部署。

整个过程包括如下几个步骤。

（1）软件更新或迭代。

（2）把新版的软件打包成镜像。

（3）把新的镜像在K8s集群里部署。

这里有一个问题，如果软件更新或迭代频繁，我们就需要不停地对软件进行打包，然后重新部署。

如果有这样一台服务器，可以帮助我们自动地把程序打包成镜像，之后自动在K8s环境里部署新的镜像，这样即使代码频繁迭代，也可以快速地在K8s环境里部署，如图16-1所示。

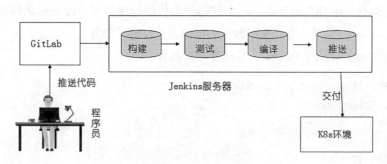

图16-1　持续集成/持续交付流程

当程序员把代码提交到GitLab时，马上会触发CI（持续集成）服务器，开始将这段新的代码重新编译成镜像，然后自动在K8s里部署［CD（持续交付／部署）］，这样整个过程就变得简单了很多。

这里的CI服务器可以用Jenkins来做。

16.1 实验拓扑

实验拓扑图如图16-2所示。

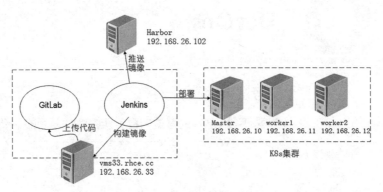

图 16-2　实验拓扑图

此实验里，vms33作为客户端（程序员写代码的地方），在vms33上跑了2个容器，分别如下。

（1）GitLab：作为代码仓库。

（2）Jenkins：作为CI服务器。

当在vms33上提交代码到GitLab后，会立马触发Jenkins，将新代码编译成镜像，之后把镜像推送到镜像仓库里（用Harbor搭建），然后在vms10上部署新的镜像。

16.2 准备vms33并搭建仓库

在vms33上运行一个GitLab容器，这个容器作为代码仓库使用，Jenkins把构建出来的镜像推送到仓库里。Kubernetes集群从仓库里下载新的镜像，在环境里部署。

第1步 ▶ 在vms33上安装Docker，并设置修改参数。

```
[root@vms33 ~]# yum install docker-ce -y
已加载插件：fastestmirror
    ...输出...
完毕!
[root@vms33 ~]#
```

第2步 ▶ 修改Docker启动参数。

因为本机器上要运行Jenkins容器，而Jenkins容器需要连接到物理机的dockerd，所以需要在物理机的dockerd启动参数里添加参数-H tcp://0.0.0.0:2376，这样物理机的dockerd就可以允许其他客户端远程连接（目的就是让Jenkins能远程连接过来）。又因为本机的dockerd需要把构建出来的镜像推送到Harbor仓库（IP是192.168.26.102）里，所以需要添加参数--insecure-registry=192.168.26.102，用Vim编辑器打开文件/usr/lib/systemd/system/docker.service，修改内容如下。

```
ExecStart=/usr/bin/dockerd --insecure-registry=192.168.26.102 -H
tcp://0.0.0.0:2376 -H fd:// --containerd=/run/containerd/containerd.sock
```

上面的粗体字部分是新增的。

第3步 启动Docker并设置为开机自动启动。

```
[root@vms33 ~]# systemctl daemon-reload
[root@vms33 ~]# systemctl enable docker --now
Created symlink from /etc/systemd/system/multi-user.target.wants/docker.service to
/usr/lib/systemd/system/docker.service.
[root@vms33 ~]#
```

因为Kubernetes里的主机要从此仓库里下载镜像，所以需要修改一下Kubernetes里3台主机的Containerd参数。

第4步 修改Kubernetes集群里3台主机的Containerd参数。

因为环境里即将使用的仓库地址为192.168.26.102，所以在vms10、vms11、vms12这3台机器上用Vim编辑器打开文件/etc/containerd/config.toml，搜索mirror，按如下内容进行修改。

```
[plugins."io.containerd.grpc.v1.cri".registry.mirrors]
  [plugins."io.containerd.grpc.v1.cri".registry.mirrors."docker.io"]
    endpoint = ["https://frz7i079.mirror.aliyuncs.com"]
```

改为

```
[plugins."io.containerd.grpc.v1.cri".registry.mirrors]
  [plugins."io.containerd.grpc.v1.cri".registry.mirrors."docker.io"]
    endpoint = ["https://frz7i079.mirror.aliyuncs.com"]
  [plugins."io.containerd.grpc.v1.cri".registry.mirrors."192.168.26.102"]
    endpoint = ["http://192.168.26.102"]
```

上面的粗体字部分是新增的，保存退出。

第5步 在vms10、vms11、vms12这3台机器上重启Containerd。

```
[root@vmsX ~]# systemctl restart containerd
```

16.3 安装GitLab并配置

下面开始部署GitLab，也是以容器的方式来运行，所以需要先下载镜像。

第1步 下载 GitLab 中文版的镜像。

```
[root@vms33 ~]# docker pull beginor/gitlab-ce
    ... 输出 ...
[root@vms33 ~]#
```

第2步 创建目录，用于存储 GitLab 容器里的数据。

```
[root@vms33 ~]# mkdir -p /data/gitlab/etc /data/gitlab/log /data/gitlab/data
[root@vms33 ~]# chmod 777 -R /data/
```

在使用 GitLab 镜像创建容器时，该容器里涉及以下 3 个目录。

（1）/etc/gitlab：用于存储 GitLab 的配置文件。

（2）/var/log/gitlab：用于存储 GitLab 的日志。

（3）/var/opt/gitlab：用于存储 GitLab 的数据。

这 3 个目录可以通过 docker history beginor/gitlab-ce:latest --no-trunc | grep VOLUME 命令进行查看。

在物理机里创建这 3 个目录用于作数据卷，分别挂载 GitLab 能用到的几个目录。这里 /data/gitlab/etc 用于存储 GitLab 的配置文件，/data/gitlab/log 用于存储 GitLab 里的日志，/data/gitlab/data 用于存储上传到 GitLab 里的代码。

第3步 创建 GitLab 容器。

```
[root@vms33 ~]# docker run -dit --name=gitlab --restart=always -p 8443:443 -p 80:80
-p 222:22 -v /data/gitlab/etc:/etc/gitlab -v /data/gitlab/log:/var/log/gitlab -v
/data/gitlab/data:/var/opt/gitlab --privileged=true beginor/gitlab-ce
[root@vms33 ~]#
```

在创建此容器时，因为使用了数据卷，所以 GitLab 容器里的配置也都保存在服务器 vms33 的相关目录里。因为我们需要修改 GitLab 的配置并让其生效，所以大概 1 分钟之后关闭此容器。

第4步 关闭 GitLab 容器。

```
[root@vms33 ~]# docker stop gitlab
gitlab
[root@vms33 ~]#
```

第5步 修改 GitLab 相关配置。

因为 GitLab 容器使用了数据卷，所以修改物理机里的配置其实就是修改 GitLab 容器里的配置，下面两处位置都是在 vms33 上直接修改。

（1）用 Vim 编辑器修改 /data/gitlab/etc/gitlab.rb，粗体字是修改的部分，且下面几行的最前面都有 # 和空格，需要把 # 和空格都去掉。

```
external_url 'http://192.168.26.33'
gitlab_rails['gitlab_ssh_host'] = '192.168.26.33'
gitlab_rails['gitlab_shell_ssh_port'] = 222
```

（2）用 Vim 编辑器修改 /data/gitlab/data/gitlab-rails/etc/gitlab.yml。

```
11   gitlab:
12     ## Web server settings (note: host is the FQDN, do not include http://)
13     host: 192.168.26.33
14     port: 80
15     https: false
```

第6步 ● 启动 GitLab 容器。

```
[root@vms33 ~]# docker start gitlab
gitlab
[root@vms33 ~]#
```

第7步 ● 在浏览器里输入 192.168.26.33，会让我们为 root 用户设置新密码，如图 16-3 所示。

图 16-3　设置新密码

如果密码设置没有满足一定的复杂性，则会有如下报错，单击 "Go back" 按钮返回，如图 16-4 所示。

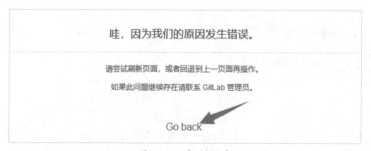

图 16-4　报错信息

重新设置密码，满足一定的复杂性，然后单击 "修改密码" 按钮，如图 16-5 所示。

图16-5　修改密码

输入root和刚刚设置过的密码，单击"登录"按钮，如图16-6所示。

图16-6　登录界面

第8步 登录之后，单击"创建一个项目"按钮，如图16-7所示。

图16-7　创建新项目

第9步 在"项目名称"文本框中输入p1，在"可见等级"区域中选中"公开"单选按钮，然后单击"创建项目"按钮，如图16-8所示。

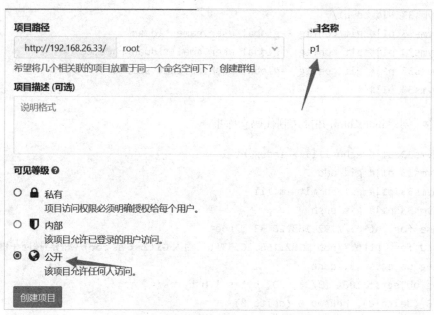

图16-8 设置项目可见等级

第10步 ● 项目创建成功之后，单击"复制"按钮获取clone的链接，如图16-9所示。

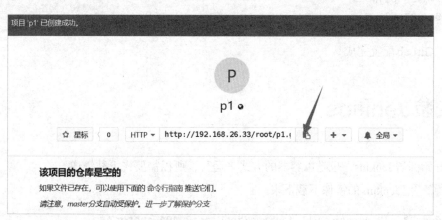

图16-9 复制链接

第11步 ● 在客户端上测试，直接将vms33作为客户端。

使用yum install git -y命令安装Git客户端软件，然后使用git clone命令把此项目的版本库克隆下来。

```
[root@vms33 ~]# git clone http://192.168.26.33/root/p1.git
正克隆到 'p1'...
warning: 您似乎克隆了一个空版本库
[root@vms33 ~]#
```

第12步 ● 进入p1目录，然后设置一些变量。

```
[root@vms33 ~]# cd p1/
[root@vms33 p1]# git config --global user.name "lduan"
[root@vms33 p1]# git config --global user.email lduan@rhce.cc
[root@vms33 p1]# git config --global push.default simple
[root@vms33 p1]#
```

第13步 创建index.html并推送到代码仓库里。

```
[root@vms33 p1]# echo 1111 > index.html
[root@vms33 p1]# git add .
[root@vms33 p1]# git commit -m 111
[root@vms33 p1]# git push
Username for 'http://192.168.26.33': root
Password for 'http://root@192.168.26.33':   输入 GitLab 的 root 密码后按回车键
Counting objects: 3, done.
Writing objects: 100% (3/3), 207 bytes | 0 bytes/s, done.
Total 3 (delta 0), reused 0 (delta 0)
To http://192.168.26.33/root/p1.git
 * [new branch]      master -> master
[root@vms33 p1]# cd
[root@vms33 ~]#
```

至此，GitLab 配置完成。

16.4 安装 Jenkins

下面开始部署 Jenkins，也是以容器的方式来运行，所以需要先下载镜像。

第1步 把Jenkins的镜像下载下来。

```
[root@vms33 ~]# docker pull jenkins/jenkins:2.404-centos7
    ... 大量输出 ...
[root@vms33 ~]#
```

第2步 创建数据卷所需的目录，并把所有者和所属组改为1000。

```
[root@vms33 ~]# mkdir /jenkins ; chown 1000.1000 /jenkins
[root@vms33 ~]#
```

之所以要改为1000，是因为在容器里是以Jenkins用户的身份去读写数据的，而在容器里Jenkins的UID是1000。这些信息可以通过 docker history jenkins/jenkins:2.404-centos7 | egrep 'id|port' 命令来获取。

第3步 ● 创建Jenkins容器。

```
[root@vms33 ~]# docker run -dit -p 8080:8080 -p 50000:50000 --name jenkins
--privileged=true --restart=always -v /jenkins:/var/jenkins_home jenkins/
jenkins:2.404-centos7
[root@vms33 ~]#
```

第4步 ● 打开浏览器，输入192.168.26.33:8080，结果如图16-10所示。

图 16-10　输入192.168.26.33:8080

记住，此时一定要保持这个页面持续运行，让其初始化一下，直到看到解锁界面，如图16-11所示。

图 16-11　解锁Jenkins界面

因为要修改Jenkins的配置，所以此时关闭Jenkins容器。

第5步 ● 关闭Jenkins容器。

```
[root@vms33 ~]# docker stop jenkins
jenkins
[root@vms33 ~]#
```

第6步 ● 用Vim编辑器打开文件/jenkins/hudson.model.UpdateCenter.xml，进行如下修改。

```
<?xml version='1.1' encoding='UTF-8'?>
<sites>
  <site>
```

```
    <id>default</id>
    <url>https://updates.jenkins.io/update-center.json</url>
  </site>
</sites>
```

改为

```
<?xml version='1.1' encoding='UTF-8'?>
<sites>
  <site>
    <id>default</id>
    <url>https://mirrors.aliyun.com/jenkins/updates/update-center.json</url>
  </site>
</sites>
```

第7步 ▶ 用 Vim 编辑器打开文件 /jenkins/updates/default.json，进行如下修改。

```
[root@vms33 ~]# sed -i 's/google/baidu/' /jenkins/updates/default.json
```

第8步 ▶ 再次启动 Jenkins。

```
[root@vms33 ~]# docker start jenkins
jenkins
[root@vms33 ~]#
```

第9步 ▶ 再次在浏览器里输入 192.168.26.33:8080，结果如图 16-12 所示。

图 16-12　输入 192.168.26.33:8080

查看密钥：

```
[root@vms33 ~]# cat /jenkins/secrets/initialAdminPassword
6813713f04574a699a50e971b1b335d8
[root@vms33 ~]#
```

复制密码并输入 Web 界面，单击"继续"按钮。

第10步● 单击"安装推荐的插件"按钮，如图16-13所示。

自定义Jenkins

插件通过附加特性来扩展Jenkins以满足不同的需求。

安装推荐的插件	选择插件来安装
安装Jenkins社区推荐的插件。	选择并安装最适合的插件。

图16-13　安装推荐的插件

直到所有插件全部安装完成，如图16-14所示。

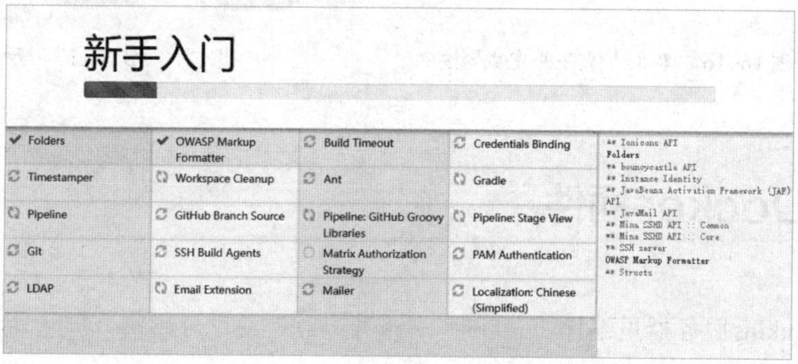

新手入门

✔ Folders	✔ OWASP Markup Formatter	Build Timeout	Credentials Binding
Timestamper	Workspace Cleanup	Ant	Gradle
Pipeline	GitHub Branch Source	Pipeline: GitHub Groovy Libraries	Pipeline: Stage View
Git	SSH Build Agents	Matrix Authorization Strategy	PAM Authentication
LDAP	Email Extension	Mailer	Localization: Chinese (Simplified)

Ionicons API
Folders
bouncycastle API
Instance Identity
JavaBeans Activation Framework (JAF) API
JavaMail API
Mina SSHD API :: Common
Mina SSHD API :: Core
SSH server
OWASP Markup Formatter
Struts

图16-14　完成插件的安装

如果插件安装失败，单击"重试"按钮。如果还是报错，则请下载最新版的Jenkins镜像，重新创建容器尝试。

第11步● 填写必要的网络信息，单击"保存并完成"按钮，如图16-15所示。

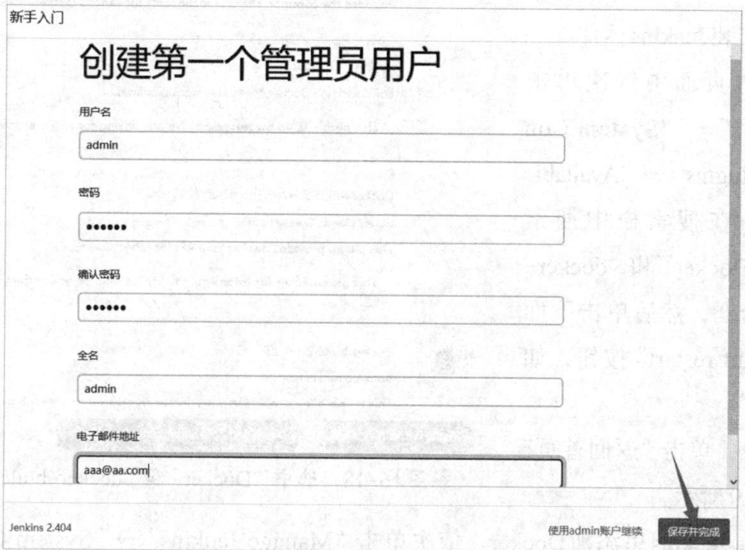

新手入门

创建第一个管理员用户

用户名

admin

密码

••••••

确认密码

••••••

全名

admin

电子邮件地址

aaa@aa.com

Jenkins 2.404　　　　　　　　　　　　　　　使用admin账户继续　保存并完成

图16-15　填写信息

再一次单击"保存并完成"按钮（图16-16），然后单击"开始使用Jenkins"按钮，如图16-17所示。

图16-16　单击"保存并完成"按钮

图16-17　开始使用Jenkins

16.5　安装Docker插件

我们要在Jenkins服务器里编译镜像，但是Jenkins容器本身并没有安装Docker，所以需要连接到其他运行Docker的机器上才能执行编译操作。所以，这里需要为Jenkins安装Docker插件。

第1步▷ 安装Jenkins插件。

在Jenkins主页面中依次单击"Manage Jenkins"→"System Configuration"→"Plugins"→"Available plugins"选项，在搜索栏中搜索Docker，选中"Docker"和"docker-build-step"复选框，然后单击下面的"Install without restart"按钮，如图16-18所示。

安装完成后，单击"返回首页"按钮，如图16-19所示。

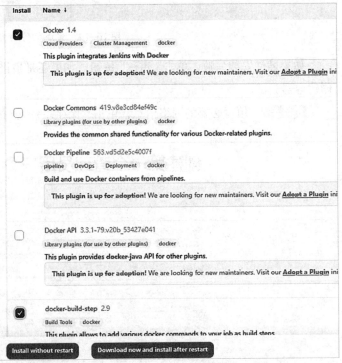

图16-18　选中"Docker"和"docker-build-step"复选框

第2步▷ 在Jenkins里添加Docker。依次单击"Manage Jenkins"→"System Configuration"→

"Clouds"→"New cloud"选项,在"Cloud name"文本框中输入docker并选中Type下面的"Docker"单选按钮,如图16-20所示。

单击"Create"按钮,之后跳转到图16-21所示的界面,单击"Docker Cloud details"按钮。

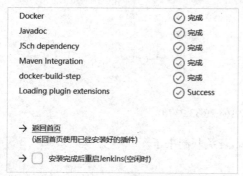

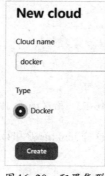

图16-19 安装完成   图16-20 配置集群   图16-21 单击"Docker Cloud
                                                    details"按钮

输入tcp://192.168.26.33:2376,然后单击"Test Connection"按钮,如图16-22所示。

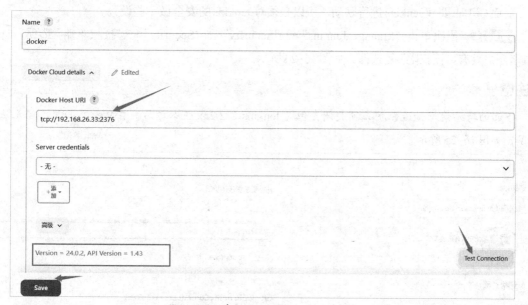

图16-22 单击"Test Connection"按钮

可以看到,当前Docker的信息,单击最下面的"Save"按钮。

第3步 添加Docker Build。

在Jenkins主页面中依次单击"Manage Jenkins"→"System Configuration"→"System"选项,在下拉列表中找到Docker Build,在里面输入tcp://192.168.26.33:2376,单击"Test Connection"按钮,如图16-23所示。

图 16-23　输入 tcp://192.168.26.33:2376

单击最下面的"保存"按钮，这样 Jenkins 就和 Docker 关联起来了。

16.6 Jenkins 的安全设置

后面 GitLab 要和 Jenkins 进行联动，所以必须对 Jenkins 的安全做一些设置。

第1步 ▶ 依次单击"Manage Jenkins"→"Security"→"Security"→"授权策略"选项，选中"匿名用户具有可读权限"复选框，如图 16-24 所示。

注意

下面的跨站请求伪造保护必须关闭，但是 Jenkins 自 2.2xx 版本之后，在 Web 界面里已经无法关闭了，如图 16-25 所示。

图 16-24　选中"匿名用户具有可读权限"复选框　　　　图 16-25　跨站请求伪造保护

所以，在当前 Web 界面里暂且不要管它，单击下面的"保存"按钮。

第2步 ▶ 关闭 Jenkins 的跨站请求伪造保护。

GitLab 要触发 Jenkins，就必须关闭跨站请求伪造保护，在 Web 界面里已经无法关闭了，所以需要做如下设置。

```
[root@vms33 ~]# docker exec -u root -it jenkins bash
[root@44a32750c94c /]#

[root@44a32750c94c /]# vi /usr/local/bin/jenkins.sh
```

找到exec java那行（大概是在第37行），添加：

```
-Dhudson.security.csrf.GlobalCrumbIssuerConfiguration.DISABLE_CSRF_PROTECTION=true
```

编辑之后看到的效果是这样的：

```
exec java -Duser.home="$JENKINS_HOME" -Dhudson.security.csrf.
GlobalCrumbIssuerConfiguration.DISABLE_CSRF_PROTECTION=true "${java_opts_
array[@]}" -jar ${JENKINS_WAR} "${jenkins_opts_array[@]}" "$@"

[root@44a32750c94c /]# exit
exit
[root@vms33 ~]#
```

第3步 重启Jenkins容器。

```
[root@vms33 ~]# docker restart jenkins
jenkins
[root@vms33 ~]#
```

再次登录到Web界面查看跨站请求伪造保护的设置，这里已经关闭了，如图16-26所示。

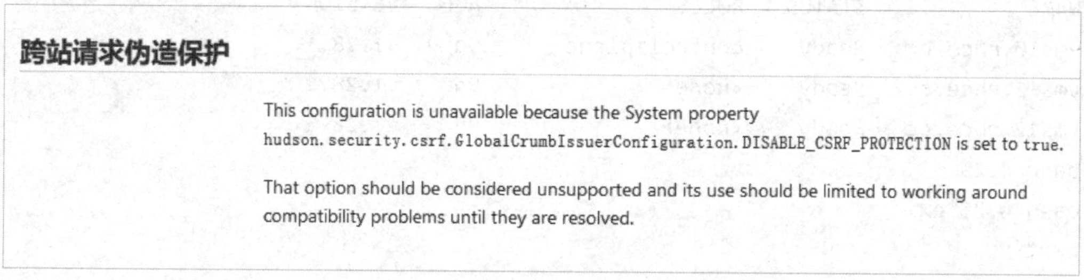

跨站请求伪造保护

This configuration is unavailable because the System property
hudson.security.csrf.GlobalCrumbIssuerConfiguration.DISABLE_CSRF_PROTECTION is set to true.

That option should be considered unsupported and its use should be limited to working around
compatibility problems until they are resolved.

图16-26 跨站请求伪造保护已关闭

16.7 拷贝Kubeconfig文件

因为在Jenkins里要远程管理K8s集群，所以需要为Jenkins配置Kubectl客户端和Kubeconfig
文件。

第1步 将vms10上的Kubectl命令和管理员用的admin.conf拷贝到vms33上root的家目录里。

```
[root@vms10 ~]# scp /usr/bin/kubectl /etc/kubernetes/admin.conf 192.168.26.33:~
root@192.168.26.33's password: 输入密码后按回车键
[root@vms10 ~]#
```

第2步 在vms33上把这两个文件拷贝到Jenkins容器里。

```
[root@vms33 ~]# docker cp kubectl jenkins:/
[root@vms33 ~]# docker cp admin.conf jenkins:/
[root@vms33 ~]#
```

第3步 以root身份切换到Jenkins容器里修改admin.conf的权限。

```
[root@vms33 ~]# docker exec -it -u root jenkins bash
[root@e2f7467822be /]# chmod 644 admin.conf
[root@e2f7467822be /]# exit
exit
[root@vms33 ~]#
```

注意

上面的命令里有-u root选项，下面的命令里没有这个选项。

第4步 使用普通用户到Jenkins容器里进行测试。

```
[root@vms33 ~]# docker exec -it jenkins bash
bash-4.2$  /kubectl --kubeconfig=/admin.conf get nodes
NAME            STATUS   ROLES           AGE   VERSION
vms10.rhce.cc   Ready    control-plane   9d    v1.28.1
vms11.rhce.cc   Ready    <none>          9d    v1.28.1
vms12.rhce.cc   Ready    <none>          9d    v1.28.1
bash-4.2$
bash-4.2$ exit
exit
[root@vms33 ~]#
```

第5步 切换到vms10上，创建一个名称为chap16的命名空间，创建chap16目录并cd到此目录。

```
[root@vms10 ~]# kubectl create ns chap16
namespace/chap16 created
[root@vms10 ~]# kubens chap16
[root@vms10 ~]#
[root@vms10 ~]# mkdir chap16
[root@vms10 ~]# cd chap16
```

```
[root@vms10 chap16]#
```

在这个命名空间里创建一个名称为web1的Deployment（容器名为nginx），按下面的命令下载web1.yaml并运行此文件。

```
[root@vms10 chap16]# wget ftp://ftp.rhce.cc/cka/book/web1.yaml
[root@vms10 chap16]# kubectl apply -f web1.yaml
deployment.apps/web1 created
[root@vms10 chap16]#
```

为这个Deployment创建一个名称为svc1的SVC，类型为NodePort。

```
[root@vms10 chap16]# kubectl expose --name=svc1 deploy web1 --port=80 --type
NodePort
service/svc1 exposed
[root@vms10 chap16]#
[root@vms10 chap16]# kubectl get svc
NAME    TYPE        CLUSTER-IP       EXTERNAL-IP    PORT(S)        AGE
svc1    NodePort    10.102.229.39    <none>         80:32061/TCP   9s
[root@vms10 chap16]#
```

第6步 确保在物理机里可以访问到此服务，如图16-27所示。

图16-27　可以访问到此服务

16.8 创建项目

第1步 在Jenkins里创建项目。单击"新建任务"按钮，任务名称可以自定义，这里设置为"devops001"，选择"构建一个自由风格的软件项目"选项，并单击"确定"按钮，如图16-28所示。

第2步 往下找到构建触发器，选中"触发远程构建"复选框，在"身份验证令牌"文本框中输入123123，如图16-29所示。

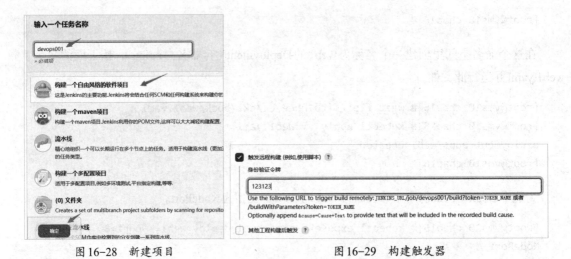

图 16-28　新建项目　　　　　　　　　　图 16-29　构建触发器

特别注意下面提示的链接：JENKINS_URL/job/devops001/build?token=TOKEN_NAME，后面配置 GitLab 触发 Jenkins 时要用到这个链接。这里 TOKEN_NAME 的值是 123123，JENKINS_URL 是 192.168.26.33:8080，所以整个链接为 http://192.168.26.33:8080/job/devops001/build?token=123123。

在本页面中继续往下，找到 Build Steps，下面开始添加构建步骤。

第3步　添加构建步骤1。

在 "Build Steps" → "增加构建步骤" 里选择 "执行 shell" 选项，在里面输入如下内容，如图 16-30 所示。

```
cd ~
rm -rf p1
git clone http://192.168.26.33/root/p1.git
```

第4步　添加构建步骤2。

再次增加构建步骤，在 "增加构建步骤" 里选择 "Build/Publish Docker Image" 选项，根据以下内容进行填写。

（1）Directory for Dockerfile：/var/jenkins_home/p1/，这里写的是容器里的目录。

（2）Cloud：docker。

（3）Image：192.168.26.102/cka/nginx:${BUILD_NUMBER}。

选中 "Push image" 复选框，如图 16-31 所示。

Registry Credentials 里默认是 "无"，这里设置的是登录 Harbor 仓库时用的密码。单击 "添加" 按钮，选中 "Jenkins" 复选框，在弹出的页面中用户名填写 tom，密码填写

图 16-30　添加构建步骤1

Harbor12345，如图 16-32 所示。这个用户名和密码是我们在 Harbor 章节创建的，其他选项都保持默认值，不需要做修改，然后单击 "添加" 按钮。

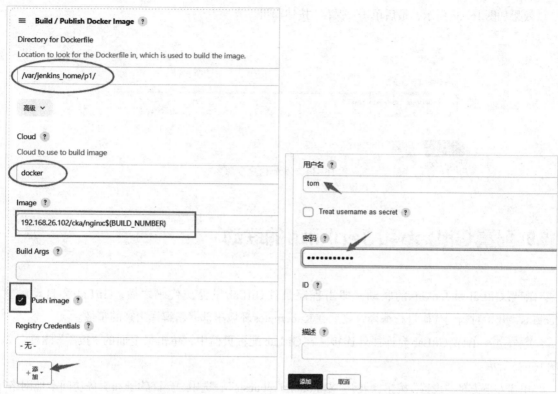

图 16-31 添加构建步骤2   图 16-32 添加 Harbor 用户 tom 的信息（1）

在"Registry Credentials"里选择刚指定的用户 tom，如图 16-33 所示。

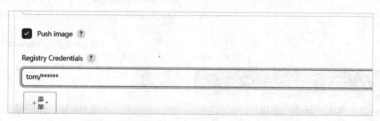

图 16-33 添加 Harbor 用户 tom 的信息（2）

第5步 添加构建步骤3。

在"增加构建步骤"里选择"执行 shell"选项，在里面输入如下内容。

```
export KUBECONFIG=/admin.conf
/kubectl set image deployment/web1 nginx="192.168.26.102/cka/nginx:${BUILD_NUMBER}"
-n chap16
```

注意

这里 Deployment web1 里的容器名为 nginx，大家做的时候看清自己所创建的 Deployment 里的容器名。

效果如图16-34所示，最后单击"保存"按钮即可。

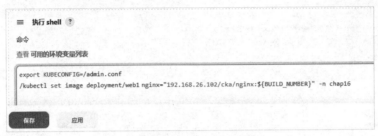

图16-34　添加构建步骤3

16.9 配置 GitLab 和 Jenkins 的联动

配置GitLab和Jenkins的联动，即当程序员往GitLab里提交代码之后，GitLab会自动触发Jenkins，开始对新的代码进行编译，之后在Kubernetes环境里部署新编译出来的镜像。

第1步 ▶ 配置GitLab允许往外连接。在GitLab配置页面中，单击最上面的"扳手"图标，如图16-35所示。

单击左下方的"设置"按钮，展开"Outbound requests"，选中"允许钩子和服务访问本地网络"复选框，然后单击"保存修改"按钮，如图16-36所示。

图16-35　单击"扳手"图标　　　　　　　　　图16-36　保存修改

第2步 ▶ 配置GitLab和Jenkins的联动。

依次单击"项目"→"您的项目"选项，如图16-37所示。

进入p1项目，单击左侧的"设置"→"集成"选项，如图16-38所示。

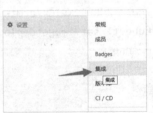

图16-37　选择"您的项目"选项　　　　　图16-38　选择"集成"选项

在"集成"的"链接"文本框中输入 http://192.168.26.33:8080/job/devops001/build?token=123123，
这个地址是在Jenkins里创建项目构建触发器时得到的，如图16-39所示。

图16-39　添加链接

单击"增加Web钩子"按钮，如图16-40所示。

Web钩子添加成功后如图16-41所示。

图16-40　单击"增加Web钩子"按钮　　　　　图16-41　添加钩子后的界面

16.10 验证CI/CD

第1步 ▶ 再次检查物理机上的浏览器，看到的页面内容如图16-42所示。

第2步 ▶ 在vms33上下载Dockerfile所需
要的镜像，然后cd到p1目录。

```
[root@vms33 ~]# docker pull nginx
[root@vms33 ~]#
[root@vms33 ~]# cd p1
[root@vms33 p1]#
```

图16-42　检查浏览器看到的页面内容

这里的p1目录是前面git clone下来的目录。

第3步 ▶ 创建Dockerfile文件，内容如下。

```
[root@vms33 p1]# cat Dockerfile
FROM docker.io/nginx
MAINTAINER lduan
ADD index.html /usr/share/nginx/html/
EXPOSE 80
CMD ["nginx", "-g", "daemon off;"]
[root@vms33 p1]#
```

这里 Dockerfile 的意思是，将当前目录下的 index.html 拷贝到新构建的镜像里。以后我们修改了 index.html 的内容之后，只要使用 Git 提交到仓库，就会触发构建新的镜像。

第4步 ▶ 开始提交代码。

```
[root@vms33 p1]# git add .
[root@vms33 p1]# git commit -m '22'
[master 127d00c] 22
1 file changed, 5 insertions(+)
create mode 100644 Dockerfile
[root@vms33 p1]# git push
Username for 'http://192.168.26.33': root
Password for 'http://root@192.168.26.33': 输入 GitLab 的 root 密码后按回车键
    ... 输出 ...
[root@vms33 p1]#
```

第5步 ▶ 切换到 Jenkins，看到 "对号" 标记就表示已经编译成功，如图 16-43 所示。

选择 "控制台输出" 选项，可以看到完成了编译过程，如图 16-44 所示。

图 16-43　编译成功

图 16-44　选择 "控制台输出" 选项

切换回浏览器，效果如图 16-45 所示。

图 16-45　切换回浏览器